中原经济区雾霾治理与城市社会经济发展之间关系的实证研究(2015-ZD-029)资助
河南省雾霾治理与城市社会经济发展之间的关系研究(SKL-2017-3526)资助
焦作市大气污染治理与经济发展机制研究(JZZ201911Z)资助
河南省居民雾霾治理的支付意愿及其影响因素研究(SKND2019-19)资助
国家社会科学基金项目(17BZZ040)资助

基于 DPSIR 结构模型的我国大气污染时空特征及其社会经济驱动因素研究

揣小明　著

中国矿业大学出版社
· 徐州 ·

内容提要

本著作致力于我国74个重点监控城市大气污染的三维时空变化特征、主要风险分析、大气污染的社会经济影响因素探讨、大气污染与社会经济综合因子之间的作用关系研究、大气污染与社会经济综合因子之间脱钩关系及其区域差异特征分析以及大气污染防控对策体系的提出等方面的系统研究，可供政府管理部门决策参考、培训使用，也可用于环境科学和公共管理相关科学研究单位、高等学校开展教学、科研工作。

审图号：GS(2022)5786号

图书在版编目(CIP)数据

基于DPSIR结构模型的我国大气污染时空特征及其社会经济驱动因素研究 / 揣小明著.—徐州：中国矿业大学出版社，2022.9

ISBN 978-7-5646-4603-5

Ⅰ.①基… Ⅱ.①揣… Ⅲ.①空气污染控制－研究－中国 Ⅳ.①X510.6

中国版本图书馆CIP数据核字(2020)第229780号

书　　名 基于DPSIR结构模型的我国大气污染时空特征及其社会经济驱动因素研究
著　　者 揣小明
责任编辑 李　敬
出版发行 中国矿业大学出版社有限责任公司
(江苏省徐州市解放南路　邮编221008)
营销热线 (0516)83885370　83884103
出版服务 (0516)83995789　83884920
网　　址 http://www.cumtp.com　**E-mail:** cumtpvip@cumtp.com
印　　刷 徐州中矿大印发科技有限公司
开　　本 787 mm×1092 mm　1/16　**印张** 13.5　**字数** 265千字
版次印次 2022年9月第1版　2022年9月第1次印刷
定　　价 56.00元
(图书出现印装质量问题，本社负责调换)

前　言

自2013年我国爆发大规模雾霾天气以来，我国的多个城市，如北京、天津、石家庄、沈阳、济南、郑州、安阳和焦作等相继出现持续性大气污染问题，给城市居民的生理心理健康、社会经济增长乃至社会稳定度等带来了严重的威胁。近年来，我国的空气质量有所好转，但大气污染问题仍被列为健康最大环境风险，《全球环境绩效指数报告》显示，2014年、2016年和2018年我国的空气质量全球排行分别为第176位（178个国家参评）、第179位（180个国家参评）和第177位（180个国家参评）。可见，大气污染问题仍然是我国需要持续重点关注的问题。

为落实《关于实施〈环境空气质量标准〉（GB 3095—2012）的通知》（环发〔2012〕11号）要求，2012年5月21日环境保护部办公厅以环办〔2012〕81号印发《空气质量新标准第一阶段监测实施方案》，不仅依照《环境空气质量标准》（GB 3095—2012）的规定新增$PM_{2.5}$、CO、O_3等监测指标，而且将监测范围设置为京津冀、长三角、珠三角等重点区域以及直辖市、省会城市和计划单列市，在74个城市设置了496个监测点。这些城市存在不同程度的大气污染问题，给城市社会经济的可持续发展提出了严峻的挑战。因此，本著作致力于我国74个重点监控城市大气污染的三维时空变化特征、主要风险分析、大气污染的社会经济影响因素探讨、大气污染与社会经济综合因子之间的作用关系研究、大气污染与社会经济综合因子之间脱钩关系及其区域差异特征分析以及大气污染防控对策体系的提出等方面的系统研究。

全书共8章，由河南理工大学揣小明副教授设计、统稿。其中，第

1章由揣小明、杜乐乐共同撰写，第2章、第4章、第6章、第7章由揣小明撰写，第3章由揣小明、韩艳俊撰写，第5章由张高悦、揣小明撰写，第8章由揣小明、杜乐乐、范超撰写。

本著作可供政府管理部门决策参考、培训使用，也可用于环境科学和公共管理相关科学研究单位、高等学校开展教学、科研工作。

作　者

2022年6月

目　录

1 概　述

1.1 研究背景

世界卫生组织发布的2019年全球十大健康威胁榜单中，空气污染被列为全球最大的环境健康风险。在世界诸多国家中，包括英、美、法、日、德等发达国家，中、菲、印等发展中国家都先后遭受不同程度的大气污染状况[1-6]。20世纪30年代到60年代，世界环境污染事件频发，在八大公害事件中，1930年比利时马斯河谷烟雾事件、1943年美国洛杉矶光化学烟雾事件、1948年多诺拉烟雾事件、1952年伦敦烟雾事件和1961年日本四日市哮喘事件五大公害事件均是由于大气污染造成的，严重威胁事件所发地居民的健康、生活乃至社会稳定等[1-4]。根据美国耶鲁大学环境法律与政策中心、哥伦比亚大学国际地球科学信息网络中心以及世界经济论坛联合发布的《全球环境绩效指数报告》，2014年、2016年和2018年我国的空气质量全球排行分别为第176位（178个国家参评）、第179位（180个国家参评）和第177位（180个国家参评）。可见，我国的大气污染相当严重，大气环境质量的持续恶化严重威胁居民的生理心理健康、城市公共交通安全、城市环境安全乃至城市社会经济的可持续增长，大气污染的预防与控制迫在眉睫。

1.2 大气污染的严重性

2013年年初雾霾波及我国25个省份的100多个城市，给我们带来严重影响的同时也为我们敲响了警钟[5-6]。之后的2014—2018年中，我国的雾霾形势有加重的趋势，我国的多个城市，如沈阳、邢台、保定、石家庄、哈尔滨、长春、廊坊、唐山、济南、郑州和衡水等时常出现空气污染指数“爆表”现象，北京、天津、河北、山东、河南、陕西和上海等地分别出现不同严重程度的雾霾现象[7-24]。根据生态环境部发布的2017—2019年《中国生态环境状态公报》，在对全国338个（2019年为337个）地级及以上城市的统计研究中，2017年城市环境空气质量达标的有99个城市，占城市统计总数的29.3%；2018年城市环境空气质量达标的有121个城市，占城市统计总数的35.8%；2019年城市环境空气质量达标的有157个城市，占城市统计总数的46.6%[25-27]。统计结果中，我国城市环境空气质量达标城市数量在逐年增加，但是有半数以上的城市环境空气质量并未达标，我国的大气污染形势依然十分严峻。王韵杰等人[28]、杨月等人[29]、李红等人[30]探讨了我国大气污染中$PM_{2.5}$污染的急迫性和O_3污染的日益凸显性等现时污染严重问题。

区域协调发展下大气污染的协同治理问题被国内外学者广泛关注。由于京津冀地区作为我国的"首都经济圈"，社会经济飞速发展，人口密集，大气污染问题集中，故其大气污染问题一直是相关领域学者研究的热点和重点。赵辉等人[31]利用统计学相关研究方法，探讨了2014—2018年京津冀地区13个市级城市$PM_{2.5}$、PM_{10}、SO_2、CO、NO_2和O_3-8h等6种大气污染物的时空变化特征。梁丽思等人[32]基于2014—2019年京津冀地区101个空气质量监测站冬季的小时$PM_{2.5}$浓度相关数据，分析了京津冀地区冬季$PM_{2.5}$浓度时间和空间的分布特征。索成等人[33]探讨了京津冀地区及其周边省份（直辖市）区域贸易所隐含的二氧化硫排放。李衡等人[34]研究了黄河流域空气污染的严重性和$PM_{2.5}$时空演变的特征。孙亚男等人[35]利用长三角地区城市AQI指数，应用时间序列分析和网络分析方法对大气污染的城市联动及动态交互影响进行实证考察，研究发现长三角地区大气污染呈多线程网络联动现象，而连云港等6个城市能够起到调控长三角城市群大气污染的作用。尹兴月[36]分析了中原经济区大气污染的季节性及其在该区域空间分布的特征。

国内外学者一直致力于我国各地区、各省市大气污染的现状研究。汪旭颖等人[37]剖析了苏皖鲁豫交界地区大气环境严重污染的现状及问题突破相关策略。胡春梅等人[38]应用自组织神经网络算法将重庆市秋冬季节总结为均压型、低压型、高压底部型3种天气分型，模拟分析了3类典型污染天气过程形成原因及秋冬空气污染同天气分型的关系。张志非等人[39]探讨了宁波市大气污染现状、特征及其气象因素影响。大气污染问题愈发受到社会关注，各行各业的专家也都逐步意识到其所造成的严重性和紧迫性。马北玲等人[40]以2006—2015年湖南省300 MW及以上的大型火电企业燃煤机组发电过程中烟气排放物中SO_2、NO_x等的连续监测大数据为基础，对主要污染物时间、空间变化及差异进行分析，探讨了各污染物排放特征的成因、影响因素等问题。郦建国等人[41]分析了我国火电大气污染防治的现状和所面临的诸多挑战。伯鑫等人[42]采用空气质量模式 CAMx 模拟，在分析污染现状和化解产能的情景之下，探讨了京津冀地区钢铁行业的大气污染物对该区域空气质量的影响。唐子君等人[43]探讨了陶瓷工业污染物排放严重的现状和如何健康持续有效进行减排的相关问题。肖翠翠等人[44]对京津冀及周边地区大气污染传输通道城市的大气污染防治督查结果进行问题识别和模型验证发现，建筑工地物料堆场和扬尘管控未经落实的问题较为严重，大气污染防治督查对大气污染综合治理有较大识别、整治作用，但仍需进一步深化研究解决。王彦超等人[45]对京津冀及周边地区水泥工业进行研究，发现 2016 年相较 2015 年水泥工业污染物排放量大幅下降，但其 $PM_{2.5}$ 无组织排放量仍占总排放量的 45.4%，且山东、河南是水泥工业污染物重点排放来源。

1.3 国内外研究进展

1.3.1 大气污染的危害

大气污染对经济、社会、环境所造成的伤害往往不是单方面的，而是多方面、多维度影响下的连锁反应。大气污染往往表现为影响范围广泛、持续时间长久、污染物组成成分复杂和自然恢复难度较大等特征，并且具有明显的季节性、周末效应、节日效应及其他特定的时空分布特点。大气污染危害性方面的研究主要集中在如下几个方面：

(1) 生理心理危害。大气污染的危害是没有人能够置身事外的，其不仅对人们身体造成不同程度的损害，还对人们心理健康产生较大影响。受气温、天气等气象因素，年龄、性别等生理因素以及文化水平等社会因素的叠加耦合影响，$PM_{2.5}$、PM_{10}、NO_2、SO_2 等大气污染物的过量排放，使得居民呼吸、循环系统等相关疾病患病率明显增高[46]，并对人体皮肤屏障功能产生较大负面影响[47]，同时还极容易诱发高血压、心律失常等各类心血管疾病[48]，甚至可能会增加老年痴呆的发病风险[49]。洪也等人[50]通过建立时间序列的半参数广义相加模型，探究了沈阳市 2015 年 12 月至 2016 年 12 月大气污染物与气象因素及其交互作用对呼吸系统疾病门诊就诊人数的影响，研究发现 HONO(气态亚硝酸)对就诊数量的影响显著，HONO、NH_3 和 $PM_{2.5}$ 对女性的影响远高于对男性的影响，$PM_{2.5}$对 65 岁及以上的老人影响较大，而 15 岁到 65 岁人群受 NH_3、HONO 和

SO_2影响大。在多污染物模型之中，气温是各呼吸疾病的最大影响因素，而低温、高污染物浓度有显著交叉影响。王高帅等人[51]通过对郑州市某三甲医院2015年1月1日至2019年6月30日的医院感染日报告数据进行分析，建立时间序列的广义相加模型，得出$PM_{2.5}$、PM_{10}、NO_2、SO_2等大气污染物的升高会显著增加呼吸道感染和呼吸机相关肺炎发生风险的结论。龚天宜等人[46]研究表明，$PM_{2.5}$是影响循环系统疾病单日死亡量的主要大气污染物；叠加自然因素（年龄、性别）和社会因素（文化水平）双重敏感性的人群可能加大心血管疾病健康风险。毛丽旦等人[47]研究表明，不同的大气污染物对人体皮肤屏障功能产生不同的不良影响，大气污染能够诱发人体各种皮肤疾病，并加重原有皮肤病病况。顾怡勤等人[52]、董爽等人[53]、张君等人[54]研究发现孕期暴露于大气污染中可能会引起一系列不良妊娠反应，导致新生儿早产、出生缺陷及出生儿体质低等相关不良影响。孔凡玲等人[48]探讨了$PM_{2.5}$暴露对IHD、高血压、心律失常、心力衰竭等各类心血管疾病的负面影响。Chen等人[49]通过对加拿大安大略省55～85岁人群随访观察和构建多水平空间随机效应Cox比例风险模型进行研究，发现大气污染会增加老年痴呆的发病风险。

（2）对居民生活的影响。2013年到2016年之间频繁出现的重污染天气，导致人们不得不采取停止一切户外活动、停课、车辆限行等措施，对人们正常的生产生活秩序造成了严重破坏。大气污染天气通过影响城市能见度严重影响城市正常的交通系统，造成航班延误、交通事故频发等。也正是由于能见度下降、空气污染指数上升等负面原因反向影响人们的出行心理预判，妨碍人们正常出行、影响人们正常生活秩序。孙传旺等人[55]基于双重差分模型及相关面板数据，将各地区限行政策对大气污染的影响进行研究，发现城市$PM_{2.5}$的主要来源之一是机动车$PM_{2.5}$的大量排放，并进一步探讨检验了限行政策对大气污染的影响和效果。冯国强等人[56]探讨了道路拥堵与雾霾污染间的内在联系，研究表明城市治堵和治霾举措能够相互协同，要以有效治堵为前提去发展轨道交通，从而实现治堵、治霾协同效应。

（3）对经济发展的影响。大气污染会直接或间接对经济社会发展造成难以估量的影响。曾贤刚等人[57]研究估算2017年全国$PM_{2.5}$污染引起约占当年GDP值1.48%的经济损失，该损失仅是从年均劳动损失、居民额外医疗支出等方面进行探讨。大气污染对经济社会发展存在多方面的不利影响，如区域旅游经济方面，大气污染严重制约旅游资源的开发和利用，对旅游交通、当地餐饮、住宿等存在明显负面作用，更是会带来游客健康、旅行体验等潜在问题。大气污染治理的支付成本、居民健康成本等的增大也都会进一步制约经济社会的发展。揣小明等人[58]研究发现焦作市 AQI 指数同城市发展指数二者存在一定的定量关系，且 AQI 和 GDP 等呈现显著正相关。陈煜等人[59]通过构建大气污染计量反应模型，对 2017 年居民健康经济损失进行测算发现，样本城市大气污染导致的经济损失值为 6 315.5 万元，占当年卫生事业费用的 7.2%，占当年 GDP 总量的 0.4‰。黄青等人[60]基于环境效益评价模型(BenMAP)和《环境空气质量标准》(GB 3095—2012)，评价了 2016 年我国 291 个地级及以上城市 $PM_{2.5}$ 产生的健康及经济效益，采用支付意愿法(WTP)计算得出将 $PM_{2.5}$ 质量浓度削减至 35 $\mu g/m^3$ 产生的经济效益占当年全国 GDP 总额的 0.25%。高纹等人[61]研究发现大气污染物 SO_2、PM_{10}、CO、O_3、NO_2 和 $PM_{2.5}$ 的浓度与经济增长呈现倒 U 形关系，SO_2、PM_{10}、CO 和 O_3 的污染浓度已经达到拐点，NO_2 和 $PM_{2.5}$ 的污染浓度仍处于随经济增长而加重的阶段。李磊等人[62]以超大城市 2015 年至 2017 年的空气质量指标和入境旅游量数据为基础构建面板数据模型，研究发现大气污染物月平均浓度对超大型城市入境旅游具有明显的公共负外部性，并有一定的滞后性，且空气质量状况与入境旅游规模有季节性的负相关性。唐承财等人[63]研究发现雾霾对区域旅游资源保护与开发、旅游交通的安全及管理、入境旅游市场发展等存在明显负面影响，并对游客的健康安全、旅行体验等带来潜在负面影响。马娟娟等人[64]系统总结了国内外关于雾霾对农业生产、农产品流通等的影响，并对国内外研究的差异性进行了分析。

上述学者分别从 GDP 等经济指数、经济效益损失、旅游业、农业等方面说明空气污染对经济社会发展的影响。孙伟增等人[65]研究发现大气污染对流动人口就业地的选择存在明显消极影响，且流动人口中文化程度高、年龄大的男性、已婚或已生育、城市人口的劳动力对就业地选择会更加敏感。

(4) 对生态系统的影响。酸雨侵蚀、臭氧层破坏和温室气体的大量产生是和大气污染有关的三大环境问题，三者也都在直接和间接影响着我们赖以生存的自然生态环境系统。酸雨是人类向大气排放过量酸性物质所致，我国酸雨的形成是由于大量地燃烧含硫的煤所导致，大多为硫酸雨，也有少量的硝酸雨。郑兵等人[66]探讨了酸雨对建筑材料耐久性的危害，进而研究了其对社会经济造成的影响。蔡芸瞳等人[67]研究发现酸雨会对水生生态系统、陆生生态系统等自然生态系统产生严重危害。酸雨还会损害动植物[68-70]、微生物[71]、土壤[72-73]及淡水生态系统等。谢燕华等人[74]研究表示酸沉降会破坏自然生态系统的平衡，也会对生态系统生物量产生影响，同时研究提到酸沉降对土壤酸化、植物生长、鱼类机体等产生影响。陈俊彤等人[75]、郝国宝等人[76]、刘瑜霞[77]、王楠等人[70]、黄玉梅等人[69]、牛浩然等人[78]和赵则海[79]分别研究了酸雨对茼蒿、夏枯草种子及幼苗、楠木幼苗、毛竹、土壤动物、小麦以及五爪金龙幼苗等的影响。李印霞等人[80]通过模拟酸雨进行对比实验，探讨了酸雨对巢湖底泥营养盐以及重金属释放的影响，发现酸雨或者酸性废水能够对湖泊自然生态系统的稳定性造成影响。

臭氧对植物生长及叶片光合作用的影响一直是学者较为关注的研究热点[81-82]，在宏观上，臭氧对于整个生态系统的影响也越来越被专家学者所关注。冯兆忠等人[83]探讨了地表臭氧浓度升高对植物的响应机制、粮食产量及作物品质、群落结构和自然生态系统固碳能力等陆地生态系统领域的影响，为臭氧污染生态系统领域方面的研究提供了有益借鉴。大气环境质量对全球气候变化状态有着直接影响[84]。随着工业化程度不断加深，二氧化碳排放及甲烷、氧化氮等有毒气体排放不断增大，进而导致大气环境污染加剧、全球持续变暖，同时，更是影响着海洋和淡水生态系统[85-86]。叶幼亭等人[85]探讨了海洋暖化、酸化和富营养化与缺氧等问题，并分析了其对海洋生态系统初级生产领域的关键过程的影响。邢鹏等人[86]主要研究了淡水生态系统对全球气候变化，特别是对水温升高的响应过程与机制。

此外，黄光球等人[87]通过函数 Petri 网模型建立，从定性和定量两个方面对有毒雾霾危害地表自然生态环境的问题进行分析评价，其相关研究为大气污染破坏生态环境系统的提法做了较好补充。

1.3.2 大气污染成因

大气污染并非由于单一原因所形成，不同国家、不同地区大气污染成因也不尽相同，归纳总结各地大气污染成因分为自然污染和人为污染两个方面。自然污染包括火山爆发、沙尘暴、森林火灾、岩石风化等产生的污染物作为污染源进入大气环境所形成的污染。一般认为，虽然自然污染的影响范围相对广泛、影响时间较为持久，但其并不是导致大气污染日益严重的主要原因，所占比重相对较小[88]。

人为污染是造成大气污染日益严重的主要原因。人为污染包括以下几个方面：① 能源结构长期不合理。我国能源结构主要以燃煤为主，能源消耗巨大，产生的有毒气体在超标状态下大量排入空气之中。② 产业结构和布局不合理。以我国为例，我国虽然 GDP 总量已排名世界第二，但是大部分城市还是以产业链中低端的制造业为主。第二产业所占比重仍然较高，大量工业企业产生、排放大气污染物，第三产业中以高污染排放的餐饮行业和旅馆行业为主，从而也加剧了我国大气污染状况。③ 城市建筑扬尘及机动车排放量加重等问题较为突出。我国城镇化速度快，城市常住人口数量持续攀升，大量基础设施、房屋建筑在建，大量建筑扬尘成为大气污染的重要成因。2019 年我国民用汽车保有量为26 150万辆（含三轮车和低速货车）、民用轿车保有量为 14 644 万辆[89]，汽车尾气排放问题早已成为公认的大气污染源头之一。④ 大气污染防治措施落后、环境监管乏力。我国大气治理技术起步较晚，治理能力不足、治理体系相对不够完善，大部分地区大气污染防治措施技术、理念普遍严重落后，更由于经济发展的大诱惑力、大气污染成因复杂、部分政府部门懒政怠政等多方面原因，造成我国大气污染防治工作效果差、起色慢，污染问题仍旧突出。⑤ 居民大气污染防治意识淡薄。以我国农村为例，农田秸秆燃烧问题仍未根治，冬季家用煤炉使用仍旧存在。受文化、习俗等各方面原因，传统节日鸣鞭放炮、燃放烟花问题屡禁不止，大气污染呈现出明显的节假日效应。⑥ 区域协调治理存在"梗阻"。因受大气污染的扩散性影响，大气污染治理需要协调联动治理，单一地区的治理往往不能从根本上解决本地污染问题，但区域联动治理由于协调难度大、效益难以统一，难以顺利进行。

1.3.3 大气污染影响因素

大气污染问题因其造成的严重性后果已经越来越受到学者们的广泛关注，通过对大量学者的研究进行抽丝剥茧，我们将大气污染问题的影响因素分为自然环境因素、社会经济因素和污染物组成成分等方面。自然环境因素包括气象条件和地理环境等方面，社会经济因素分为人口规模、交通运输、环境规制、居民生活及其习俗习惯、城市化水平、产业结构、能源消费结构以及区域协同治理均衡性等[9,39,90-92]。

1.3.3.1 自然环境因素

陈煜升等人[93]分别模拟了徐州市夏季、冬季大气污染物浓度与近地面气温、风速、气压、湿度、边界层高度等气象因子的相关性，发现大气污染物浓度呈现出冬高夏低现象。在夏季，气温和湿度对大气污染物浓度影响显著，而冬季对于大气污染物浓度影响显著的气象因子为风速和边界层高度。同时，对不同级别降水同大气污染物浓度之间的关系进行比较，发现夏季中雨以上降水对污染物冲刷作用显著，而冬季则表现为小雨降水对污染颗粒物具有明显吸湿作用。郭蒙蒙等人[94]研究表明低风速、高湿度和降水量小是造成郑州市大气污染物浓度居高不下的重要气象因素。张洁琼等人[95]利用KZ滤波方法将天津市O_3、$PM_{2.5}$、PM_{10}浓度资料和6个同期气象数据分解为长期分量、短期分量和季节分量，研究发现对总方差贡献最大的是季节分量，短期分量次之；而影响O_3浓度季节分量和短期分量的主要气象因素是气温和相对湿度，其中温度呈现主导性的正相关作用，而相对湿度则呈现负相关作用；相对湿度与颗粒物的短期分量及季节分量变化呈正相关关系，气压、风速、降水则与之呈负相关关系，温度与季节分量呈负相关关系、与短期分量呈正相关关系。

在地理环境对大气污染影响的研究中，以地处中原的河南省为例，西有太行山脉、南有大别山脉，其地理位置导致大气扩散原动力不足，再加上同河北、陕西、山东、安徽等重污染地区接壤，更加重了该地区的污染程度。北风袭来，安阳、新乡等河南北部城市遭受来自京津冀地区的雾霾影响，若北风风力不强则被大别山脉阻挡，大气污染物滞留在驻马店、信阳一带；如若东风吹过，因受太行山脉阻拦，焦作、郑州则成为大气污染物聚集地。这也正是河南省大气污染持续积累、加重的原因之一[96]。

1.3.3.2 社会经济因素

刘晓红[8]利用2014—2016年我国161个城市$PM_{2.5}$和PM_{10}浓度数据，剖析了城市雾霾污染的时空变化规律，并讨论了经济增长、公共交通运输强度、第二产业占比、信息化和绿化水平比重对雾霾污染的影响情况。张晓雷等人[97]对煤炭消费、产业结构与雾霾污染三者之间的互动关系进行研究，结果表明煤炭消费和产业结构加重了雾霾污染水平，雾霾污染抑制了煤炭的消费，两者呈“正-负-正”关系，产业结构作为雾霾污染加剧的关键因素，其与雾霾污染长期呈现正相关性，且整体有下降的趋势。Liu等人[98]研究表明，能源消耗和工业GDP增长是几十年来大气污染最重要的影响因素。Wang等人[99]认为城市扩张和经济结构改变对城市$PM_{2.5}$浓度水平的增长具有重要贡献 。Trivedi等人[100]和Cheng等人[101]研究认为煤炭消费是造成大气污染严重的重要影响因素。陈阳等人[102]通过对全国35个大中城市的面板数据实证分析发现，城市蔓延和产业结构对环境污染具有显著的协同效应，城市蔓延对环境污染具有正相关性、产业结构对环境污染存在负相关关系，而当产业结构调整升级达到一定水平时，城市蔓延对环境污染的影响也会随之降低。刘亚清等人[103]通过构建空间滞后模型和空间误差模型，研究发现人均GDP对京津冀地区SO_2排放具有促进作用，而产业结构升级对其有抑制作用；人均治污费用和SO_2排放存在负相关关系，但其与产业结构升级并未发现显著相关性，这与大气污染治污费用的占比和产业结构调整缓慢有一定关系。刘晨跃等人[104]利用2003—2014年的面板数据，从能源消耗结构、集聚规模、技术进步和工业废弃物综合利用率等方面剖析了影响我国30个主要城市雾霾污染程度的社会经济因素，发现能源消耗结构是我国雾霾污染的主要因素，当前经济集聚没有降低我国整体雾霾污染程度，工业废弃物综合利用率在滞后一期后显著降低雾霾污染，而产业结构调整和环境规制等因素并未显著影响我国的雾霾污染程度。樊晓露等人[105]通过建立VAR计量模型研究了上海市经济增长与雾霾污染水平之间的长期均衡关系和动态影像机制。刘灿灿等人[106]分析了雾霾与社会经济发展之间的关系问题。刘晓红等人[107]利用FMOLS和DOLS两种面板估计方法对长期弹性系数进行估计，结果表明，我国的经济增长、城镇化与PM_{10}浓度之间存在倒U形关系，第三产业比重的提高会降低雾霾污染。与此同时，他们发现贸易开放对雾霾波动的贡献最大，城镇化作用最小。马海涛等人[108]通过构建政府主导的工业化发展与污染之间交互影响的理论模型发现：财政分权、工业集聚与雾霾污染互为因果关系，工业集聚和雾霾污染存在着显著的空间外溢效应，经济相邻省份的工业集聚在带动本地工业集聚的同时，对空气质量和财政自由权产生负面影响，地缘相邻省份的雾霾污染对本地空气质量和工业集聚构成阻碍。王明仕等人[109]研究发现，河南省各城市$PM_{2.5}$和PM_{10}污染浓度与城市化水平存在正相关关系，SO_2污染程度受经济发展水平和第三产业影响较大，NO_2污染程度受能源消耗量影响较大，O_3污染程度则与城市经济发展水平、能源消耗量、建成区面积、机动车使用量等存在较大关系。周少甫等人[110]研究表明新型城镇化对大气污染具有正向空间协同关系，城镇化发展对大气污染影响很大。微观层面上，在新型城镇化发展中占最大比例的是人口和生产，其加重了大气污染程度，而居民生活和社会发展对大气污染具有一定的抑制效应。

梁睿等人[111]研究发现中国环境规制对大气污染物减排存在一定的促进关系，但这种关系并不是简单的递增或者递减，而是在不同经济增长水平区间内，其影响程度和方向有所区别，只有在特定经济区间的环境规制才能产生减排效果。刘杰等人[112]通过研究关中地区2001—2016年城市面板数据得出结论，环境规制对该地大气污染的减排效应和地区之间"逐顶竞争"的空间联动效应并不能抵消该地城市人口、能源消耗结构和城市交通等各社会经济因素对关中地区$PM_{2.5}$排放的促进效应，且工业发展和城市交通使城市间出现跨界污染"转移效应"，对从区域整体改善大气质量不利。文泽宙等人[113]研究表明正式与非正式的环境规制均对雾霾污染存在空间溢出效应，并且正式环境规制与之的关联度要高于非正式环境规制，而交通条件、外商直接投资及产业结构等也会对雾霾污染起到一定促进作用。邱洋冬[114]研究发现大气污染防治重点城市的命令型规制政策对企业绿色创新有着显著的促进作用。刘艳彬[115]从人口规模和人口素质两个维度阐释了人口因素对大气污染的影响，发现人口规模与大气污染呈现正相关，当人口规模扩大，生产和消费水平和规模也会随之扩大，并从需求和供给两个途径不断加重大气污染。赵津津[116]对农村秸秆焚烧、散煤污染、农药挥发及粪便堆积等农村现行大气污染现状与困境进行了探讨，提出要着力推动城市基础设施向农村蔓延，加快调整农村能源结构的对策。方天歌等人[117]研究发现在烟花燃放的高峰期，其对 $PM_{2.5}$ 污染的一次贡献率为 69.8%，对 PM_{10} 污染的一次贡献率为 63.8%。相比颗粒物而言，硝酸盐的累积效应更显著，且在烟花燃放期间硫酸盐的生成要早于硝酸盐，并且其积累性更强。王德羿等人[92]在对京津冀及其周边“2＋26”城市空气严重污染下 $PM_{2.5}$ 污染的来源进行分析时，发现交通源占大气污染比重为 13.0%～35.9%。孙传旺等人[118]通过对 2000—2012 年 83 个城市的面板数据进行研究分析，发现城市交通基础设施的建设对城市大气质量存在显著影响，现阶段加大交通基础设施投入能够有效提升城市空气质量，并且增加道路面积能够有效改善空气质量。

1.3.3.3 污染物组成成分

随着经济社会的高速发展，大气污染物的成分也愈发复杂，呈现明显的复合性。通常我们认为大气污染物受化石燃料燃烧、重金属污染、汽车尾气污染和工业扬尘等影响，主要组成成分为颗粒粉尘物质、硫氧化物、氮氧化物、CO 和 CO_2 或者烃类等物质，但是近期研究发现大气污染物成分趋于复杂，大气污染治理难度增大。杨清香等人[119]研究发现雾霾天气作用下学校室外的空气颗粒物中含有的细菌和真菌浓度要明显高于医院室内环境的浓度，且具有一定的感染风险。研究还发现雾霾天气下校园环境的气传真菌多样性要高于医院环境，且有较大比例的致敏真菌类群是导致冬季过敏的重要致敏原。

1.3.4 大气污染防治对策

随着我国生态文明建设的稳步推进，我国大气污染治理成果显著，但是根据 2018 年全球环境绩效指数 EPI 评估结果，我国大气质量排名仍倒数第四，有近六成城市 $PM_{2.5}$ 年均浓度超标。作为全球碳排放量第一大国家，我国大气污染问题突出，治污任务任重道远。近年来，国内学者聚焦大气污染社会经济影响因素，剖析大气污染与社会经济增长之间的作用机理和影响关系，并提出一系列针对性的防控对策。赵秀玲等人[120]、张晓平等人[90]、孙涵等人[121]、柏玲等人[122]

通过对大气污染经济社会影响因素研究分析，一致认为加快优化升级产业结构和能源结构，能够显著改善大气质量。柏玲等人[122]研究认为，政府部门应加快制定实施大气污染防治区域差异化管理机制，积极促进跨区域联防联控治理机制的形成；制定激励性促减排政策，完善环保立法，加强节能减排科技创新；提倡清洁能源、绿色出行，强化绿色发展理念。黄永源等人[123]提出引进清洁技术、加快技术进步、完善环境规制等策略。刘祎芳等人[124]从局部与整体、短期与长期、效率与公平三个维度分析京津冀地区 $PM_{2.5}$ 污染的治理问题，提出控制机动车尾气和燃煤废气排放、促进政府绩效考核机制多元化和平衡各利益主体间的关系等措施。

随着对大气污染治理认识的不断深入，学界对大气污染协同治理愈发重视，并不断聚焦大气污染协同治理防治策略。刘金科等人[125]、王红梅等人[126]、罗文剑等人[127]和杨立华等人[128]通过对国外大气污染治理进行分析总结，为我国大气污染区域协同治理提供了有益借鉴。易兰等人[129]对大气污染与气候变化的相关性进行比较分析，指出我国以往对两者分而治之的弊端，提出重构协同治理机制的相关战略路径。胡中华[130]认为大气污染治理应积极推动制度建设以增强区域协调的地方合作性，从而将运动式多行政区合作向常态化、全适用的环境区域协调治理转变。吴建南等人[131]对长三角地区大气污染协同治理成效及制度逻辑进行分析，提出大气污染协同治理需在兼顾结构性和过程性机制设计基础上构建机制设计，有效降低协同治理交易成本和合作风险，并不断促进区域合作和地方信任。省际环境污染是一套复杂的空间系统，其联防联控治理具有宏观、中观、微观层面的空间层次，并深深嵌入政治社会关系当中。戴亦欣等人[132]通过制度性集体行动框架对京津冀地区大气污染协同治理机制的长效性进行研究，认为上级政府应积极调动地方政府自主性，积极培育协同主体的自愿协同意愿和能力，并根据大气污染协同治理任务特点及时调整协同机制推动要素，从而实现大气污染协同治理机制的长效性。李珒[133]通过分析京津冀地区大气污染协同治理合力困境，提出平衡强弱组织主体的权责差异，对弱势主体治污进行相应补偿和协同组织治污资源的公平分配转移等来破解京津冀地区大气污染协同治理困境。罗文剑等人[134]认为我国政府协同治理存在一系列激励不相容问题，其阻碍了大气污染的协同治理，提出政府间协同治理大气污染应建立自由裁量的约束制度、优化绩效评估制度、创新利益分配和补偿制度、健全问责制度等促进政府间协同治理激励相容，从而达到更好的治污效果。

尹珊珊[135]认为激励性法律规制对地方政府参与区域协调治理具有积极的促进作用，我国应加快构建激励性与命令控制性相协调的法律规制机制，多元优化组合区域大气污染激励工具，从而提升地方政府协同治污效果和水平。刘炳江[136]探讨了挥发性有机物(VOCs)的攻坚治理问题，系统阐述了政府监管层面和企业治理层面的问题和不足，提出要坚持精准治污、科学治污、依法治污，从全流程、全环节实施攻坚治理，加强帮扶指导、依法实施监管、强化监测监控和实施考核督查等，不断加强对VOCs的治理力度、完善其治理体系。孟庆瑜[137]认为虽然我国机动车污染防治法律已初具规模，但是在可操作性上仍显不足，应加快建立国家-区域-地方三级协同的立法模式，推动建立覆盖油、路、车等机动车污染防治各环节的执法机制，从根本上解决机动车大气污染治理问题。杨丽娟等人[138]认为大气污染治理应在生态经济补偿、区域立法协同的基础之上，借鉴国际均衡责任机制理论经验，弥补完善大气污染联防联控法律机制的不足。潘晓滨[139]对美国RGGI模式进行深入分析，认为我国可借鉴美国的跨州合作模式，将大气污染物排放总量控制融入跨区域联防联控机制之中，通过自上而下的地方政府协同共治达到区域一体化的跨区规制效果。王雁红[140]、徐祥民[141]、邢华等人[142]、黄清子等人[143]分别提出加强协同治理合作、完善质量责任制度、优化治理政策工具体系、推进绿色产品研发和引导建立自治协商政策体系等防控策略。

1.4 研究内容与方法

1.4.1 研究内容

(1) 构建大气污染的DPSIR结构模型、大气环境库兹涅茨曲线假说理论、大气污染脱钩理论、大气污染区域差异理论和大气污染协同治理理论等基础理论。

(2) 选取我国74个重点监控城市为研究对象，通过数据挖掘、统计分析、对比分析、莫兰指数模型、基尼系数模型等研究方法，深度剖析我国空气质量指数(AQI)以及6种污染物($PM_{2.5}$、PM_{10}、SO_2、NO_2、CO、O_3-8h)浓度的空间变化特征和年度-季度(月度)-小时三维时间变化特征。

(3) 选取华东(上海)、华中(郑州)、华北(北京)、华南(广州)、东北(哈尔滨)、西南(成都)、西北(银川)为研究对象，采用数理统计、归纳总结以及风险矩阵分析方法深入研究我国大气污染存在的主要风险状况。

(4) 选取我国74个重点监控城市为研究对象,通过数据挖掘、统计分析与逻辑推理等研究方法,深度剖析我国大气污染的社会经济影响因素及其对大气污染的具体影响。

(5) 构建基于DPSIR结构模型的城市发展与人口增长(UDPG)、能源消费增长与结构变化(ECGSC)、经济增长与产业结构变化(EGCIS)和社会经济综合驱动力(DFI)等综合作用因子评价模型,并进一步深入探讨综合作用因子与大气污染指标之间的作用关系。

(6) 在大气污染与社会经济综合因子增长之间作用关系的基础上,借鉴Tapio脱钩弹性模型,构建社会经济综合因子增长与雾霾污染的脱钩关系模型,计算我国74个重点监控城市的脱钩系数,利用空间统计分析法表征其空间差异特征。

(7) 在深度剖析我国大气污染的年度-季度(月度)-小时三维时空差异特征、探讨我国大气污染的社会经济影响因素、建立我国DFI评价模型以及大气污染与DFI值之间的脱钩关系模型、开展我国大气污染的源解析以及深度研讨我国大气污染与DFI值之间脱钩关系的区域差异性的基础上,提出我国大气污染防控的具体对策体系。

1.4.2 研究方法

(1) 基础数据搜集与整理:通过数据挖掘、文献调研、问卷调查、走访调查和深度访谈等多种研究方法,搜集整理我国74个重点监控城市空气质量指数和社会经济发展指标的历年数据,为本专著研究的顺利开展提供强有力的理论参考和数据支持。

(2) 通过数理统计、基尼系数法和空间统计法,分析我国74个重点监控城市大气污染的时空格局及动态变化特征。

(3) 在OECD提出的概念模型和质量结构模型的基础上,通过逻辑推理、理论分析和数值模拟方法,建立我国大气污染的DPSIR结构模型。

(4) 相关分析方法、PCA方法和线性回归方法:用来确定我国74个重点监控城市大气污染与社会经济增长之间的作用关系。

(5) Tapio脱钩模型和空间统计分析法:用于全国74个重点监控城市雾霾污染与社会经济增长之间的脱钩效应及空间差异性分析。

(6) 逻辑推理和归纳总结方法:提出基于大气污染时空特征及其社会经济驱动因素的我国大气污染防控的具体策略体系。

1.5 技术路线

本专著技术路线如图 1-1 所示。

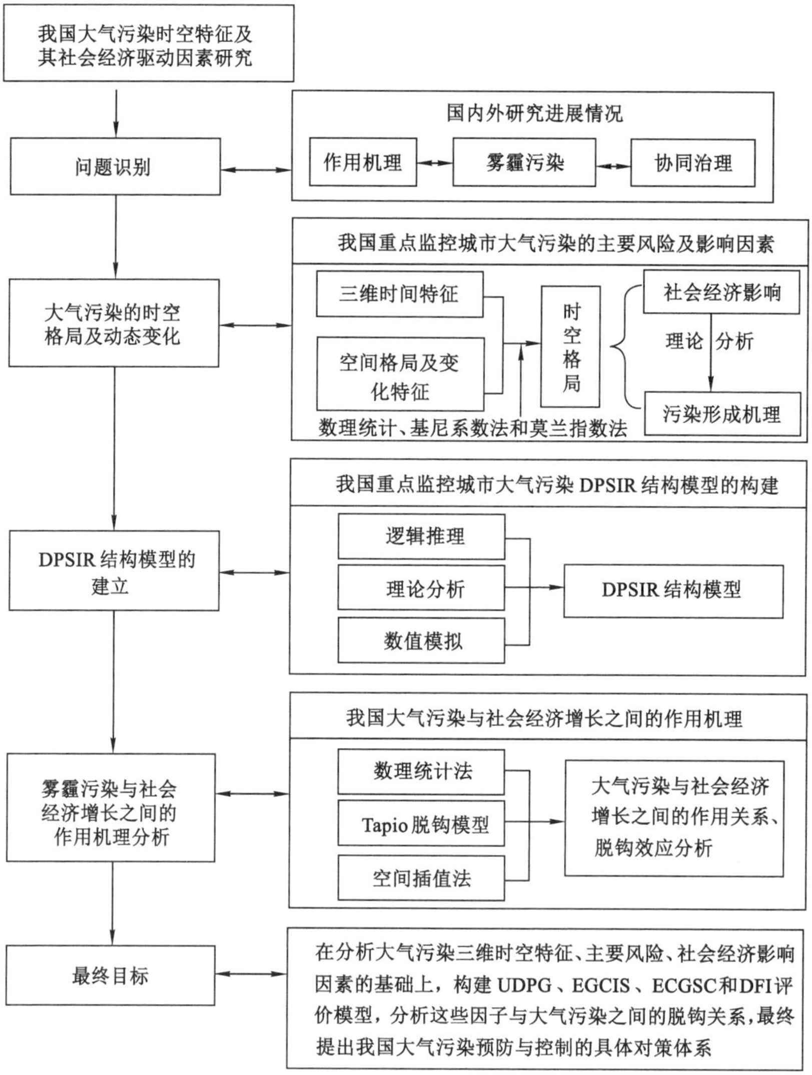

图 1-1　技术路线图

1.6 城市雾霾风险的影响及其防控策略的学科归属

根据《学科分类与代码》(GB/T 13745—2009)和《中国图书馆分类法》的相关规定,本专著的研究属于环境科学、安全科学(X)的范围,具体研究领域为环境安全与管理的范畴,具体情况见图 1-2。

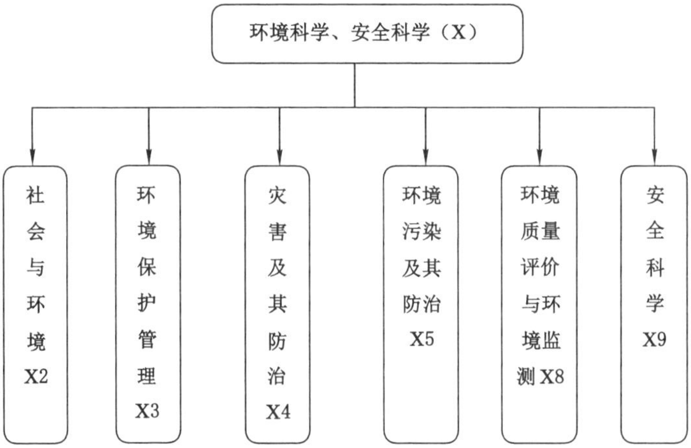

图 1-2 研究内容的学科归属

(1) 本著作的研究目标是城市空气质量与社会经济发展的关系问题,其属于社会与环境(X2)范畴,具体属于环境与发展(X22)问题。

(2) 本著作的核心内容是“我国大气污染的主要风险及其影响因素研究”,其属于安全科学(X9)学科领域下的安全科学基础理论(X91)的范畴,具体涉及安全控制论(X913.3)、安全社会学(X915.2)、安全经济学(X915.4)和灾害学(X915.5)等学科领域。

(3) 本著作的核心内容“基于 DPSIR 结构模型的我国城市大气污染的社会经济驱动力研究”、“我国城市大气污染与其社会经济驱动力之间的脱钩效应研究”和“我国大气污染防控的具体对策体系研究”属于灾害及其防治(X4)和环境污染及其防治(X5)两个学科的交叉内容,其具体涉及人为灾害及其防治(X45)和大气污染及其防治(X51)两个具体的学科领域。

1.7 本章小结

本章的主要内容如下：

(1) 介绍了我国大气污染及其主要风险的研究背景。

(2) 详细介绍了“我国大气污染时空特征及其社会经济驱动因素”相关研究的国内外进展情况。

(3) 介绍了本著作的主要内容与研究方法。

(4) 绘制了本著作的技术路线图。

(5) 阐明了本著作研究的学科归属问题。

本章参考文献

[1] 宫克.世界八大公害事件与绿色GDP[J].沈阳大学学报,2005,17(4):3-6,11.

[2] 周利敏.生态灾难、永续发展与特大城市雾霾治理:国际经验与中国启示[J].中国行政管理,2016(1):111-117.

[3] 肖建华,陈思航.中英雾霾防治对比分析[J].中南林业科技大学学报(社会科学版),2015,9(2):79-83.

[4] 李新宁.雾霾治理:国外的实践与经验[J].生态经济,2015,31(5):2-5.

[5] 洪宇.基于结构方程模型的我国区域雾霾水平评价[J].统计与决策,2019,35(2):62-65.

[6] 潘竟虎,张文,李俊峰,等.中国大范围雾霾期间主要城市空气污染物分布特征[J].生态学杂志,2014,33(12):3423-3431.

[7] 高广阔,吴世昌,韩颖.中国雾霾污染问题的分析与测度方法探讨[J].统计与决策,2016(24):31-34.

[8] 刘晓红.中国城市雾霾污染的时空分异、动态演化与影响机制[J].西南民族大学学报(人文社科版),2019,40(2):98-113.

[9] 肖悦,田永中,许文轩,等.中国城市大气污染特征及社会经济影响分析[J].生态环境学报,2018,27(3):518-526.

[10] 潘慧峰,王鑫,张书宇.雾霾污染的持续性及空间溢出效应分析:来自京津冀地区的证据[J].中国软科学,2015(12):134-143.

[11] 韩志明,刘璎.京津冀地区公民参与雾霾治理的现状与对策[J].天津行政学院学报,2016,18(5):33-39.

[12] 祝丽云,李彤,马丽岩,等.产业结构调整对雾霾污染的影响:基于中国京津冀城市群的实证研究[J].生态经济,2018,34(10):141-148.

[13] 文扬,马中,吴语晗,等.京津冀及周边地区工业大气污染排放因素分解:基于LMDI模型分析[J].中国环境科学,2018,38(12):4730-4736.

[14] 彭心竹.京津冀地区大气污染变化规律及影响因素研究[D].北京:中国地质大学(北京),2018.

[15] 高敏,仇天雷,贾瑞志,等.北京雾霾天气生物气溶胶浓度和粒径特征[J].环境科学,2014,35(12):4415-4421.

[16] 王静,施润和,李龙,等.上海市一次重雾霾过程的天气特征及成因分析[J].环境科学学报,2015,35(5):1537-1546.

[17] 王博妮,濮梅娟,苗茜.江苏地区连续性雾霾天气的污染物浓度变化和特征分析[J].大气科学学报,2016,39(2):243-252.

[18] 杨文峰,李星敏,陈闯,等.西安市两次雾霾期间气象要素和气溶胶特性分析[J].中国环境科学,2015,35(8):2298-2306.

[19] 张立,万文龙,王旭.东营地区雾霾变化特征及其低能见度影响因子分析[J].现代农业科技,2016(19):238-242.

[20] 王蕾,孜比布拉·司马义,杨胜天,等.北疆主要城市的大气污染状况分析[J].干旱区资源与环境,2018,32(6):182-186.

[21] 邓发荣,康娜,KANIKE R K,等.长江三角洲地区大气污染过程分析[J].中国环境科学,2018,38(2):401-411.

[22] 杨振,丁启燕,王念,等.湖北省大气污染健康风险空间格局与防范分区研究[J].华中师范大学学报(自然科学版),2018,52(4):574-581.

[23] 吴一帆,张子豪,王帅,等.大连市大气污染特征、影响因素及来源分析[J].环境工程,2018,36(6):104-109.

[24] 宁贵财.四川盆地西北部城市群冬季大气污染气象成因及其数值模拟研究[D].兰州:兰州大学,2018.

[25] 中华人民共和国生态环境部.中国生态环境状态公报[R].北京:中华人民共和国生态环境部,2018.

[26] 中华人民共和国生态环境部.中国生态环境状态公报[R].北京:中华人民共和国生态环境部,2019.

[27] 中华人民共和国生态环境部.中国生态环境状态公报[R].北京:中华人民共和国生态环境部,2020.

[28] 王韵杰,张少君,郝吉明.中国大气污染治理:进展·挑战·路径[J].环境科学研究,2019,32(10):1755-1762.

[29] 杨月,李晓臣.我国大气污染现状评估及控制对策研究[J].产业创新研究,2020(10):56,58.

[30] 李红,彭良,毕方,等.我国 $PM_{2.5}$ 与臭氧污染协同控制策略研究[J].环境科学研究,2019,32(10):1763-1778.

[31] 赵辉,郑有飞,张誉馨,等.京津冀大气污染的时空分布与人口暴露[J].环境科学学报,2020,40(1):1-12.

[32] 梁丽思,靖娟利,王安娜,等.2014—2019 年冬季京津冀地区 $PM_{2.5}$ 质量浓度时空分布特征[J].桂林理工大学学报,2020,40(4):788-797.

[33] 索成,赵红艳,王鑫,等.京津冀及周边地区区域贸易隐含二氧化硫排放[J].环境科学学报,2019,39(11):3916-3923.

[34] 李衡,韩燕.黄河流域 $PM_{2.5}$ 时空演变特征及其影响因素分析[J].世界地理研究,2022,31(1):130-141.

[35] 孙亚男,肖彩霞,刘华军.长三角地区大气污染的空间关联及动态交互影响:基于 2015 年城市 AQI 数据的实证考察[J].经济与管理评论,2017,33(2):121-131.

[36] 尹兴月.中原经济区大气污染的时空统计分析[D].郑州:华北水利水电大学,2018.

[37] 汪旭颖,严刚,雷宇,等.苏皖鲁豫交界地区大气污染形势和问题分析[J].环境保护,2020,48(17):45-48.

[38] 胡春梅,陈道劲,周国兵,等.基于自组织神经网络算法的重庆秋冬季空气污染与天气分型的关系[J].气象,2020,46(9):1222-1234.

[39] 张志非,郑梅迪,张影,等.宁波市大气污染概况及影响因素分析[J].中国环境监测,2020,36(5):96-103.

[40] 马北玲,吕欣,陈星,等.火电厂大气排放监测大数据分析及政策影响研究[J].中国人口·资源与环境,2019,29(7):73-79.

[41] 郦建国,朱法华,孙雪丽.中国火电大气污染防治现状及挑战[J].中国电力,2018,51(6):2-10.

[42] 伯鑫,徐峻,杜晓惠,等.京津冀地区钢铁企业大气污染影响评估[J].中国环

境科学,2017,37(5):1684-1692.

[43] 唐子君,陈雄波,方平,等.陶瓷工业大气污染防治现状、问题与对策[J].中国陶瓷工业,2020,27(2):33-36.

[44] 肖翠翠,郭培坤,常杪,等.大气污染防治督查结果特征分析与政策效果评估:以京津冀及周边地区大气污染传输通道城市为例[J].干旱区资源与环境,2019,33(11):42-48.

[45] 王彦超,蒋春来,贺晋瑜,等.京津冀及周边地区水泥工业大气污染控制分析[J].中国环境科学,2018,38(10):3683-3688.

[46] 龚天宜,孙兆彬,张小玲,等.人群的自然和社会属性分类下 $PM_{2.5}$ 对心血管疾病的影响[J].中国环境科学,2019,39(3):1289-1298.

[47] 毛丽旦,梁俊琴.大气污染对皮肤屏障功能影响的研究进展[J].中国美容医学,2019,28(9):168-171.

[48] 孔凡玲,赵琳,崔亮亮.$PM_{2.5}$ 与心血管疾病[J].山东大学学报(医学版),2018,56(11):12-17.

[49] CHEN H,KWONG J C,COPES R,等.大气污染可增加痴呆的发病风险[J].中华预防医学杂志,2018,52(4):363.

[50] 洪也,张莹,马雁军,等.沈阳大气污染物与气象因素对呼吸疾病门诊数的影响[J].中国环境科学,2020,40(9):4077-4090.

[51] 王高帅,陈晓娟,胡玉守,等.基于广义相加模型的郑州市大气污染与医院感染发生风险的关系分析[J].郑州大学学报(医学版),2020,55(5):727-732.

[52] 顾怡勤,陈仁杰,陈丽,等.上海市闵行区大气污染与早产的相关性[J].环境与职业医学,2019,36(2):106-111.

[53] 董爽,黄彦红,李静,等.辽宁省大气污染与出生缺陷相关性分析[J].中国公共卫生,2019,35(10):1421-1423.

[54] 张君,陈奕.大气污染与不良妊娠结局相关性的研究进展[J].中国妇产科临床杂志,2018,19(4):366-369.

[55] 孙传旺,徐淑华.城市机动车限行对 $PM_{2.5}$ 的影响与效果检验[J].中国管理科学,2021,29(1):196-206.

[56] 冯国强,李菁,武卓尔,等.道路交通拥堵与城市雾霾污染的关系研究[J].中国人口·资源与环境,2020,30(3):93-99.

[57] 曾贤刚,阮芳芳.中国 $PM_{2.5}$ 污染健康效应的国民经济影响分析[J].中国环

境科学,2020,40(7):3228-3238.
[58] 揣小明,范超,韩艳俊.焦作市大气污染与经济发展之间的关系研究[J].环境科学与管理,2020,45(1):7-12.
[59] 陈煜,刘永贵,邓小乐.城市大气污染与健康损失的经济学分析[J].统计与决策,2019,35(18):107-110.
[60] 黄青,徐琪依,柴源.基于BenMAP模型的全国 $PM_{2.5}$ 健康经济效益评估[J].安全与环境学报,2019,19(4):1419-1424.
[61] 高纹,杨昕.经济增长与大气污染:基于城市面板数据的联立方程估计[J].南京审计大学学报,2019,16(2):90-99.
[62] 李磊,刘旖.空气质量外部性对超大城市入境旅游规模的影响[J].生态经济,2019,35(10):124-129.
[63] 唐承财,刘霄泉,宋昌耀.雾霾对区域旅游业的影响及应对策略探讨[J].地理与地理信息科学,2016,32(5):121-126.
[64] 马娟娟,孔繁涛,周向阳,等.雾霾对农业生产及农产品流通影响的研究进展[J].中国农业科技导报,2017,19(12):1-7.
[65] 孙伟增,张晓楠,郑思齐.空气污染与劳动力的空间流动:基于流动人口就业选址行为的研究[J].经济研究,2019,54(11):102-117.
[66] 郑兵,庄梓豪,王莹.温湿度、酸雨环境因素对外墙饰面材料耐久性的影响[J].新型建筑材料,2020,47(3):56-58,62.
[67] 蔡芸瞳,沙曼曼,苏朝丞.酸雨对生态系统的影响及防治对策探讨[J].农家参谋,2018(18):122.
[68] 王丽红,孙静雯,王雯,等.酸雨对植物光合作用影响的研究进展[J].安全与环境学报,2017,17(2):775-780.
[69] 黄玉梅,王若然,罗智丹,等.模拟酸雨和除草剂单一及复合胁迫对城市草坪土壤动物的影响[J].浙江农业学报,2019,31(12):2095-2108.
[70] 王楠,潘小承,白尚斌.模拟酸雨对我国亚热带毛竹林土壤呼吸及微生物多样性的影响[J].生态学报,2020,40(10):3420-3430.
[71] 郑梅迎,彭玉龙,刘明宏,等.模拟酸雨下生物炭添加对土壤盐基离子淋失的影响[J].农业环境科学学报,2021,40(1):163-173.
[72] 何俊,谢腾蛟,杨旅涵,等.模拟酸雨对土壤修复中重金属淋溶特征及土壤持水能力的影响[J].化工环保,2020,40(4):388-395.
[73] 刘自强,危晖,章家恩,等.酸雨对土壤呼吸的影响机制研究进展与展望[J].

土壤,2019,51(5):843-853.
[74] 谢燕华,康玉芬,冯淑兴.大气酸沉降及其对生态环境影响的研究进展[J].化工管理,2020(4):76-77.
[75] 陈俊彤,谢恩耀,金琎.五酸钾对酸雨胁迫下茼蒿的防护[J].环境化学,2020,39(10):2666-2672.
[76] 郝国宝,常青山,张利霞,等.模拟酸雨胁迫对夏枯草种子萌发和幼苗生长的影响[J].种子,2020,39(8):72-75.
[77] 刘瑜霞.模拟酸雨对两种楠木幼苗生长及生理特性的影响[D].恩施:湖北民族大学,2020.
[78] 牛浩然,夏鑫,李玉霞,等.山梨酸类物质缓解酸雨溶液对小麦种子发芽和生根的影响研究[J].种子,2018,37(1):103-105.
[79] 赵则海.模拟酸雨对五爪金龙幼苗光合生理特性的影响[J].生态环境学报,2014,23(9):1498-1502.
[80] 李印霞,刘碧波,付景保,等.模拟酸雨对巢湖底泥营养盐和重金属释放及其影响[J].长江流域资源与环境,2020,29(7):1612-1618.
[81] 牟琳,王岩,孙铭禹,等.近地层臭氧浓度升高对大豆叶片氮代谢及产量的影响[J].生态环境学报,2020,29(7):1395-1402.
[82] 王义婧,李岩,徐胜,等.高浓度臭氧对美国薄荷(Monarda didyma L.)叶片光合及抗性生理特征的影响[J].生态学杂志,2019,38(3):696-703.
[83] 冯兆忠,袁相洋.臭氧浓度升高对植物源挥发性有机化合物(BVOCs)影响的研究进展[J].环境科学,2018,39(11):5257-5265.
[84] 热伊莱·卡得尔,伊卜拉伊木·阿卜杜吾普,陈刚.全球气候变化及其影响因素研究进展[J].农业开发与装备,2020(9):81-82.
[85] 叶幼亭,史大林.全球变化对海洋生态系统初级生产关键过程的影响[J].植物生态学报,2020,44(5):575-582.
[86] 邢鹏,李彪,韩一萱,等.淡水生态系统对全球变化的响应:研究进展与展望[J].植物生态学报,2020,44(5):565-574.
[87] 黄光球,苗丹.基于函数 Petri 网的有毒雾霾对地表自然生态环境的危害性评价研究[J].湘潭大学自然科学学报,2018,40(3):89-94.
[88] 王文林.大气污染的成因、影响因素及防治措施[J].资源节约与环保,2013(7):36,46.
[89] 国家统计局.中华人民共和国 2019 年国民经济和社会发展统计公报:

2020年2月28日[N].人民日报,2020-02-29(5).

[90] 张晓平,林美含.中国城市空气污染区域差异及社会经济影响因素分析:基于两种空气质量指数的比较研究[J].中国科学院大学学报,2020,37(1):39-50.

[91] 徐绪堪,刘思琪,张宏阳.城市群视角下大气污染空间效应和影响因素研究[J].科技管理研究,2020,40(15):244-251.

[92] 王德羿,王体健,韩军彩,等."2+26"城市大气重污染下 $PM_{2.5}$ 来源解析[J].中国环境科学,2020,40(1):92-99.

[93] 陈煜升,张宇静,赵天良,等.近5年徐州市大气污染变化及相关气象作用[J].环境科学与技术,2019,42(增刊1):152-158.

[94] 郭蒙蒙,姜楠,王申博,等.郑州市2014—2017年大气污染特征及气象条件影响分析[J].环境科学,2019,40(9):3856-3867.

[95] 张洁琼,王雅倩,高爽,等.不同时间尺度气象要素与空气污染关系的KZ滤波研究[J].中国环境科学,2018,38(10):3662-3672.

[96] 赵恒.河南省大气污染治理问题与对策研究[D].郑州:郑州大学,2018.

[97] 张晓雷,马丁.河南省煤炭消费、产业结构与雾霾污染互动关系研究[J].煤炭工程,2020,52(5):194-199.

[98] LIU Y P,WU J G,YU D Y,et al.Understanding the patterns and drivers of air pollution on multiple time scales:the case of Northern China[J].Environmental management,2018,61(6):1048-1061.

[99] WANG S J,ZHOU C S,WANG Z B,et al.The characteristics and drivers of fine particulate matter ($PM_{2.5}$) distribution in China[J].Journal of cleaner production,2017,142:1800-1809.

[100] TRIVEDI R H.Entrepreneurial-intention constraint model:a comparative analysis among post-graduate management students in India,Singapore and Malaysia[J].International entrepreneurship and management journal,2017,13(4):1239-1261.

[101] CHENG Z H,LI L S,LIU J.Identifying the spatial effects and driving factors of urban $PM_{2.5}$ pollution in China[J].Ecological indicators,2017,82:61-75.

[102] 陈阳,孙婧,逯进.城市蔓延和产业结构对环境污染的影响[J].城市问题,2018(4):18-25.

[103] 刘亚清,马艺翔,吴振信.京津冀地区产业结构升级对大气污染的影响[J].城市问题,2017(12):65-71.

[104] 刘晨跃,尚远红.雾霾污染程度的经济社会影响因素及其时空差异分析:基于30个大中城市面板数据的实证检验[J].经济与管理评论,2017,33(1):75-82.

[105] 樊晓露,吴世昌.上海市经济增长与雾霾污染的关系研究[J].发展研究,2017(2):88-93.

[106] 刘灿灿,樊晓阳,仇晨鹏.浅谈雾霾与经济发展的关系[J].中国集体经济,2017(8):6-7.

[107] 刘晓红,江可申.城镇化进程中我国经济增长、贸易开放、第三产业与雾霾:基于省际面板数据的实证[J].金融与经济,2017(3):20-25.

[108] 马海涛,师玉朋.政府主导工业化与雾霾污染的交互影响及空间外溢效应[J].新疆财经大学学报,2017(1):5-15.

[109] 王明仕,何向东,曹景丽,等.区域城市化程度与大气污染的相关性研究:以河南省为例[J].河南理工大学学报(自然科学版),2019,38(2):71-76.

[110] 周少甫,张嘉俊.新型城镇化对中国城市空气污染的时空效应研究[J].工业技术经济,2019,38(3):66-75.

[111] 梁睿,高明,吴雪萍.环境规制与大气污染减排关系的进一步检验:基于经济增长的门槛效应分析[J].生态经济,2020,36(9):182-187.

[112] 刘杰,李苑,白小瑜,等.环境规制、空间溢出与城市大气污染:以关中地区为例[J].灾害学,2020,35(4):1-7.

[113] 文泽宙,熊磊.环境规制对城市雾霾污染的空间影响研究:基于中国262个城市的经验证据[J].重庆理工大学学报(自然科学),2020,34(12):237-246.

[114] 邱洋冬.环境规制、目标引领与企业绿色创新:基于大气污染防治重点城市的经验证据[J].调研世界,2020(9):19-26.

[115] 刘艳彬.大气污染的社会经济影响因素研究[J].农家参谋,2019(22):180.

[116] 赵津津.乡村振兴战略背景下关于农村大气污染治理的思考[J].广西社会科学,2019(6):84-89.

[117] 方天歌,姚小红,孟赫,等.青岛春节期间大气污染特征及烟花燃放一、二次贡献分析[J].环境科学,2020,41(10):4345-4354.

[118] 孙传旺,罗源,姚昕.交通基础设施与城市空气污染:来自中国的经验证据[J].经济研究,2019,54(8):136-151.

[119] 杨清香,辛媛,李慧君,等.新乡市冬季严重雾霾下医院和校园气传微生物群落组成研究[J].河南师范大学学报(自然科学版),2020,48(4):78-88,2.

[120] 赵秀玲,李伟,王伟民,等.我国典型城市空气质量演变及其调控:以深圳市2000—2017年为例[J].生态学报,2020,40(17):5894-5903.

[121] 孙涵,胡雪原,聂飞飞.空气污染物的时空演化及社会经济驱动因素研究:以长江三角洲地区为例[J].中国环境管理,2019,11(4):71-78.

[122] 柏玲,姜磊,周海峰,等.长江经济带空气质量指数时空异质性及社会经济影响因素分析[J].水土保持研究,2019,26(2):312-319.

[123] 黄永源,朱晟君,王少剑.基于制度背景与经济活动交互效应的广东省$PM_{2.5}$污染驱动因素分析[J].热带地理,2020,40(1):74-87.

[124] 刘祎芳,杨育聪,季曦.京津冀$PM_{2.5}$问题的环境-经济-社会系统分析[J].科学决策,2020(3):68-92.

[125] 刘金科,卢艳,邓鑫铭.跨区域大气污染的财税治理:国际经验与中国路径[J].税务研究,2019(7):46-50.

[126] 王红梅,谢永乐.基于政策工具视角的美英日大气污染治理模式比较与启示[J].中国行政管理,2019(10):142-148.

[127] 罗文剑,朱俊庆.国外大气污染治理研究:时空特征与热点前沿:基于Web of Science期刊文献的可视化分析[J].干旱区资源与环境,2020,34(2):115-121.

[128] 杨立华,张柳.大气污染多元协同治理的比较研究:典型国家的跨案例分析[J].行政论坛,2016,23(5):24-30.

[129] 易兰,赵万里,杨历.大气污染与气候变化协同治理机制创新[J].科研管理,2020,41(10):134-144.

[130] 胡中华.关于完善环境区域协同治理制度的思考[J].法学论坛,2020,35(5):29-37.

[131] 吴建南,刘仟仟,陈子韬,等.中国区域大气污染协同治理机制何以奏效?来自长三角的经验[J].中国行政管理,2020(5):32-39.

[132] 戴亦欣,孙悦.基于制度性集体行动框架的协同机制长效性研究:以京津冀大气污染联防联控机制为例[J].公共管理与政策评论,2020,9(4):15-26.

[133] 李瑋.协同治理中的“合力困境”及其破解:以京津冀大气污染协同治理实践为例[J].行政论坛,2020,27(5):146-152.

[134] 罗文剑,李娟.政府协同治理大气污染的激励相容制度分析[J].江西社会科学,2019,39(11):196-203.
[135] 尹珊珊.区域大气污染地方政府联合防治的激励性法律规制[J].环境保护,2020,48(5):60-65.
[136] 刘炳江.开展挥发性有机物治理攻坚 着力补齐大气污染治理短板:《2020年挥发性有机物治理攻坚方案》解读[J].环境保护,2020,48(15):9-14.
[137] 孟庆瑜.我国机动车污染防治法律问题初探[J].法学杂志,2019,40(11):38-48.
[138] 杨丽娟,郑泽宇.大气污染联防联控法律责任机制的考量及修正:以均衡责任机制为视角[J].学习与实践,2018(4):74-82.
[139] 潘晓滨.跨区域大气污染治理的法律路径:基于美国RGGI模式的思考[J].法学论坛,2018,33(4):134-140.
[140] 王雁红.政府协同治理大气污染政策工具的运用:基于长三角地区三省一市的政策文本分析[J].江汉论坛,2020(4):26-32.
[141] 徐祥民.大气污染防治中的地方政府大气环境质量责任制度实证研究[J].法学论坛,2020,35(5):5-17.
[142] 邢华,胡潆月.大气污染治理的政府规制政策工具优化选择研究:以北京市为例[J].中国特色社会主义研究,2019,10(3):103-112.
[143] 黄清子,张立,李敏.元治理视域下大气污染防治的政策框架及工具优化[J].中国人口·资源与环境,2019,29(1):126-134.

2 大气污染防控的基础理论

大气污染问题是我国当前研究的热点和难点问题。前面第 1 章综述了我国大气污染的严峻性以及严重的危害特征，故对开展大气污染的预防与控制具有十分重要的理论及现实意义。本章重点对本专著涉及的大气污染防控的基础理论，包括大气污染的 DPSIR 结构模型、环境库兹涅茨曲线假说、大气污染脱钩理论、大气污染区域差异理论和协同治理理论及其应用进行深入探讨。

2.1 大气污染的 DPSIR 结构模型

DPSIR（Driving-Forces-Pressure-State-Impact-Response，即驱动力-压力-状态-影响-响应）模型是经济合作与发展组织（Organization for Economic Cooperation and Development，OECD）于 1993 年提出，并为欧洲环境署(European Environment Agency，EEA)采用的概念模型[1-2]。DPSIR 模型是对 PSR 模型和 DSR 模型的完善与补充，它能够表征社会经济运作与环境质量之间的逻辑关系和因果关系，并能梳理资源、经济、环境与人口发展的关系，为城市的可持续发展提供重要的理论参考。

大气污染是一个复杂的社会-经济-环境复合系统，引起越来越多的国内外学者的广泛关注[3]。本著作所指的大气污染 DPSIR 结构模型是在上述概念模型和质量结构模型的基础上，通过数理统计和数值模拟方法，确定社会经济驱动力、压力、状态值和影响之间的定量关系，其具体的作用关系见图 2-1。该模型主要包括驱动力、压力、状态、影响和响应 5 个相互作用的模块和若干个具体相关的影响因子：① 社会经济综合驱动力模块是由于城市发展、经济变化和能源结构等引发城市空气质量下降的驱动力及潜在诱因，主要包括城市发展与人口增长、经济增长与产业结构变化和能源消费增长与结构变化 3 个复合因子，共 27 个社会经济影响因子；② 污染压力是引起城市大气环境变化的直接原因，主要包括各种大气污染排放量；③ 状态是指大气环境发展压力下的大气环境状况，主要包括 AQI 值和各种污染物的浓度现状及变化趋势；④ 影响表现为城市大气环境发展对火灾、公共交通和各种相关疾病等方面的影响；⑤ 响应是指所采取的有利于城市大气环境质量改善的对策措施，主要包括建立健全法律法规标准、全力推动绿色 GDP 增长、调整产业结构、控制人均生活能耗增长、电动汽车推广和协同治理等。

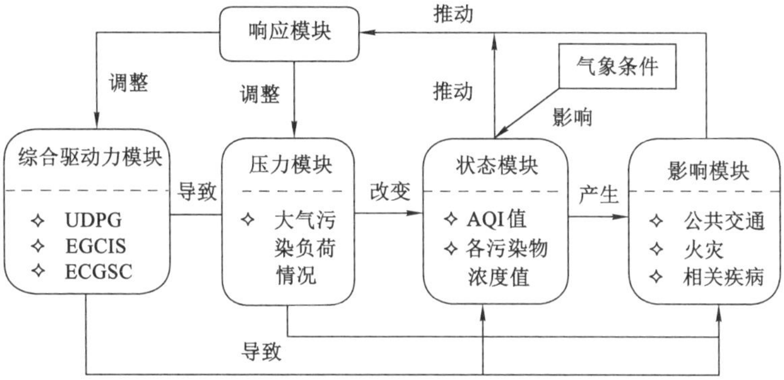

UDPG—城市发展与人口增长；EGCIS—经济增长与产业结构变化；ECGSC—能源消费增长与结构变化。

图 2-1 大气污染的 DPSIR 结构模型

2.2 环境库兹涅茨曲线假说

20 世纪 50 年代，诺贝尔奖获得者、经济学家库兹涅茨最早提出了库兹涅茨曲线，主要用于分析人均收入水平与分配公平程度之间的关系，发现两者之间存在倒 U 形曲线关系[4]。美国经济学家 Grossman 和 Krueger 于 1991 年首次以环境质量和人均收入的关系为研究对象，发现环境污染和人均收入之间呈现出倒 U 形的关系[4]。谢骁等人[4]、张玉等人[5]、孙攀等人[6]、齐绍洲等人[7]、刘华军等人[8]、李莉娜等人[9]、宋锋华[10]、何枫等人[11]、李斌等人[12]分别采用面板数据模型、面板门槛模型、空间面板模型等研究方法研究了我国大气污染与经济增长之间存在的库兹涅茨曲线关系，发现我国大气污染与经济增长之间存在倒 U 形、正 U 形、N 形和倒 N 形等 EKC 曲线关系，且经济规模、产业结构、人口密度、能源强度、技术进步和城镇化率等因素对两者的关系有重要影响。李健等人[13]、郭辉[14]、曾翔等人[15]和谢志辉等人[16]分别研究了京津冀地区、环渤海区域、江浙沪地区和成都大气污染与经济增长之间的

EKC曲线关系。谢骁等人[4]、张玉等人[5]、孙攀等人[6]、何枫等人[11]、李斌等人[12]研究发现,我国大气污染与经济增长之间的作用关系曲线呈现明显的空间差异特征。

本著作以我国74个重点监控城市的面板数据为研究对象,深入研究我国大气污染与综合社会经济增长之间的EKC关系曲线。在此基础上,本著作深入研究了我国大气污染与综合社会经济增长之间的作用关系及其区域差异性特征。与其他大气污染EKC模型不同,本著作所采用的EKC曲线关系模型做出了如下修订:① 本著作采用综合社会经济指标取代了人均GDP指标,这里的综合社会经济指标耦合了城市发展与人口增长、经济增长与产业结构变化和能源消费增长与结构变化等复合因子,其更能代表城市社会的经济发展水平;② 重点侧重EKC曲线区域差异化特征;③ 为大气污染脱钩理论提供理论参考。

2.3 大气污染脱钩理论

脱钩概念源自物理学领域,是指具有相应关系的两个或两个以上物理量之间的相应关系由存在到不存在的过程[17]。经济合作与发展组织(OECD)将脱钩的概念拓展到环境领域,并将其定义为经济增长与环境冲击耦合关系的破裂,人为脱钩即是打破或解除环境污染危害与经济持续增长之间的联系,或者说是打破环境压力与经济绩效之间的关联[17]。换言之,大气污染领域的脱钩是指大气污染排放不会随着经济不断增长而增长,即大气污染物的排放量或浓度增长的速度小于经济增长的速度,或不随经济增长而增长,甚至是随着经济增长而降低的过程。本著作选取我国74个重点监控城市为研究对象,借鉴Tapio脱钩弹性模型[17-20],构建我国经济增长与大气污染的脱钩关系模型,其表达式如下:

$$DI=\frac{\Delta PI}{\Delta GDP}=\frac{(E_t-E_{t-1})/E_{t-1}}{(GDP_t-GDP_{t-1})/GDP_{t-1}} \tag{2-1}$$

式中:DI为脱钩指数值;ΔPI为大气污染变化率;ΔGDP为GDP变化率;E_t为t时期大气污染物的排放量;GDP_t为t时期GDP的数值。

2.4 大气污染区域差异理论

区域差异是指两个或两个以上的区域之间的差别。除了地理条件、气候环境等自然因素外,不同区域之间的人口规模、城镇化水平、经济增长与结构变化、能源消费水平与结构等社会经济因素存在显著差异，这决定了我国大气污染呈现显著的区域差异特性。孙攀等人[6]、齐绍洲等人[7]、刘华军等人[8]、何枫等人[11]、谢骁等人[4]、李斌等人[12]利用面板数据验证了我国大气污染与经济发展之间是否符合环境库兹涅茨曲线关系。刘华军等人[22-23]、何枫等人[11]、李斌等人[12]深入探讨了我国城市大气污染的区域差异特征。李建明等人[24]、曾浩等人[25]分析探讨了长江流域各城市群雾霾污染的时空演变规律。刘江涛[26]深度剖析了京津冀地区雾霾污染的时空分布特征。张瑶[27]、刘晓红[28]深入分析了我国雾霾的时空分布特征及其影响因素。肖磊等人[29]运用基尼系数、对数离差均值和 Theil 指数 3 项指标深度剖析了长三角城市群 26 个城市雾霾污染的空间差异性。可见，我国的大气污染呈现显著的时空差异特征。

2.5 大气污染协同治理理论

协同治理理论是一门基于自然学领域的协同论与社会科学领域的治理理论的交叉理论。多数学者认为协同治理理论起源于德国物理学家赫尔曼·哈肯创立的协同学[30]。20 世纪 70 年代，赫尔曼·哈肯提出了协同治理的概念：离平衡系统较远和系统外的物质和能量交换到一定程度时，子系统开始主动运行，重新构成稳定的组织机构。系统从杂乱无章到井然有序，体现了由量到质的巨大变化，并且这种自组织过程是不受外界干预的[31]。自该理论提出后，协同治理从自然学科学领域进一步运用到政府管理领域。协同治理是多元利益相关者参与公共事务的治理活动，政府和其他利益主体在某个特定的政策领域范围内进行协作，而且在协作的整个过程中，对问题进行界定以及选择解决方案的时候，政府没有垄断独裁的权力[32]。

协同治理理论始于协同学。协同论是指一个系统内存在多个子系统，各个子系统之间相互作用、协调配合，整个系统稳定运行，形成协同效应。协同论为现实中多组织行为提供思路和理论依据，通过协同作用将各组织行为从无序状态走向有序运行。治理理论是协同治理发展的基础。联合国全球治理委员会给出了治理概念界定[33]。治理理论强调公共事务治理应是多元主体相互合作，科学地管理公共事务，方法多样化，才能提高治理的有效性和服务质量。协同治理是协同论与治理理论的有机结合，联合国全球治理委员会所下的定义是："协同治理是个人、各种公共或私人机构管理其共同事务的诸多方式的总和。"

协同治理是指在信息和网络技术支持下，政府、企业、公众等多元主体相互协调配合，治理社会公共事务。主体多元、治理协同、过程互动以及统一规则，才能实现社会治理效能的最大化。治理主体多元化主要指协同治理网络中，政府、企业、公众等多元主体共同参与公共事务管理，各主体拥有不同的治理资源和权限、不同的利益诉求和不同的价值判断，存在着竞争与合作的关系。治理主体的多元化实现了多元化的权威，更利于实现公共管理和服务高度吻合。治理过程协同性主要是指，各多元主体掌握不同的资源和权限，并互相依赖，只有在多主体之间形成有序的结构和规则，通过平等合作、互相协商，形成融合共识，才能实现协同效应最大化。协同治理需要开放资源和信息交换，多主体参与治理过程进行良性互动。保持系统的开放性，才能保障协同治理政策的畅通和执行。多主体协同治理不能仅仅依靠协议和各主体自觉意识，制度的制定和规范的实施是实现协同治理的刚性约束。在不损害各主体单方利益且可以增加整体利益的情形下，制定各主体均认可的行动规则，免于协同治理陷入集体行动困境。

大气污染具有区域公共物品的属性，同时涉及人口、城镇化率、产业结构及其变化、能源消费结构变化、应急措施落实和成本分摊等诸多方面，往往需要跨域政府、企业、公众等多个主体参与，并对其利益进行调整。大气污染协同治理是一项复杂的系统工程，涉及生态、经济和社会可持续发展多元目标，需要不同地区各子系统之间基于共同的合作规则协调配合、有序运行，才能实现效益最大化。大气污染的协同治理具有3个方面的基本特征，即参与主体的多元性、参与主体目标一致、大气污染治理需要协同。多参与主体意味着大气污染区域协同治理需要多个地区、多重社会成员共同参与；参与主体目标一致意味着参与大气污染区域协同治理的多元主体均以大气污染排放削减为共同利益和集体目标；大气污染治理需要协同意味着在协同治理的区域范围内，各地区的大气污染治理行动必须紧密联动，高度协调。

大气污染问题具有区域性、复合性特征，给现有环境管理模式带来了巨大的挑战，仅从行政区划的角度，针对单个城市大气污染的属地治理模式已经难以有效地解决这一难题。由于大气污染治理是由地方政府主导的，区域大气污染协同治理的主体也应该是同一区域内的各个地方政府，并在地方政府的推动下，企业和公众也共同参与其中[34]。大气污染治理属地管理体制固化、地方本位主义、唯GDP论、大气污染的负外部性以及利益分配不协调等，导致大气污染防治过程中“公地悲剧”、“搭便车”和“逐底竞争”等多种不良效应的出现[35-37]，这也是影响大气污染协同治理的主要原因。因此，应该通过利益平衡机制来协调平衡各主体的利益。有效解决大气污染问题需要打破现有行政区划的界限，并由互不管辖、相互关联的各地方政府之间汇集成为一个整体大气污染治理的区域范围。在这个整体区域范围内，各地方政府通过协商、沟通、合作等方式，对由各地方政府集合形成的整体区域大气污染治理问题达成高度共识，并合理利用各地方政府现有的资源、技术、平台，对跨越两个或两个以上行政区划的大气污染进行整体规划、统一布局、联防联控、相互监督等综合管理，从而实现整个区域空气质量整体改善，使各地方政府共同受益[35]。

本著作以生态环境保护部公布的我国 74 个重点监控城市为研究对象，在深入分析我国大气污染时空分布规律、DPSIR 结构模型、大气污染与社会经济综合驱动力之间的作用关系特征、大气污染脱钩理论和大气污染的区域差异理论的基础上，构建我国大气污染区域协同治理机制，其主要特征如下：① 大气污染的区域差异特征是协同治理的基础；② 大气污染社会经济驱动力及其区域差异特征是区域间、不同城市大气污染治理合作博弈的数据支撑；③ 环境库兹涅茨曲线区域特征和大气污染脱钩理论是协同治理的重要参考。

2.6 本章小结

本章构建了我国大气污染的 DPSIR 结构模型、环境库茨涅茨曲线假说、大气污染脱钩理论、大气污染区域差异理论和大气污染协同治理理论。

本章参考文献

[1] Organization for Economic Cooperation and Development. OECD core set of indicators for environmental performance reviews [M]. Pairs: OECD, 1993.

[2] 杨文培，何曙慧，王建民，等.基于 DPSIR 模型的城市大气环境发展指数研究[J].运筹与管理，2017，26(7)：147-153.

[3] CHUAI X M, FAN C, WANG M S, et al. A study of the socioeconomic forces driving air pollution based on a DPSIR model in Henan Province, China[J]. Sustainability, 2020, 12(1): 252.

[4] 谢骁，董利民.城市空气污染、区域联系与经济发展：基于环境库兹涅茨曲线形成机制的视角[J].江汉论坛，2019(1)：22-26.

[5] 张玉，赵玉.经济结构调整对雾霾污染的影响：基于联立空间面板环境库兹

涅茨曲线的实证[J].生态经济,2020,36(8):181-184,193.
[6] 孙攀,吴玉鸣,鲍曙明,等.经济增长与雾霾污染治理:空间环境库兹涅茨曲线检验[J].南方经济,2019(12):100-117.
[7] 齐绍洲,严雅雪.基于面板门槛模型的中国雾霾($PM_{2.5}$)库兹涅茨曲线研究[J].武汉大学学报(哲学社会科学版),2017,70(4):80-90.
[8] 刘华军,裴延峰.我国雾霾污染的环境库兹涅茨曲线检验[J].统计研究,2017,34(3):45-54.
[9] 李莉娜,潘本锋,王帅,等.基于环境库兹涅茨曲线的中国城市环境空气质量主要影响因素[J].中国环境监测,2017,33(5):109-115.
[10] 宋锋华.经济增长、大气污染与环境库兹涅茨曲线[J].宏观经济研究,2017(2):89-98.
[11] 何枫,马栋栋,祝丽云.中国雾霾污染的环境库兹涅茨曲线研究:基于2001—2012年中国30个省市面板数据的分析[J].软科学,2016,30(4):37-40.
[12] 李斌,李拓.中国空气污染库兹涅茨曲线的实证研究:基于动态面板系统GMM与门限模型检验[J].经济问题,2014(4):17-22.
[13] 李健,靳泽凡,苑清敏.京津冀空气质量环境库兹涅茨曲线及影响因素:基于2006—2017年面板数据的分析[J].生态经济,2019,35(2):197-201,218.
[14] 郭辉.环渤海区域大气环境污染空间溢出效应研究:基于环境库兹涅茨曲线[D].天津:河北工业大学,2017.
[15] 曾翔,沈继红.江浙沪三地城市大气污染物排放的环境库兹涅茨曲线再检验[J].宏观经济研究,2017(6):121-131.
[16] 谢志辉,刘春琼,黄毅,等.环境库兹涅茨曲线在成都市大气PM_{10}污染健康损失估算及其变化趋势研究中的应用[J].环境与健康杂志,2016,33(10):913-916.
[17] 王星.雾霾与经济发展:基于脱钩与EKC理论的实证分析[J].兰州学刊,2015(12):157-164.
[18] 李靖云.雾霾、二氧化碳与经济增长脱钩关系及协同效应研究[D].徐州:中国矿业大学,2020.
[19] 于冠一,修春亮,赵昌松.辽宁省环境规制约束下的雾霾脱钩效应分析[J].东北大学学报(自然科学版),2019,40(3):435-440.

[20] 王书斌，檀菲菲.环境规制约束下的雾霾脱钩效应：基于重污染产业转移视角的解释[J].北京理工大学学报（社会科学版），2017，19(4)：1-7.

[21] 王书斌.环境规制约束下中国工业行业雾霾脱钩效应研究[D].南京：东南大学，2016.

[22] 刘华军，孙亚男，陈明华.雾霾污染的城市间动态关联及其成因研究[J].中国人口·资源与环境，2017，27(3)：74-81.

[23] 刘华军，杜广杰.中国城市大气污染的空间格局与分布动态演进：基于161个城市AQI及6种分项污染物的实证[J].经济地理，2016，36(10)：33-38.

[24] 李建明，罗能生.1998—2015年长江中游城市群雾霾污染时空演变及协同治理分析[J].经济地理，2020，40(1)：76-84.

[25] 曾浩，丁镭.长江经济带城市雾霾污染$PM_{2.5}$时空格局演变及影响因素研究[J].华中师范大学学报（自然科学版），2019，53(5)：724-734.

[26] 刘江涛.京津冀地区雾霾污染的时空分布特征和影响因素研究[D].保定：河北大学，2020.

[27] 张瑶.我国雾霾的时空分布特征及其影响因素研究[D].天津：天津财经大学，2019.

[28] 刘晓红.中国城市雾霾污染的时空分异、动态演化与影响机制[J].西南民族大学学报（人文社科版），2019，40(2)：98-113.

[29] 肖磊，陆亚楠.长三角城市群雾霾污染的区域差异和收敛性分析[J].中南财经政法大学研究生学报，2019(5)：36-46.

[30] 金华.长三角地区雾霾府际协作治理路径研究[D].徐州：江苏师范大学，2017.

[31] 李娟.利益相关者视角下大气污染协同治理的优化研究[D].南昌：南昌大学，2020.

[32] CULPEPPER P D. Institutional rules，social capacity，and the stuff of politics：experiments in collaborative governance in France and Italy[J]. SSRN electronic journal，2003：3-29.

[33] 许玉婷.雾霾协同治理中的府际合作研究：以京津冀地区为例[D].南昌：南昌大学，2017.

[34] 代应，景熠，宋寒.区域大气污染协同治理关系的影响机理及均衡机制[M].北京：科学出版社，2020.

[35] 范思思.跨区域大气污染防治中的地方政府协作研究[D].长沙:湖南大学,2014.

[36] 卓成霞.大气污染防治与政府协同治理研究[J].东岳论丛,2016,37(9):183-187.

[37] 刘华军,彭莹.雾霾污染区域协同治理的"逐底竞争"检验[J].资源科学,2019,41(1):185-195.

3 我国城市大气污染时空变化特征

随着我国城市化进程的加快，各类环境问题也日益突出，近年来大气污染问题表现得尤为突出[1-6]。2013 年年初我国大气污染波及 25 个省份的 100 多个城市，这给我们带来严重影响的同时也为我们敲响了警钟[7-8]。之后的 2014—2018 年，我国的大气污染形势有加重的趋势，我国的多个城市，如沈阳、邢台、保定、石家庄、哈尔滨、长春、廊坊、唐山、济南、郑州和衡水等时常出现空气污染指数“爆表”现象，北京、天津、河北、山东、河南、陕西和上海等地也分别出现不同严重程度的雾霾现象。高广阔等人[9]、刘晓红[10]和肖悦等人[11]分析了我国的雾霾污染问题。潘慧峰等人[12]、韩志明等人[13]、祝丽云等人[14]、文扬等人[15]和彭心竹[16]报道了我国京津冀地区的雾霾污染问题。王静等人[17]剖析了上海市一次重雾霾过程的天气特征及成因。王博妮等人[18]研究了江苏地区连续性雾霾天气的污染物浓度变化和特征。杨文峰等人[19]、张立等人[20]、王蕾等人[21]、邓发荣等人[22]、杨振等人[23]、吴一帆等人[24]、宁贵财[25]分别研究了西安市、东营地区、北疆地区、长江三角洲地区、湖北省、大连市和四川盆地的大气污染问题。可见，我国的大气污染形势十分严峻，开展大气污染的预防与控制具有非常重要的理论及现实意义。为了深入研究我国大气污染的现状，本著作选取我国 74 个重点监控城市为研究对象，通过数据挖掘、统计分析和对比分析等研究方法，深度剖析我国空气质量指数（AQI）以及 6 种污染物（$PM_{2.5}$、PM_{10}、SO_2、NO_2、CO、O_3-8h）浓度的时空变化特征，为我国大气污染的预防与控制提供理论支撑。

3.1 数据来源与研究方法

3.1.1 研究对象及其归属区域

为了深入研究我国大气污染的时空变化特征，本著作选取的研究对象为我国 2012 年 5 月出台的《空气质量新标准第一阶段监测实施方案》中所提出的 74 个重点监控城市，其位置分布见图 3-1。

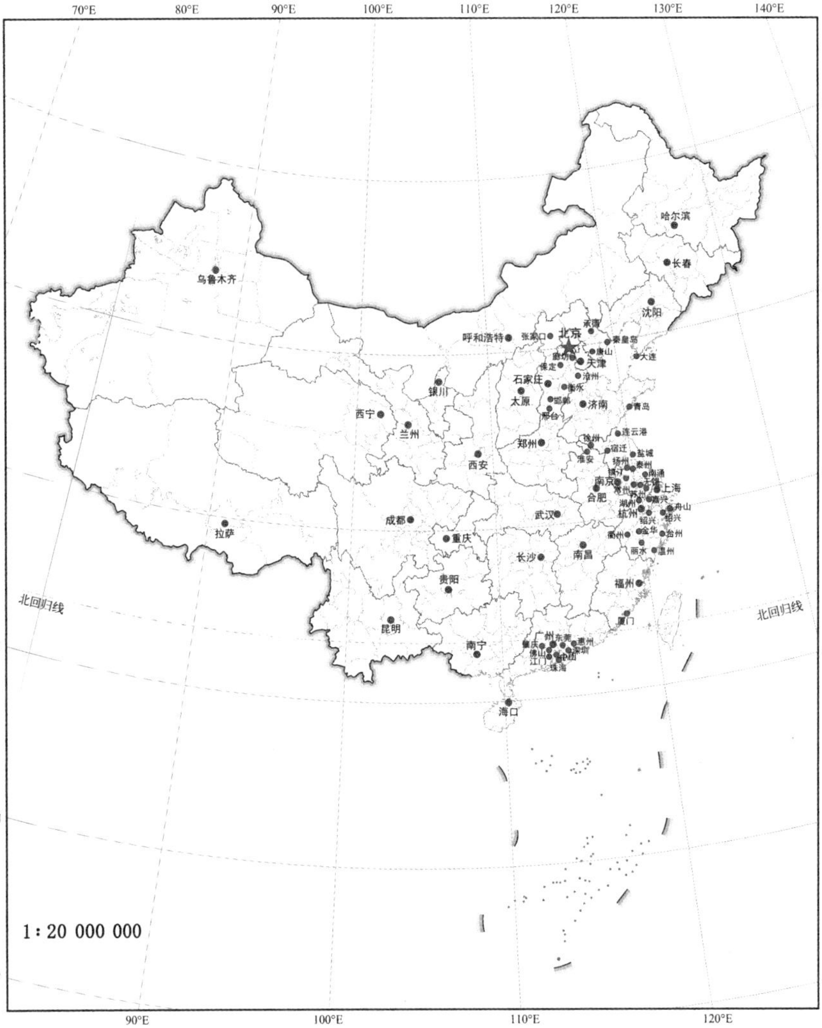

图 3-1 研究区域分布图

这些重点监控城市分布在华东、华北、华中、华南、西南、西北和东北等 7 个地理区域(表 3-1),各个区域拥有的重点监控城市数量相差较大:华东地区拥有的监测城市最多,达 29 个;华北和华南地区居中,分别拥有 15 个和 13 个;拥有重点监控城市较少的地区是西北、西南、东北和华中地区,为 3～5 个。国家统计局 2018 年公布数据显示,74 个重点监控城市中的常住人口占全国总人口的 37.2%,而地区生产总值占全国的 51.7%。由此可见,对重点监控城市的选取并非是单纯按空间均分，而是参考了城市的社会经济发展状况和我国雾霾天气的分布，重点选取了全国或区域范围内的政治经济中心地区。

表 3-1 全国 74 个重点监控城市及其归属区域

区域(城市数)	城市
华东(29 个)	上海；山东省(济南、青岛)；安徽省(合肥)；江西省(南昌)；浙江省(杭州、宁波、温州、嘉兴、湖州、绍兴、台州、金华、衢州、舟山、丽水)；江苏省(南京、无锡、徐州、常州、苏州、南通、淮安、盐城、扬州、镇江、泰州、宿迁、连云港)
华北(15 个)	北京；天津；山西省(太原)；内蒙古(呼和浩特)；河北省(石家庄、唐山、邯郸、邢台、秦皇岛、保定、承德、沧州、张家口、廊坊、衡水)
华中(3 个)	河南省(郑州)；湖北省(武汉)；湖南省(长沙)
华南(13 个)	广东省(广州、深圳、珠海、佛山、江门、肇庆、惠州、东莞、中山)；广西壮族自治区(南宁)；海南省(海口)；福建省(福州、厦门)
西南(5 个)	西藏(拉萨)；云南省(昆明)；四川省(成都)；重庆；贵州省(贵阳)
西北(5 个)	青海省(西宁)；陕西省(西安)；新疆(乌鲁木齐)；甘肃省(兰州)；宁夏(银川)
东北(4 个)	黑龙江省(哈尔滨)；吉林省(长春)；辽宁省(沈阳、大连)

3.1.2 数据来源

(1) 74 个重点监控城市 2014—2019 年 AQI 指数来源于生态环境部网站官方公布数据；74 个重点监控城市 2014—2019 年的 6 种大气污染物($PM_{2.5}$、PM_{10}、SO_2、NO_2、CO 和 O_3-8h)质量浓度监测数据来自中国环境监测总站的全国空气质量监测数据应用平台。

(2) 河南省代表城市 2003—2020 年 AQI 指数来源于生态环境部网站官方公布数据；河南省历年(2005—2020 年)大气环境情况($PM_{2.5}$、PM_{10}、SO_2、NO_2、CO 和 O_3-8h)摘自历年河南统计年鉴。

3.1.3 莫兰指数法

20 世纪 90 年代以来，空间计量经济理论取得了巨大发展，并开始广泛应用于实证研究。Anselin 于 2001 年首先对引入空间因素考虑环境经济问题的意义和可行性进行了探讨，并发展衍生了许多重要理论分析模型，莫兰指数 I 就是雾霾空间分布研究常使用的分析模型。根据莫兰指数测算的空间范围和区域特征，还可划分为局部空间莫兰指数和全局空间莫兰指数。全局空间莫兰指数用于分析整个目标区域，判别相关变量在区域整体内的空间相关程度，其表达式为：

$$I=\frac{n}{S_0}\frac{\sum_{i=1}^{n}\sum_{j=1}^{n}w_{i,j}Z_iZ_j}{\sum_{i=1}^{n}Z_i^2} \tag{3-1}$$

式中：S_0 是所有空间权重的集合，$S_0=\sum_{i=1}^{n}\sum_{j=1}^{n}w_{i,j}$；$Z_{i(j)}$ 是要素 $i(j)$ 的属性与其平均值的偏差；$w_{i,j}$ 是要素 i 和 j 之间的空间权重；n 等于要素总数。I 的取值范围为[－1,1]。若 $I>0$，则说明空间呈现正相关性，其值越接近 1 时，表明相关性越明显；若 $I<0$，则说明空间呈现负相关性，其值越接近－1 时，表明差异性越明显；若 $I=0$，则说明空间呈现随机性。

局部空间莫兰指数用于检验局部地区各观察单位之间目标变量的同质或差异性程度，表示区域 i 与其邻近地区的关联程度，其表达式为：

$$I_i=\frac{x_i-\overline{X}}{\sum_i(x_i-\overline{X})^2}\sum_i w_{i,j}(x_i-\overline{X}) \tag{3-2}$$

又可依据判定结果划分为 4 种类型：高-高集聚、低-低集聚、高-低集聚和低-高集聚。当 $I_i>0$ 时，表明高值被高值环绕或低值被低值环绕；$I_i<0$ 时，则表示高值被低值环绕或低值被高值环绕。这里高、低划分标准为整体间 $PM_{2.5}$ 的平均浓度。

3.1.4 基尼系数法

本著作基于生态环境部公布的我国 74 个重点监控城市的城市空气质量指数(AQI)和各项污染物（SO_2、NO_2、$PM_{2.5}$、PM_{10}、CO 和 O_3-8h）浓度的官方数据，通过基尼系数（GINI）、对数离差均值（GE_0）和 Theil 指数（GE_1）3 项指标[式(3-3)～式(3-5)]深度剖析我国大气污染及其社会经济驱动力的区域差异特征。

$$\mathrm{GINI}=\frac{2}{n^2\mu_e}\sum_{i=1}^{n}ie_i-\frac{n+1}{n} \tag{3-3}$$

$$\mathrm{GE}_0(e)=\frac{1}{n}\sum_{i=1}^{n}\ln\frac{\mu_e}{e_i} \tag{3-4}$$

$$\mathrm{GE}_1(e)=\frac{1}{n}\sum_{i=1}^{n}\frac{e_i}{\mu_e}\ln\frac{e_i}{\mu_e} \tag{3-5}$$

式中：n 代表城市个数；e_i 表示将大气污染物浓度年均值按照从低到高的顺序排列后第 i 个城市的大气污染物浓度；μ_e 表示 74 个重点监控城市的大气污染物浓度均值。

3.1.5　数据处理方法

我国 74 个重点监控城市空气质量状况的空间变化图利用 ArcGIS 10.0 绘制，时间变化图利用 Origin 2018 绘制。

3.2　我国大气污染的空间变化特征分析

我国 74 个重点监控城市的空气质量状况空间变化图见图 3-2～图 3-8，其空间分布主要呈现如下特征：

（1）2014—2019 年间，全国 74 个重点监控城市的 AQI 值呈现显著的空间差异性（图 3-2），七大地区 AQI 值的多年平均值大小顺序为华北地区＞华中地区＞西北地区＞东北地区＞华东地区＞西南地区＞华南地区（表 3-2），其 AQI 值的 6 年平均值分别为 107.12、99.05、92.05、84.13、82.70、68.47 和61.38，其中华北地区的 AQI 值多年平均值超过 100，大气污染最为严重，这主要是由于该地区是我国城市分布最密集、综合实力最强的区域之一，这一地区经济的快速发展长期建立在资源、能源的快速消耗上，这与建筑业、交通运输业等的快速发展密切相关[26-27]。

表 3-2　2014—2019 年我国各地区 AQI 值年平均值空间分布特征

地区	年份						
	2014	2015	2016	2017	2018	2019	平均
华北	126.69	111.15	107.76	109.62	91.44	96.07	107.12
华中	112.14	108.34	99.75	95.84	83.78	94.42	99.05
西北	97.42	92.17	101.57	100.95	75.40	84.78	92.05
东北	97.50	99.67	82.27	84.73	65.98	74.63	84.13
华东	91.45	87.83	82.15	83.82	73.40	77.54	82.70
西南	76.27	71.52	74.45	67.67	59.77	61.12	68.47
华南	66.47	58.42	59.34	63.33	58.06	62.67	61.38
平均	95.42	89.87	86.76	86.57	72.55	78.75	84.98

（2）2014—2019 年间，全国 74 个重点监控城市的 $PM_{2.5}$ 浓度呈现显著的空间差异性（图 3-3），七大地区 $PM_{2.5}$ 浓度值的多年平均值大小顺序为华北地

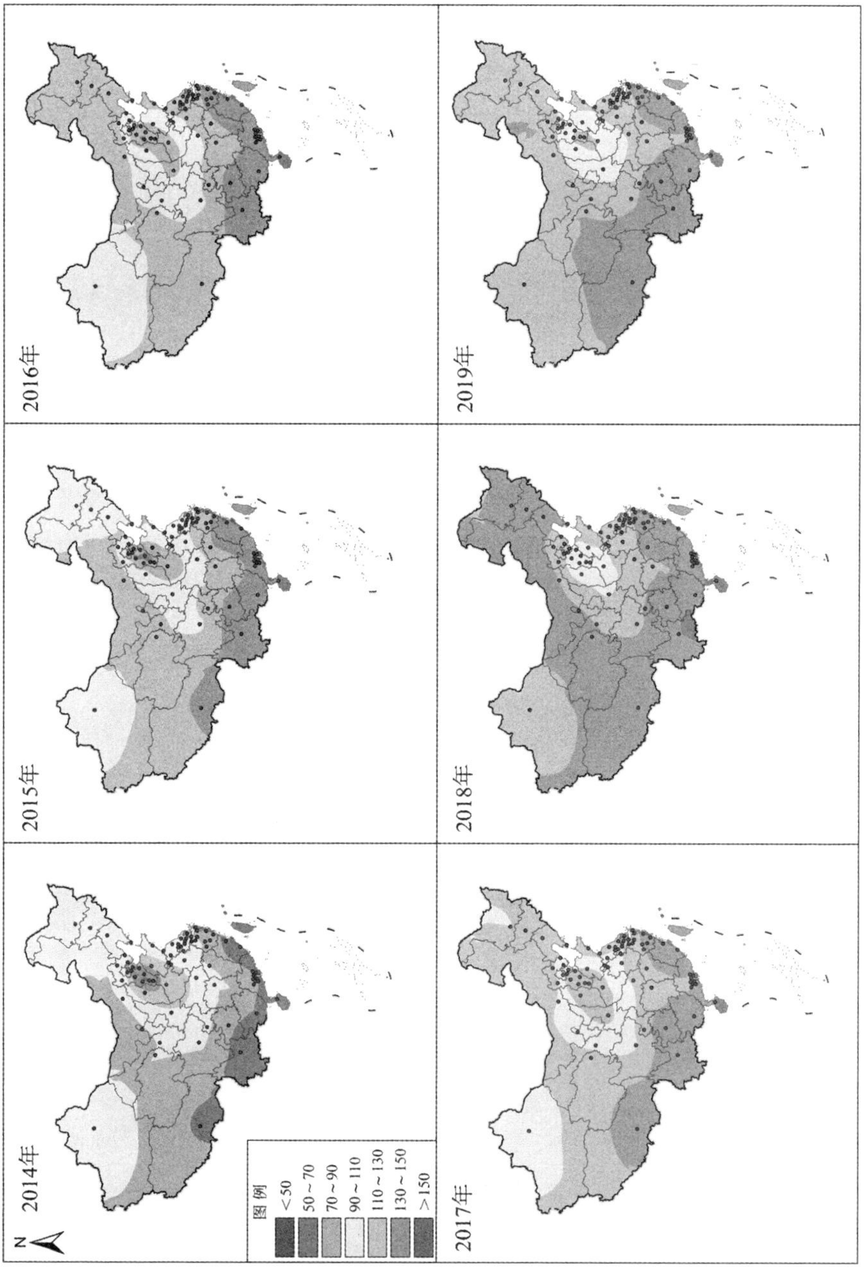

图 3-2　2014—2019年我国 74个重点监控城市 AQI值年平均值空间分布特征

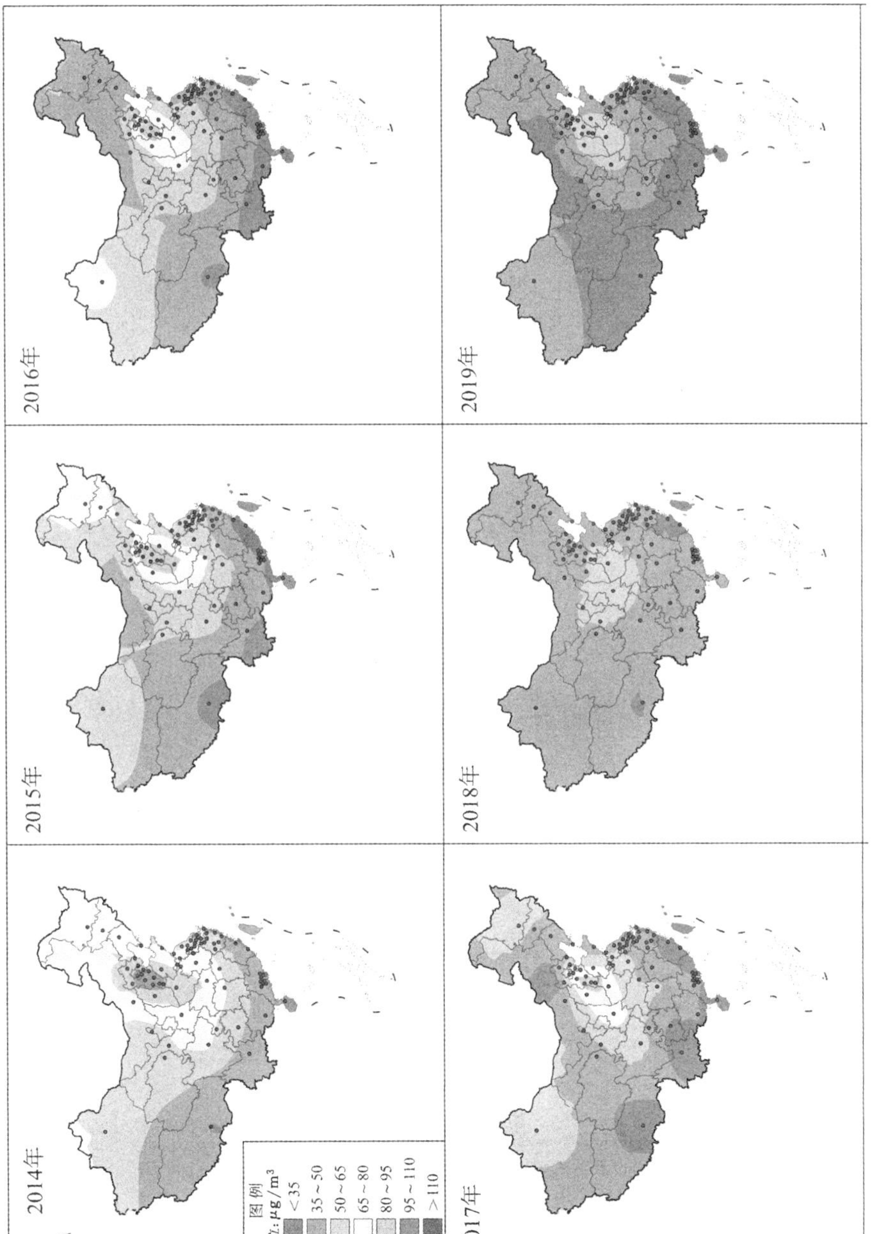

图 3-3　2014—2019年我国74个重点监控城市$PM_{2.5}$年均浓度值空间分布特征

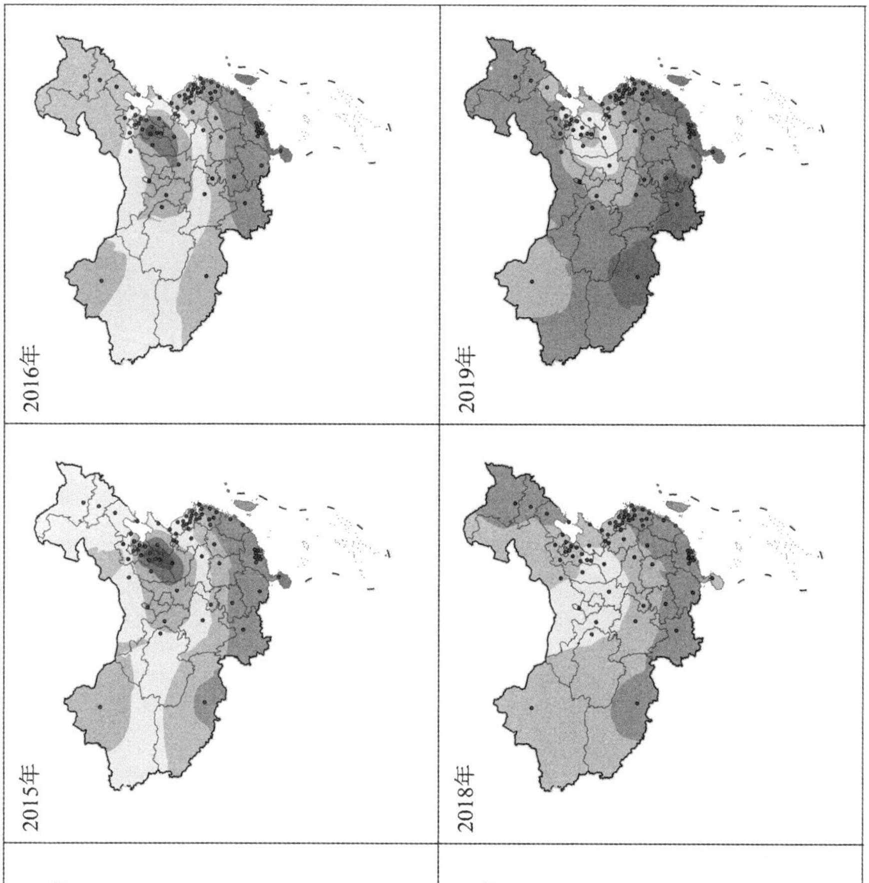

图 3-4 2014—2019年我国74个重点监控城市PM_{10}年均浓度值空间分布特征

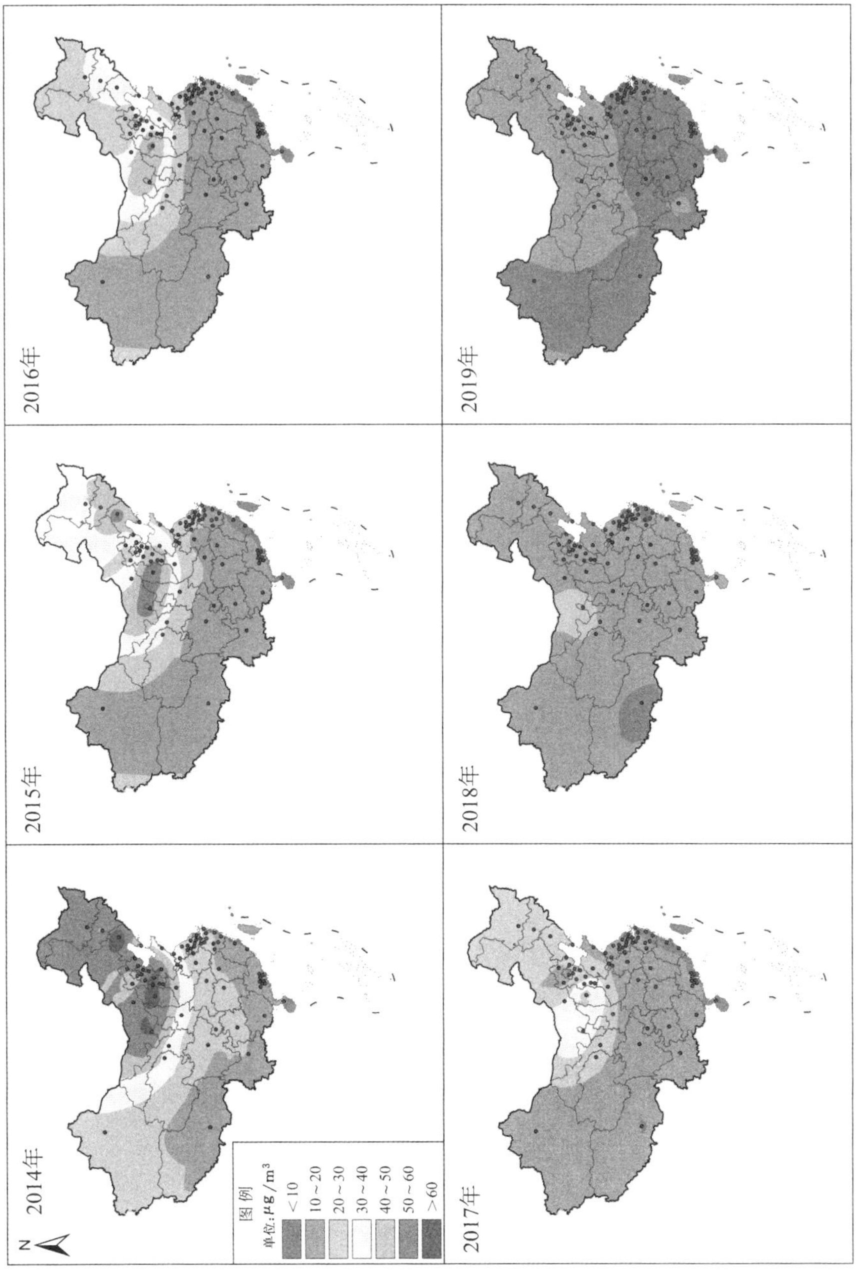

图 3-5　2014—2019年我国74个重点监控城市SO_2年均浓度值空间分布特征

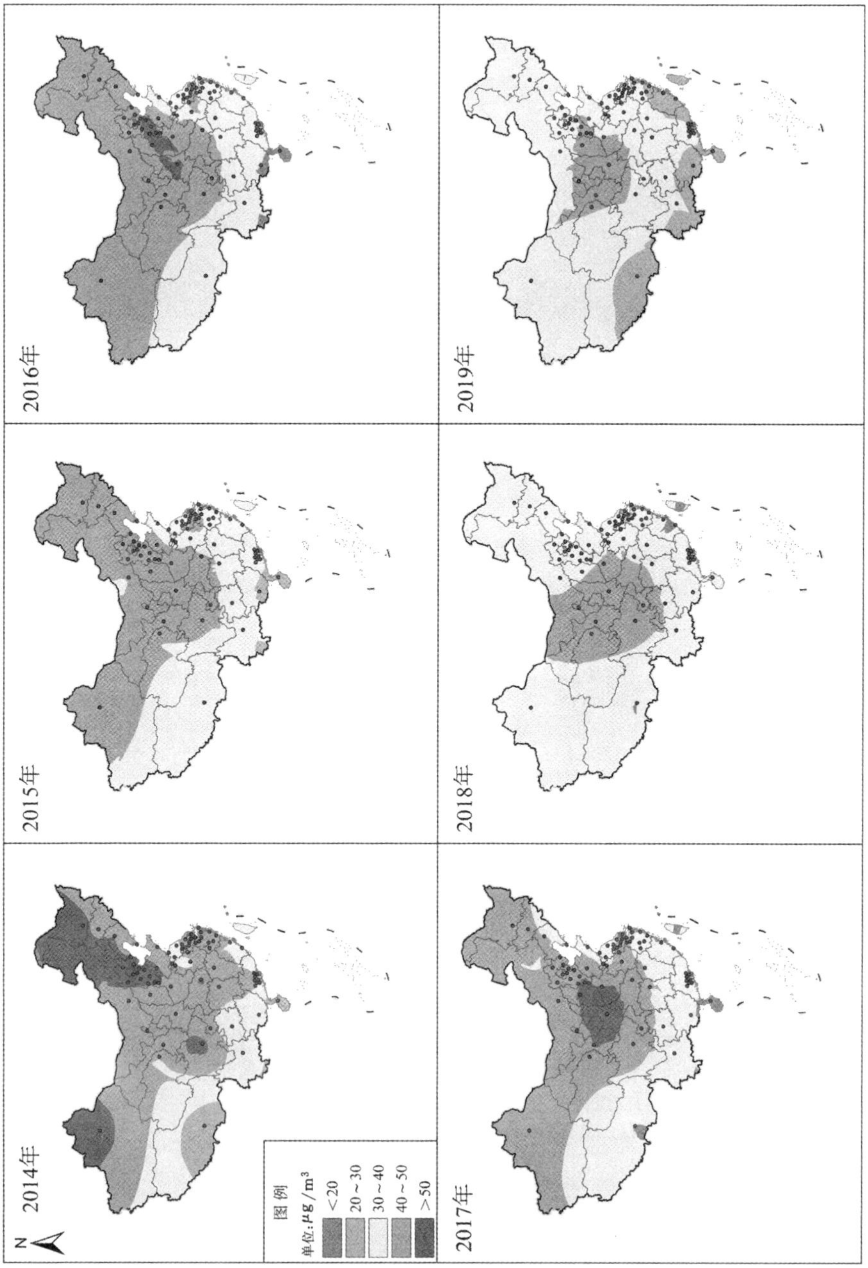

图3-6 2014—2019年我国74个重点监控城市NO_2年均浓度值空间分布特征

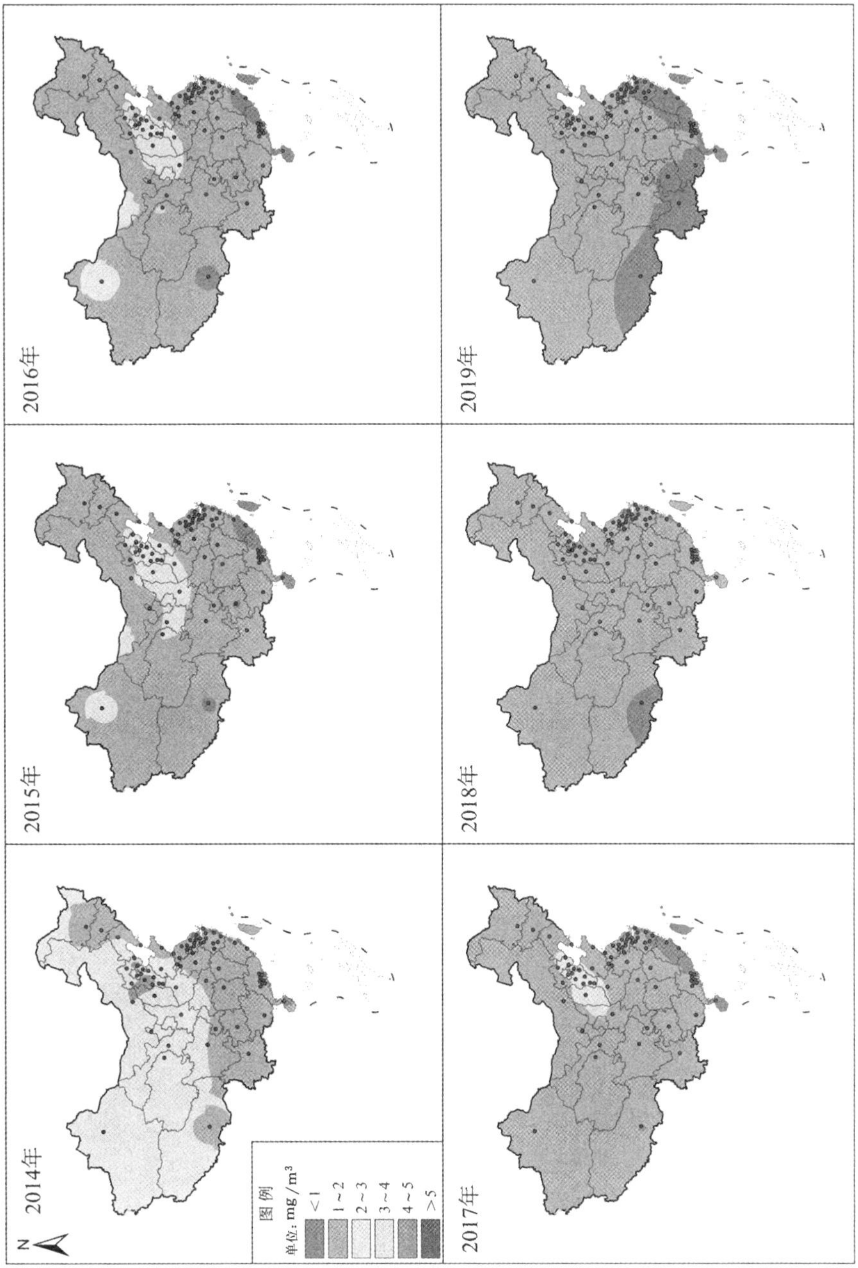

图 3-7　2014—2019年我国74个重点监控城市CO年均浓度值空间分布特征

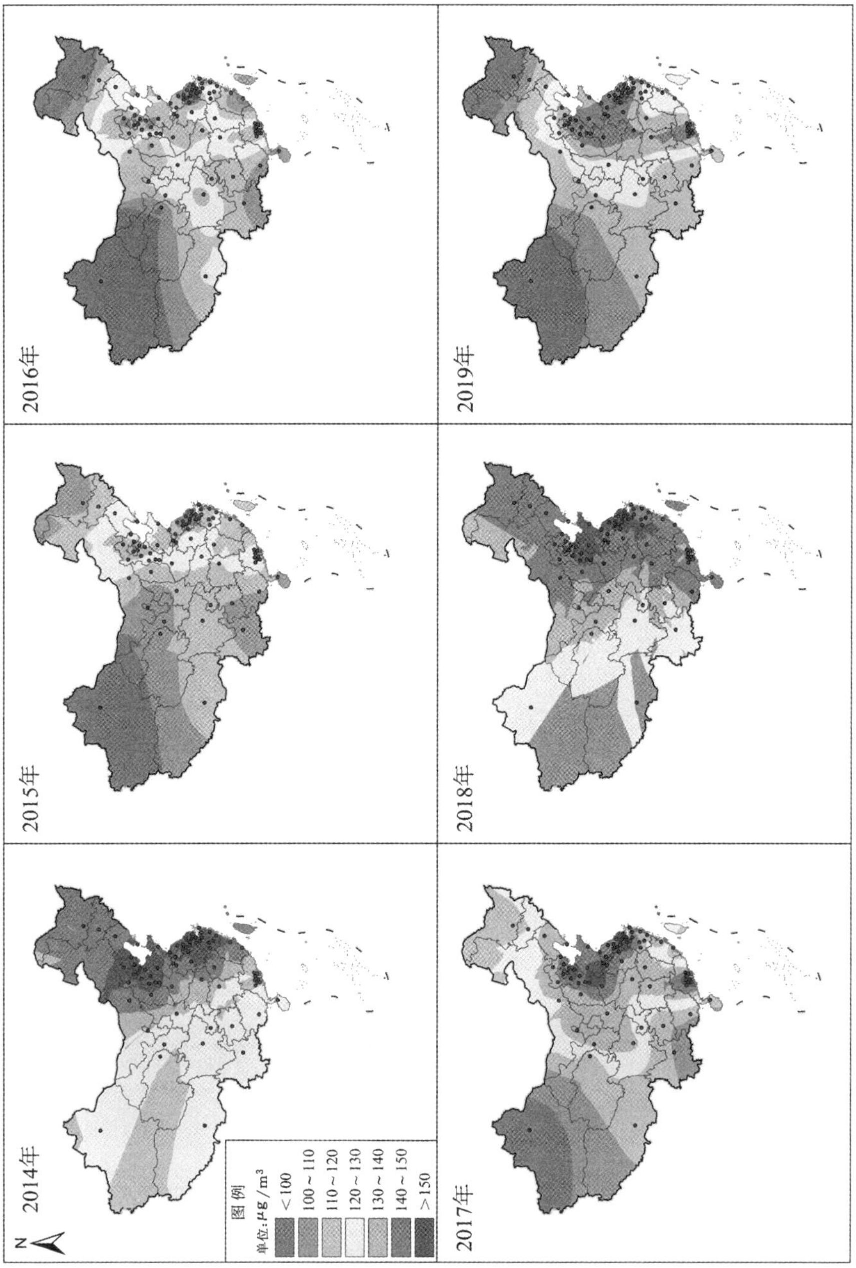

图 3-8　2014—2019年我国74个重点监控城市O_3-8h年均浓度值空间分布特征

区＞华中地区＞西北地区＞东北地区＞华东地区＞西南地区＞华南地区(表 3-3)，其 $PM_{2.5}$ 浓度值的 6 年平均值分别为 67.43 μg/m³、64.48 μg/m³、54.39 μg/m³、50.03 μg/m³、47.75 μg/m³、39.74 μg/m³ 和 33.09 μg/m³，其空间分布特征与 AQI 值的空间分布特征一致。除了华南地区以外，其他 6 个地区的 $PM_{2.5}$ 浓度值的 6 年平均值均高于我国二类区(居住区、商业交通居民混合区、文化区、工业区和农村地区，下同)的浓度限值 35 μg/m³。所有的 7 个地区的 $PM_{2.5}$ 浓度值均显著高于 WHO 发布的《全球空气质量指南》的年平均指导值10 μg/m³，而 $PM_{2.5}$ 污染的持续暴露会引发人体的呼吸、心血管、神经和免疫系统疾病等[28-31]。

表 3-3 2014—2019 年我国各地区 $PM_{2.5}$ 年均浓度值空间分布特征

单位：μg/m³

地区	年份						
	2014	2015	2016	2017	2018	2019	平均
华北	95.56	75.58	70.25	67.14	45.57	50.48	67.43
华中	81.33	75.94	63.65	57.58	57.59	50.78	64.48
西北	63.00	54.92	60.85	55.93	49.86	41.80	54.39
东北	66.75	64.21	47.23	46.75	35.88	39.38	50.03
华东	60.83	54.57	47.11	44.89	40.70	38.39	47.75
西南	50.00	43.25	42.03	36.58	37.36	29.22	39.74
华南	37.14	33.21	30.94	32.08	38.58	26.61	33.09
平均	64.94	57.38	51.72	48.71	43.65	39.52	50.99

(3) 2014—2019 年间，全国 74 个重点监控城市的 PM_{10} 浓度呈现显著的空间差异性(图 3-4)，七大地区 PM_{10} 浓度值的多年平均值大小顺序为华北地区＞西北地区＞华中地区＞东北地区＞华东地区＞西南地区＞华南地区(表 3-4)，其 PM_{10} 浓度值的 6 年平均值分别为 116.44 μg/m³、110.31 μg/m³、100.09 μg/m³、83.26 μg/m³、78.47 μg/m³、69.69 μg/m³ 和 53.75 μg/m³，除了华南和西南地区以外，华北地区、西北地区、华中地区、东北地区和华东地区 PM_{10} 浓度值的 6 年平均值均高于GB 3095—2012 规定的一类区的浓度限值，但低于二类区的浓度限值。除了西北地区和华中地区互调顺序以外，PM_{10} 浓度空间分布特征与 AQI 值、$PM_{2.5}$ 浓度值的空间分布特征一致。

表 3-4 2014—2019 年我国各地区 PM_{10} 年均浓度值空间分布特征

单位：μg/m³

地区	年份						
	2014	2015	2016	2017	2018	2019	平均
华北	155.67	129.07	119.64	119.13	85.15	89.96	116.44
华中	117.00	115.97	103.78	95.78	91.96	76.06	100.09
西北	131.40	119.40	121.25	115.28	96.58	77.93	110.31
东北	109.50	101.83	78.85	78.19	63.99	67.17	83.26
华东	97.06	86.30	78.33	74.92	70.07	64.12	78.47
西南	84.80	73.77	76.07	65.43	67.75	50.32	69.69
华南	60.43	52.98	49.23	50.46	63.80	45.58	53.75
平均	107.98	97.05	89.59	85.60	77.04	67.31	87.43

(4) 2014—2019年间，全国74个重点监控城市的 SO_2 浓度呈现显著的空间差异性(图3-5)，七大地区 SO_2 浓度值的多年平均值大小顺序为华北地区＞东北地区＞西北地区＞华中地区＞华东地区＞西南地区＞华南地区(表3-5)，其 SO_2 浓度值的6年平均值分别为31.08 μg/m³、30.64 μg/m³、25.78 μg/m³、18.31 μg/m³、16.97 μg/m³、12.96 μg/m³ 和 10.36 μg/m³，其空间分布特征与AQI值、$PM_{2.5}$浓度值、PM_{10}浓度值的空间分布特征略有不同，高 SO_2 浓度主要分布在华北地区、东北地区和西北地区，这主要与燃煤、重工业分布有关。华北地区、东北地区和西北地区的 SO_2 浓度值的6年平均值较高，其值高于GB 3095—2012规定的一类区的浓度限值，但低于二类区的浓度限值，而其他地区 SO_2 浓度值的6年平均值低于一类区的浓度限值，这主要得益于对燃煤源的大力控制与工业企业脱硫装置的广泛应用[32]。

表 3-5 2014—2019 年我国各地区 SO_2 年均浓度值空间分布特征

单位：μg/m³

地区	年份						
	2014	2015	2016	2017	2018	2019	平均
华北	56.33	39.78	33.16	26.68	15.81	14.73	31.08
华中	29.33	23.14	18.58	14.53	15.62	8.64	18.31
西北	39.20	31.35	28.20	24.55	18.12	13.25	25.78
东北	52.50	43.02	32.87	25.44	15.06	14.92	30.64

表 3-5(续)

地区	年份						
	2014	2015	2016	2017	2018	2019	平均
华东	27.33	22.01	18.25	14.08	11.95	8.20	16.97
西南	19.40	14.85	12.80	11.57	10.88	8.28	12.96
华南	11.71	11.81	10.48	9.98	11.28	6.92	10.36
平均	33.69	26.57	22.05	18.12	14.10	10.71	20.87

(5) 2014—2019 年间，全国 74 个重点监控城市的 NO_2 浓度呈现显著的空间差异性(图 3-6)，七大地区 NO_2 浓度值的多年平均值大小顺序为西北地区>华中地区>华北地区>东北地区>华东地区>西南地区>华南地区(表 3-6)，其 NO_2 浓度值的 6 年平均值分别为 46.22 μg/m³、46.18 μg/m³、44.89 μg/m³、38.96 μg/m³、37.01 μg/m³、35.46 μg/m³ 和 32.48 μg/m³。其中，西北地区、华中地区和华北地区的 NO_2 浓度值的 6 年平均值超过了 GB 3095—2012 规定的二类区的浓度限值，快速城镇化、经济结构与能源消费结构的不合理、汽车保有量的显著增长是其主要原因。

表 3-6 2014—2019 年我国各地区 NO_2 年均浓度值空间分布特征

单位：μg/m³

地区	年份						
	2014	2015	2016	2017	2018	2019	平均
华北	51.00	45.18	48.48	47.52	37.64	39.53	44.89
华中	49.33	49.47	46.67	48.17	44.33	39.08	46.18
西北	46.20	45.00	48.53	49.37	45.58	42.62	46.22
东北	47.50	44.04	38.58	37.50	33.90	32.25	38.96
华东	42.44	37.31	36.36	37.86	34.11	33.99	37.01
西南	37.00	35.40	36.10	35.97	37.71	30.60	35.46
华南	34.57	31.26	32.37	33.51	33.60	29.55	32.48
平均	44.01	41.09	41.01	41.41	38.12	35.37	40.17

(6) 2014—2019 年间，全国 74 个重点监控城市的 CO 浓度呈现的空间差异性相对较小(图 3-7)，且七大地区 CO 多年浓度平均值均低于 GB 3095—2012 规定的一类区的浓度限值。华北地区、西北地区、华中地区 CO 多年浓度平均值较高，分别为 2.39 mg/m³、2.00 mg/m³、1.64 mg/m³；华东地区、西南地区和华南地区 CO

多年浓度平均值较低，分别为 1.28 mg/m^3、1.19 mg/m^3 和 1.11 mg/m^3（表 3-7）。

表 3-7 2014—2019 年我国各地区 CO 年均浓度值空间分布特征

单位：mg/m^3

地区	年份						
	2014	2015	2016	2017	2018	2019	平均
华北	3.89	2.52	2.52	2.24	1.56	1.61	2.39
华中	2.23	1.69	1.66	1.46	1.54	1.26	1.64
西北	2.80	2.05	2.04	1.93	1.69	1.49	2.00
东北	1.63	1.50	1.40	1.50	1.24	1.22	1.42
华东	1.52	1.38	1.31	1.22	1.21	1.02	1.28
西南	1.68	1.22	1.17	1.10	1.09	0.89	1.19
华南	1.30	1.14	1.07	1.01	1.17	0.95	1.11
平均	2.15	1.64	1.60	1.49	1.36	1.21	1.57

(7) 2014—2019 年间，全国 74 个重点监控城市的 O_3-8h 浓度呈现的空间差异性显著（图 3-8），且七大地区 O_3-8h 多年浓度平均值均高于 GB 3095—2012 规定的一类区的浓度限值，但低于二类区的浓度限值。华东地区、华北地区、华南地区 O_3-8h 多年浓度平均值较高，分别为 142.68 μg/m^3、139.83 μg/m^3 和 133.49 μg/m^3，东北地区、西南地区和西北地区 O_3-8h 多年浓度平均值较低，分别为 123.95 μg/m^3、120.26 μg/m^3 和 115.36 μg/m^3（表 3-8）。

表 3-8 2014—2019 年我国各地区 O_3-8h 年均浓度值空间分布特征

单位：μg/m^3

地区	年份						
	2014	2015	2016	2017	2018	2019	平均
华北	152.00	125.85	128.88	145.55	147.53	139.17	139.83
华中	129.67	127.11	132.61	138.58	128.13	144.17	133.38
西北	111.60	99.82	107.33	123.73	134.78	114.87	115.36
东北	129.50	118.94	115.21	128.58	137.24	114.21	123.95
华东	144.11	137.41	136.47	146.15	150.50	141.42	142.68
西南	128.20	112.85	119.42	118.50	126.03	116.53	120.26
华南	131.71	119.23	126.67	144.26	142.33	136.74	133.49
平均	132.40	120.17	123.80	135.05	138.08	129.59	129.85

从总体上看，雾霾污染的高浓度地区主要集中在华北、华中和华东地区，这些地区也是我国人口较多和工业较发达的地区，低浓度地区主要分布在东北、西南、西北等地区，这些区域自然生态环境良好，工业发展水平相对不高。陕西北部和内蒙古南部等地区的 AQI 指数比邻近地区的低，但随着产业迁徙，未来可能演化为潜在扩散区。华南雾霾污染浓度低，其邻近地区都是优质空气的潜在受益者。总体来说，AQI 值在我国的分布和数值随着时间的推移而变化。由 74 个重点监控城市空气质量的时空分布可知，相邻地区的年度 AQI 指数存在相关性，依据空间计量原理，利用局部空间莫兰指数对其进行验证，结果如表 3-9 所示。由表可见，6 年间所有莫兰指数值都保持在0.57～0.62 水平内，P 值也通过了 1%的显著性检验，即我国城市年均 AQI 数据存在显著的相关性。

表 3-9　2014—2019 年我国 74 个重点监控城市 AQI 的局部空间莫兰指数

年份	I	$E(I)$	sd(I)	z	P
2014	0.578	−0.003	0.018	32.857	0.01
2015	0.609	−0.003	0.018	34.780	0.01
2016	0.585	−0.003	0.017	33.665	0.01
2017	0.613	−0.003	0.018	32.134	0.01
2018	0.597	−0.003	0.017	33.511	0.01
2019	0.571	−0.003	0.018	32.722	0.01

注：$E(I)$为 I 的期望值，sd(I)为 I 的方差，z 是 I 的 z 检验值，P 为 999 次蒙特卡罗模拟检验概率。

2014—2019 年全国 74 个重点监控城市中的年均 AQI 指数的局部空间莫兰指数较为稳定，各项检验平稳且显著，样本数据的分析是有效的。从大气污染情况分析，若是一个城市的空气质量差，那么周边地区的 AQI 指数也必然居高不下，表现出空间溢出效应。

从图 3-9 可以看出，基尼系数、对数离差均值以及 Theil 指数均表现出相同的变化趋势：① 随着时间的推移和城市大气污染严重程度的降低，全国 74 个重点监控城市 AQI 值以及 SO_2、NO_2、$PM_{2.5}$、PM_{10}、CO 和 O_3-8h 浓度的空间差异性呈现下降的特征，说明污染物的空间差异性与其自身污染的浓度密切相关。② 在 AQI 以及 6 种污染物中，SO_2 污染的空间差异性最为显著（$P<0.05$），如 2015 年和 2016 年全国 74 个重点监控城市 SO_2 污染的基尼系数分别为 0.305 和 0.301，这主要与我国工业、建筑业分布情况有关。$PM_{2.5}$ 和 PM_{10} 污染的空间

差异性也相对较高，这主要与工业企业分布、城镇化水平提高、居民生活能源消耗增加和机动车辆迅猛增长等因素有关。③ 随着 74 个重点监控城市 O_3 污染的显著上升，O_3-8h 浓度的空间差异性最小。

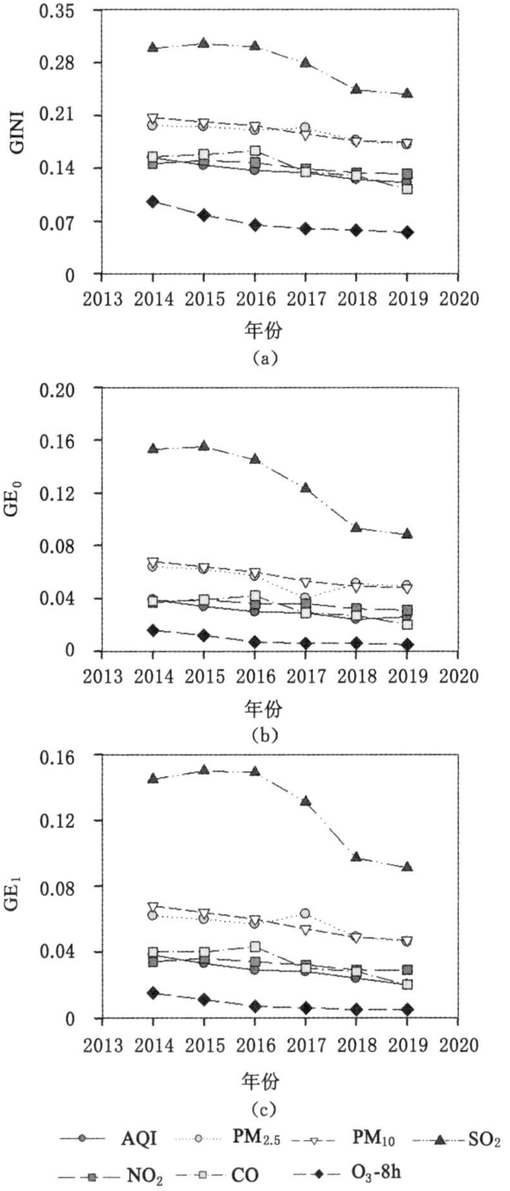

图 3-9 全国 74 个重点监控城市大气污染物浓度的 GINI、GE_0 和 GE_1 的变化情况

3.3　我国大气污染的时间变化特征分析

3.3.1　年度变化规律

3.3.1.1　AQI 值的年度变化趋势

2014—2019 年，我国华中、西南、西北、华北、东北、华东和华南七大地区 AQI 值整体上呈现下降的趋势（图 3-10），不同地区 AQI 值的变化规律有所差异：① 2014 年华中地区代表城市 AQI 值为 112.14，处于《环境空气质量指数（AQI）技术规定（试行）》（HJ 633—2012）规定的三级标准范围，属轻度污染；2014—2018 年，华中地区的 AQI 值呈现下降的趋势，2019 年其 AQI 值比 2018 年的有所增加，但比 2014 年的下降了 15.80%。② 除了 2016 年出现一个峰值外，西南地区代表城市的 AQI 值变化趋势与华中地区的相同。与 2014 年的相比，西南地区 2019 年 AQI 值下降了 19.86%。③ 西北地区 AQI 值在 2016 年和 2017 年各出现了一个峰值，分别为 101.57 和 100.95，属于轻度污染，在 2015 年和 2018 年各出现了一个波谷值，分别为 92.17 和 75.40。与 2018 年的相比，2019 年该地区代表城市 AQI 值有所增加，但比 2014 年的下降了

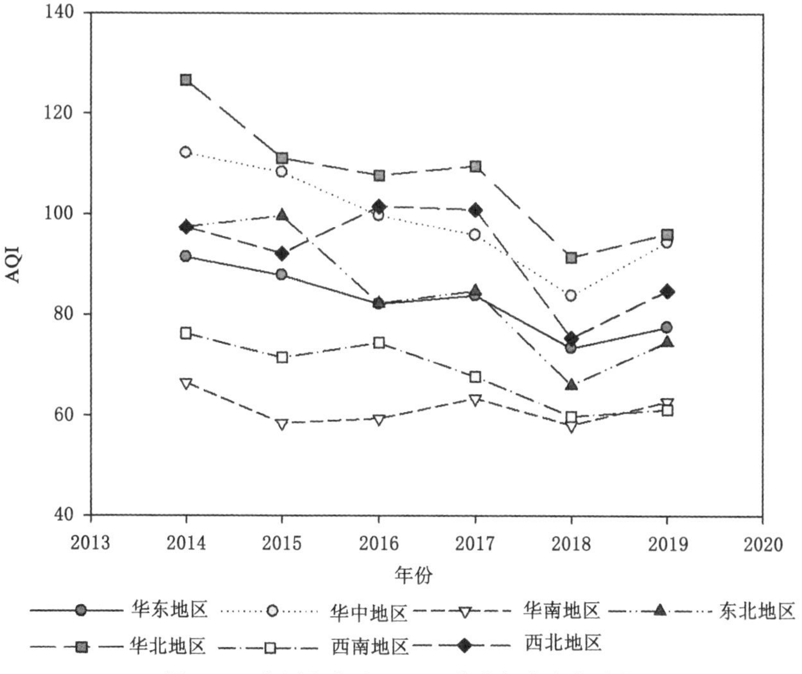

图 3-10　我国七大地区 AQI 值的年度变化趋势

12.97%。④ 2014—2019年间，华北地区AQI值整体呈现下降的趋势，其平均值为107.12，属于轻度污染状态。2014年，华北地区的AQI值最高，为126.69；随后的2015年和2016年，AQI值有下降的趋势；2017年出现了一个小的峰值，AQI值为109.62；2018年该地区的AQI值下降至91.44，下降了16.58%；2019年华北地区的AQI值有所增加，但比2014年的下降了24.17%。⑤ 2014—2019年，东北地区AQI值整体呈现下降的趋势，2015年和2017年出现两个峰值，分别为99.67和84.73。与2018年的相比，2019年该地区AQI值有所增加，但其比2014年的下降了23.46%。⑥ 2014—2019年，华东地区AQI值呈现显著下降的趋势，2019年的AQI值比2014年的下降了15.21%。2017年华东地区的AQI值出现一个峰值，为83.82，2019年华东地区的AQI值比2018年的有所增加。⑦ 2014—2019年间，华南地区的AQI值呈现波动的趋势，其数值波动范围为58.06～66.47。2014年华南地区的AQI值最高，为66.47，2015年的AQI值显著下降，随后的2016年和2017年，其AQI值有上升的趋势，2018年AQI值显著下降，2019年有所增加。

3.3.1.2 $PM_{2.5}$浓度的年度变化趋势

我国的华中、西南、西北、华北、东北、华东和华南七大地区$PM_{2.5}$浓度变化趋势见图3-11(a)。不难发现，除了西北地区在2016年出现一个小的峰值，华南地区在2018年出现一个小的峰值和华北、东北两个地区2019年$PM_{2.5}$浓度有所增加以外，这七大地区的$PM_{2.5}$浓度整体呈现显著下降的趋势，2019年七大地区的$PM_{2.5}$浓度比2014年分别下降了37.56%、41.56%、33.65%、47.17%、41.00%、36.89%和28.35%，其中，华北地区的下降幅度最大，华南地区的下降幅度最小。可见，2019年，7个地区的$PM_{2.5}$浓度显著下降，但整体浓度水平仍然很高，除华南地区以外，其他6个地区的$PM_{2.5}$浓度仍然高于GB 3095—2012规定的二级浓度限值。

3.3.1.3 PM_{10}浓度的年度变化趋势

我国的华中、西南、西北、华北、东北、华东和华南七大地区PM_{10}浓度变化趋势见图3-11(b)。可以看出，除了西北地区、西南地区和华南地区分别在2016年、2018年和2018年出现峰值以外，这7个地区PM_{10}浓度整体上呈现下降的趋势，分别由2014年的117.00 $\mu g/m^3$、84.80 $\mu g/m^3$、131.40 $\mu g/m^3$、155.67 $\mu g/m^3$、109.50 $\mu g/m^3$、97.06 $\mu g/m^3$和60.43 $\mu g/m^3$下降至2019年的76.06 $\mu g/m^3$、50.32 $\mu g/m^3$、77.93 $\mu g/m^3$、89.96 $\mu g/m^3$、67.17 $\mu g/m^3$、64.12 $\mu g/m^3$和45.58 $\mu g/m^3$，分别下降了34.99%、40.66%、40.69%、42.21%、38.66%、33.94%和24.57%。其中，华北地区下降幅度最大，华南地区下降幅度最小。2014—2019年间，华南地区PM_{10}浓度水平均低于

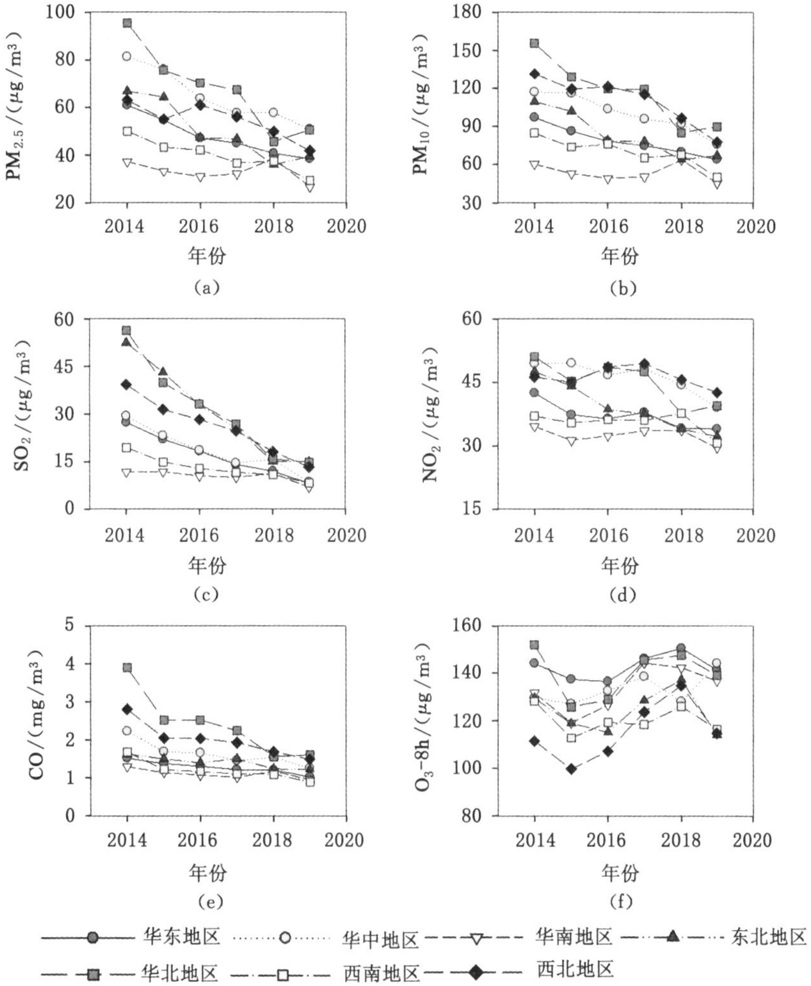

图 3-11 我国七大地区 6 种大气污染物浓度的年度变化趋势

GB 3095—2012 规定的二级浓度限值。2019 年，华北地区、西北地区和华中地区 PM_{10} 浓度较高，且均超过 GB 3095—2012 规定的二级浓度限值。

3.3.1.4 SO_2 浓度的年度变化趋势

2014—2019 年间，我国的华中、西南、西北、华北、东北、华东和华南七大地区 SO_2 浓度呈现出持续下降的趋势[图 3-11(c)]，且所有地区 SO_2 浓度均未超过 GB 3095—2012 规定的二级浓度限值。

3.3.1.5 NO_2 浓度的年度变化趋势

2014—2019年间，我国的华中、西南、西北、华北、东北、华东和华南七大地区 NO_2 浓度变化趋势见图3-11(d)，其主要特征如下：① 除了2017年出现一个小的波峰以外，华中地区 NO_2 浓度整体上呈现下降的趋势，其浓度值从2014年的49.33 $\mu g/m^3$ 下降至2019年的39.08 $\mu g/m^3$，下降了20.78%，该地区 NO_2 浓度从不达标转变为达标状态；② 2014—2019年间，西北地区、西南地区、华东地区、华南地区和华北地区的 NO_2 浓度呈现出倒N形变化趋势，其两个顶点分别分布在2015年和2017年、2015年和2018年、2016年和2017年、2015年和2018年、2015年和2016年；③ 2014—2019年间，东北地区 NO_2 浓度呈现出逐年下降的趋势，其浓度值由2014年的47.50 $\mu g/m^3$ 下降至2019年的32.25 $\mu g/m^3$，下降了32.11%，该地区 NO_2 浓度从不达标转变为达标状态。

3.3.1.6 CO浓度的年度变化趋势

2014—2019年间，除了华北地区2019年CO浓度有所回升和华中地区、华南地区在2018年各出现一个小的峰值，东北地区在2017年出现一个小的峰值以外，我国华中、西南、西北、华北、东北、华东和华南七大地区CO浓度整体呈现下降的趋势[图3-11(e)]，且所有地区CO浓度均未超过GB 3095—2012规定的二级浓度限值。

3.3.1.7 O_3-8h浓度的年度变化趋势

2014—2019年间，除了华中地区 O_3-8h浓度呈现出W形变化趋势以外，我国的西南、西北、华北、东北、华东和华南六大地区 O_3-8h浓度均呈现倒N形变化趋势[图3-11(f)]，且所有地区 O_3-8h浓度均未超过GB 3095—2012规定的二级浓度限值。

3.3.2 季度(月度)变化规律

3.3.2.1 华中地区

2014—2019年间，华中地区各代表城市6种污染物浓度的季度(月度)变化规律(图3-12)如下：① $PM_{2.5}$、CO浓度的月度变化呈现出U形变化趋势，即冬、春季节浓度水平高，夏、秋季节浓度水平低，这主要与华中地区冬季大气层结构稳定以及冬季燃煤取暖有关[33]；② PM_{10}、SO_2 和 NO_2 浓度的月度变化呈现出倒M形变化趋势，这主要与冬季大气层结构稳定以及冬季燃煤取暖、春季西北地区的沙尘暴和农业生物质燃烧等因素有关；③ O_3-8h浓度的月度变化呈现出M形变化规律，这主要与 NO_x 等污染物浓度、温度、光照和大气层结构有关。

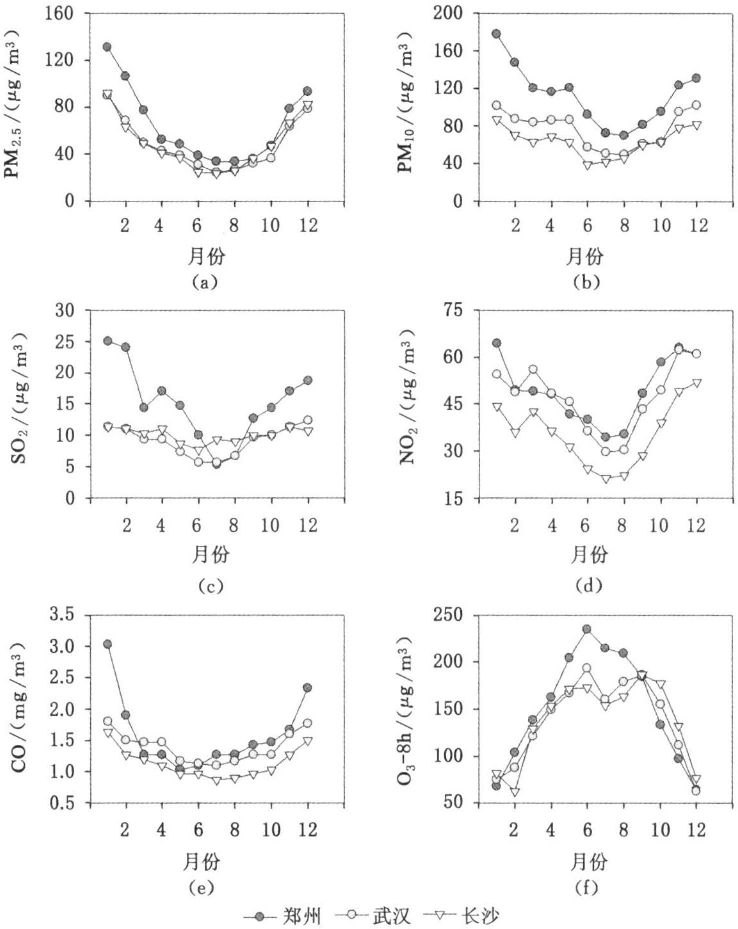

图 3-12 华中地区代表城市 $PM_{2.5}$、PM_{10}、SO_2、NO_2、CO 和 O_3-8h 6 种污染物浓度的月度变化规律

3.3.2.2 西南地区

2014—2019 年间，西南地区各代表城市 6 种污染物浓度的季度（月度）变化规律见图 3-13，其主要特征如下：① 整个地区 $PM_{2.5}$ 浓度在冬、春两季节相对较高，在夏、秋两季节相对较低。从冬、春季节与夏、秋季节的差异程度分析，拉萨、昆明和贵阳的差异性较小，成都、重庆的差异性相对较大，如成都和重庆 $PM_{2.5}$ 浓度的月度变化呈现出 U 形变化趋势，1 月和 12 月分别为 U 形的两个端点，其 $PM_{2.5}$ 浓度分别为 100 μg/m³（成都）和 82.67 μg/m³（成都）、74.33 μg/m³（重庆）和 67.33 μg/m³（重庆），冬、春季节的干燥气候、城镇化的过快推进、污染型经济

增长模式和能源消费结构的不合理是西南地区 $PM_{2.5}$ 浓度较高的主要原因。② 本地区 PM_{10}、NO_2 和 CO 3 种污染物浓度的季度(月度)变化与 $PM_{2.5}$浓度的季度(月度)变化趋势相似,从冬、春季节与夏、秋季节差异程度看,PM_{10}>CO>NO_2。从污染程度分析,成都和重庆的 PM_{10}、NO_2 浓度在冬季(12 月、1 月和 2 月)的水平高于 GB 3095—2012 规定的相应二级浓度限值,冬季的干燥气候是其主要原因。③ 除贵阳的 SO_2 浓度月度变化趋势呈现 U 形变化以外,西南地区其他 4 个城市的呈现波动式变化趋势,且 SO_2 浓度水平一直低于大气污染标准值。④ O_3-8h 浓度的月度变化呈现出 M 形变化规律,5 月和 8 月 O_3-8h 的浓度水平较高,这主要与 NO_x 等污染物浓度、温度、光照和大气层结构有关。

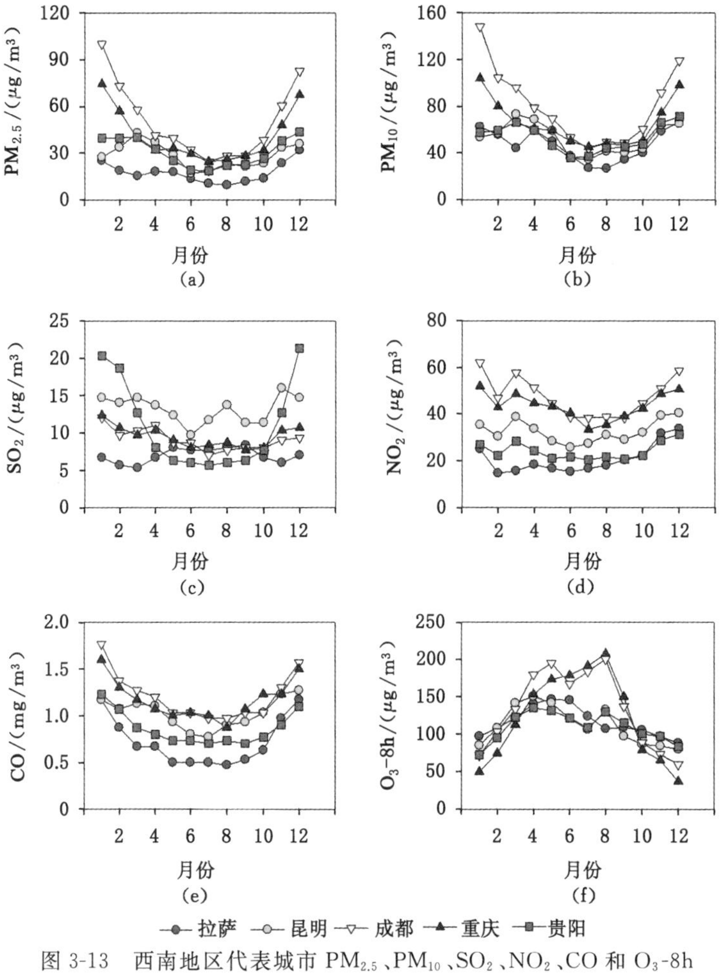

图 3-13 西南地区代表城市 $PM_{2.5}$、PM_{10}、SO_2、NO_2、CO 和 O_3-8h 6 种污染物浓度的月度变化规律

3.3.2.3 西北地区

2014—2019年，西北地区西宁、西安、兰州、银川和乌鲁木齐5个代表城市的$PM_{2.5}$、PM_{10}、SO_2、NO_2和CO 5种污染物浓度变化呈现出U形趋势(图3-14)，1月和12月为U形的两个端点，6—8月5种污染物的浓度水平处于最底端。相反地，O_3-8h浓度变化规律为倒U形，5—9月O_3-8h浓度相对较高，1月和12月O_3-8h浓度较低。

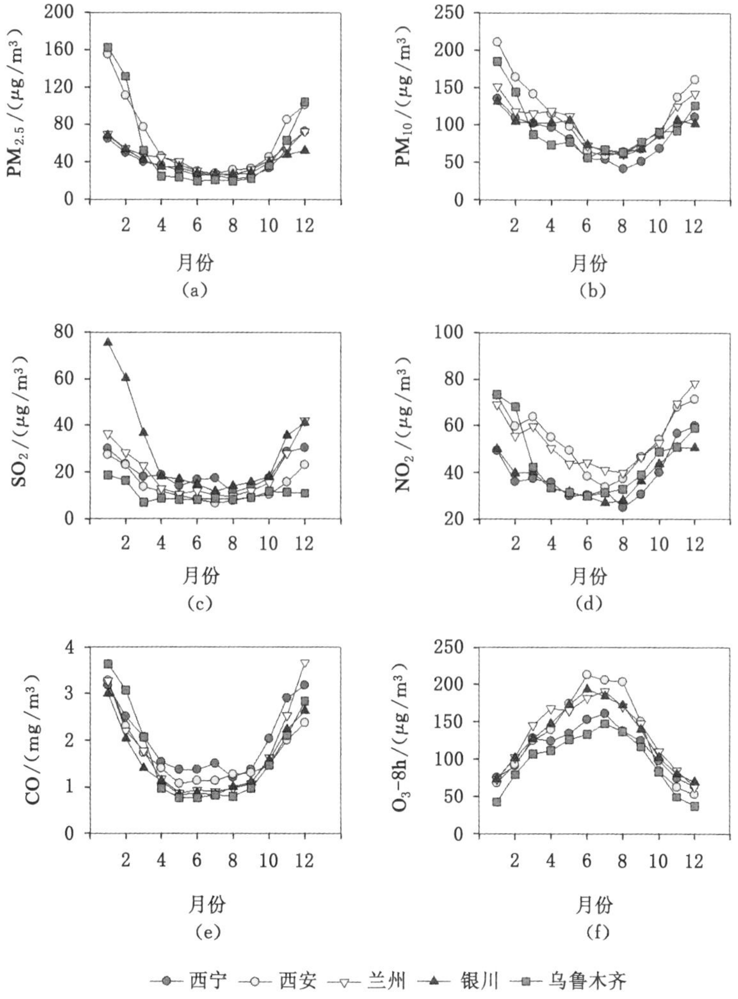

图3-14 西北地区代表城市$PM_{2.5}$、PM_{10}、SO_2、NO_2、CO和O_3-8h 6种污染物浓度的月度变化规律

从污染物浓度超标情况分析，每年的1—3月和10—12月$PM_{2.5}$和NO_2浓度超出GB 3095—2012规定的二级浓度限值，每年的1—5月和10—12月PM_{10}浓度超出GB 3095—2012规定的二级浓度限值。除了西宁和乌鲁木齐以外，其他3个城市5—8月的O_3-8h浓度超出GB 3095—2012规定的二级浓度限值。

3.3.2.4 华北地区

2014—2019年，华北地区北京、天津、太原和石家庄等15个代表城市的$PM_{2.5}$、PM_{10}、NO_2和CO 4种污染物浓度变化整体上呈现出U形趋势（图3-15），1月和12月为U形的两个端点，6—8月4种污染物的浓度水平处于最底端。然而，受到每年3—4月沙尘暴天气的影响，华北地区北京、天津、太原、唐山、邯郸、秦皇岛、承德、张家口、廊坊和呼和浩特等城市PM_{10}和NO_2浓度出现一个峰值。相反地，O_3-8h浓度变化规律为倒U形，5—9月O_3-8h浓度相对较高，1月和12月O_3-8h浓度较低。此外，除了太原SO_2浓度年内月度变化呈现出U形以外，华北地区其他城市SO_2浓度年内变化幅度不大。

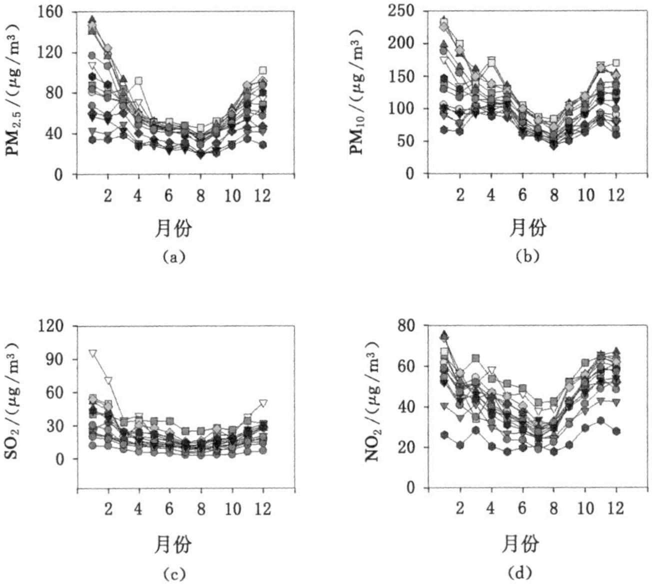

图3-15 华北地区代表城市$PM_{2.5}$、PM_{10}、SO_2、NO_2、CO和O_3-8h 6种污染物浓度的月度变化规律

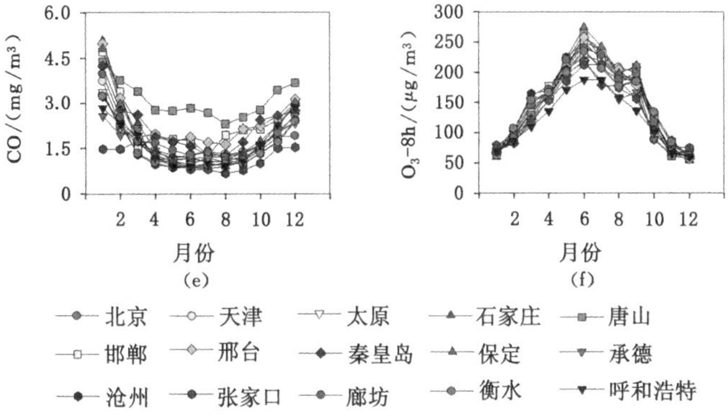

图 3-15 (续)

从污染物浓度超标情况分析，每年的 1—3 月和 10—12 月华北地区所有城市(除了承德 10 月和张家口全年的 $PM_{2.5}$ 浓度、张家口 10—12 月和衡水 3 月的 NO_2 浓度低于 GB 3095—2012 规定的二级浓度限值外)$PM_{2.5}$ 和 NO_2 浓度超出 GB 3095—2012 规定的二级浓度限值，每年的 1—5 月和 10—12 月华北地区所有城市(除了承德以外)PM_{10} 浓度超出 GB 3095—2012 规定的二级浓度限值。除了承德和呼和浩特两个城市 O_3-8h 浓度略低于 GB 3095—2012 规定的二级浓度限值外，华北地区其他代表城市 5—9 月的 O_3-8h 浓度超出 GB 3095—2012 规定的二级浓度限值。

3.3.2.5 东北地区

2014—2019 年，东北地区哈尔滨、长春、沈阳和大连 4 个代表城市的 $PM_{2.5}$、PM_{10}、SO_2、NO_2 和 CO 5 种污染物浓度变化整体上呈现出 U 形趋势(图 3-16)，1 月和 12 月为 U 形的两个端点，8 月 5 种污染物的浓度水平最低。相反地，O_3-8h浓度变化规律为 M 形，6 月和 9 月分别出现一个峰值，1 月和 12 月浓度相对较低。

从污染物浓度超标情况分析，4 个城市 $PM_{2.5}$ 和 PM_{10} 浓度超标的时间范围为 1—4 月和 10—12 月，冬季燃煤供暖、工业燃烧、交通源和干燥气候等是其主要原因。此外，每年的 5 月，4 个城市的 PM_{10} 浓度仍然处于超标水平。除了大连以外，其他 3 个城市的 NO_2 浓度在每年的 1—3 月和 12 月亦处于超标水平，冬季燃煤供暖、工业燃烧和干燥气候等是其主要原因。O_3-8h 浓度在每年的 5—6 月期间处于超标水平，NO_x 等污染物浓度、太阳辐射、气温、风速和雷雨天气等是其主要的影响因素。

3.3.2.6 华东地区

2014—2019 年，华东地区济南、青岛、上海和合肥等 29 个代表城市大气污

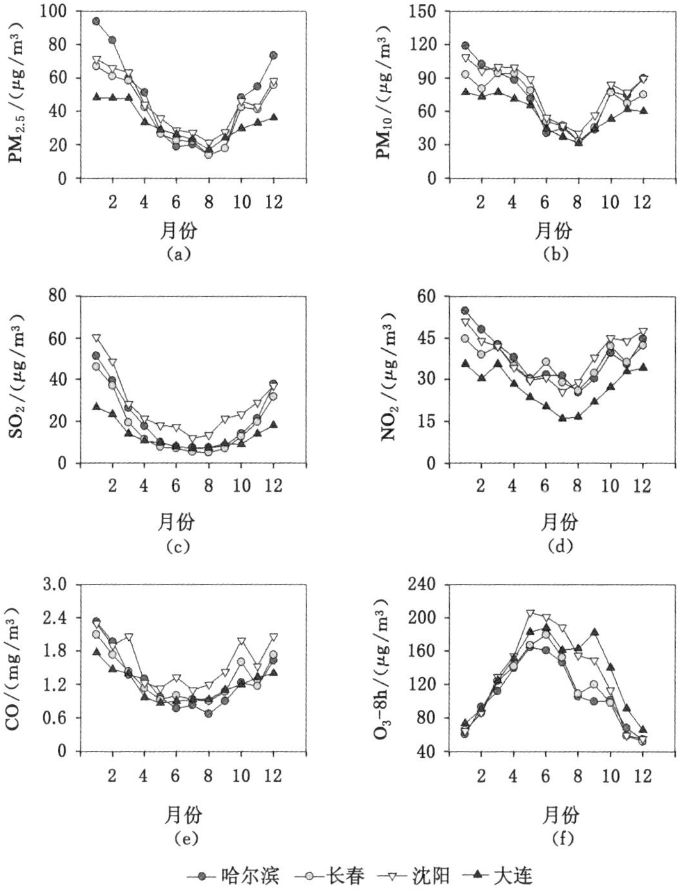

图 3-16　东北地区代表城市 $PM_{2.5}$、PM_{10}、SO_2、NO_2、CO 和 O_3-8h 6 种污染物浓度的月度变化规律

染物的季度(月度)变化特征(图 3-17)如下:① $PM_{2.5}$ 和 CO 两种污染物浓度变化整体上呈现出 U 形趋势,1 月和 12 月为 U 形的两个端点,8 月两种污染物的浓度水平最低;② PM_{10} 和 NO_2 两种污染物浓度变化整体上呈现出倒 M 形趋势,1 月和 12 月的浓度相对较高,8 月浓度最低,3—4 月出现一个小的峰值,这可能与北方的沙尘暴天气有关;③ 除了济南、徐州和连云港等冬季供暖城市以外,其他城市的 SO_2 浓度变化没有明显的季节(月度)特征;④ O_3-8h 浓度的月度变化趋势呈现出倒 V 形,除了温州、丽水、舟山、台州和南昌以外,其他 24 个城市 5—9 月 O_3-8h 浓度均处于超标水平,这主要与 NO_x 等污染物浓度、太阳辐射、温度和雷雨天气等因素有关。

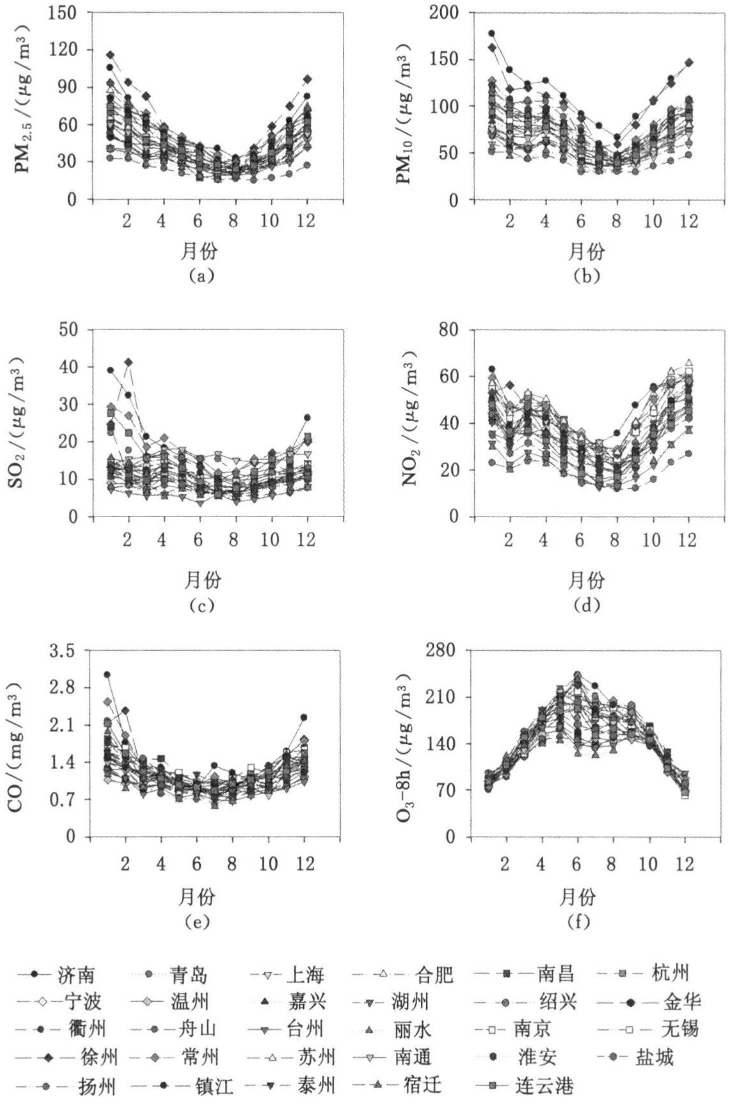

图 3-17　华东地区代表城市 $PM_{2.5}$、PM_{10}、SO_2、NO_2、CO 和 O_3-8h 6 种污染物浓度的月度变化规律

从污染物浓度超标情况分析，华东地区大气污染物浓度季度(月度)的主要变化规律为：① 深秋(11 月)、冬季(12 月至次年 2 月)和初春(3—4 月)，华东地区绝大多数城市的 $PM_{2.5}$ 浓度超出 GB 3095—2012 规定的二级浓度限

值；② 冬季和初春，华东地区绝大多数城市的 PM_{10} 浓度超出 GB 3095—2012 规定的二级浓度限值；③ 除了南昌、宁波、嘉兴、绍兴、衢州、舟山、台州、丽水、淮安、盐城、宿迁和连云港等 12 个城市外，其他 58.62%的城市在每年的深秋、冬季和初春 NO_2 浓度超出 GB 3095—2012 规定的二级浓度限值；④ 华东地区 82.76%的城市 5—9 月 O_3-8h 浓度处于超标状态。

3.3.2.7 华南地区

2014—2019 年，华南地区福州、厦门和广州等 13 个代表城市大气污染物的季度（月度）变化特征（图 3-18）如下：① 华南地区 $PM_{2.5}$、PM_{10}、NO_2 和 CO 4 种污染物浓度的月度变化呈现出 V 形，冬、春季浓度水平相对较高，夏季的浓度水平较低，7 月浓度水平较低，季风、大气稳定度和污染物外来输送是其主要原因；② SO_2 浓度的月度变化呈现波动式变化，12 月、1 月的浓度水平略高；③ O_3-8h 浓度呈现 M 形变化，其中两个顶点分别分布于 5 月和 9 月，9 月 O_3-8h 浓度最高，这主要与 NO_x 等污染物浓度、太阳辐射、气温和雷雨大气等因素有关。

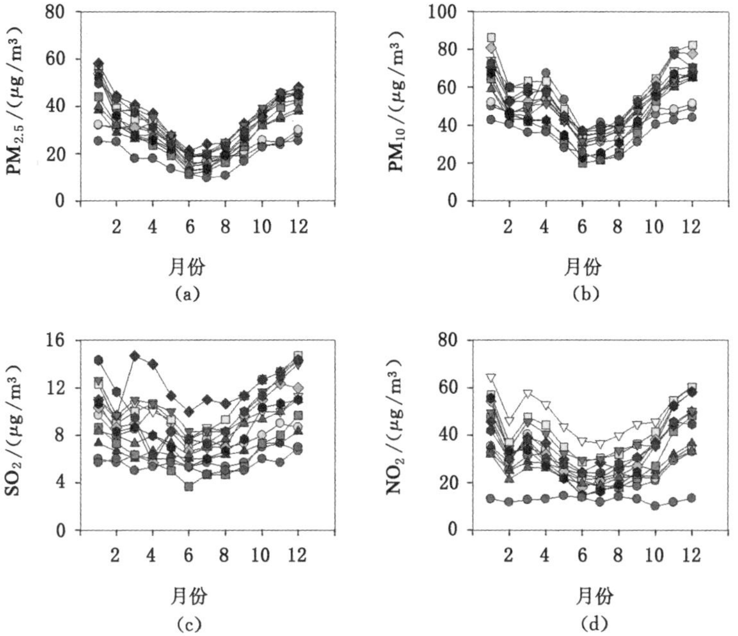

图 3-18 华南地区代表城市 $PM_{2.5}$、PM_{10}、SO_2、NO_2、CO 和 O_3-8h 6 种污染物浓度的月度变化规律

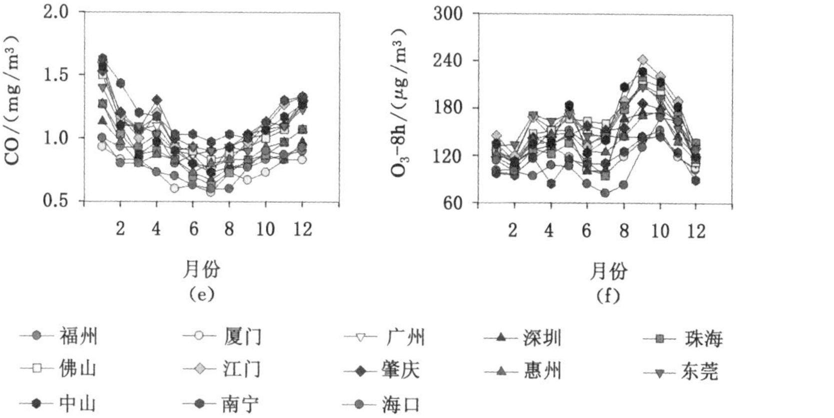

图 3-18 （续）

相比其他地区，华南地区的空气质量相对较好。$PM_{2.5}$、PM_{10}和 NO_2 3 种污染物在每年的 1 月和 12 月超标现象普遍，这主要是由冬天的干燥气候、静稳天气、逆温和外来输送等因素导致的。

3.3.3 小时变化规律

2014—2019 年间，我国七大地区各代表城市的空气质量指数 AQI 值及6 种污染物浓度的 24 h 变化趋势见图 3-19 和图 3-20。不难发现，各代表城市每日 AQI 值及 6 种污染物浓度的变化规律如下：

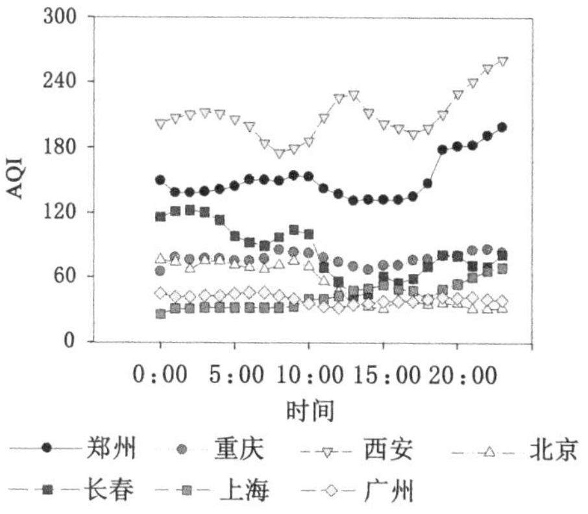

图 3-19 我国七大地区各代表城市空气质量指数 AQI 的小时变化趋势曲线

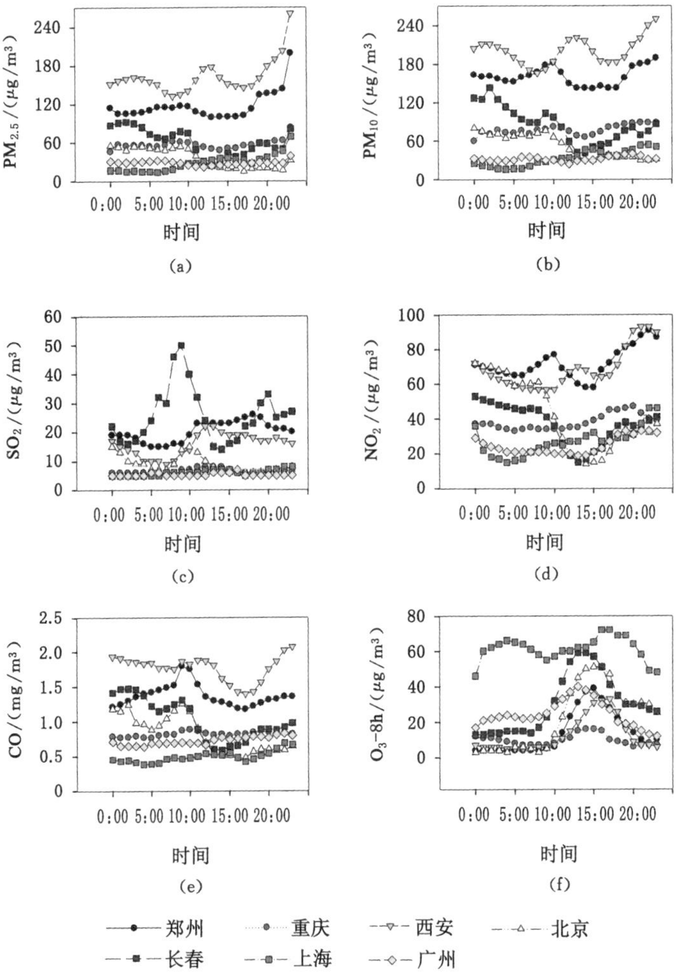

图 3-20 我国七大地区各代表城市 $PM_{2.5}$、PM_{10}、SO_2、NO_2、CO 和 O_3-8h 6 种污染物浓度的小时变化趋势曲线

(1) 2014—2019 年间，郑州市每日 AQI 值的小时变化曲线出现两次波峰，分别是 9 时和 23 时，主要集中在早高峰和夜间，车辆源和大气逆温现象对其每日 AQI 值的小时变化趋势贡献度最大。类似地，郑州市的 $PM_{2.5}$、PM_{10}、NO_2 和 CO 浓度均在 9—10 时出现波峰，上班早高峰对其贡献度最大。受到光照辐射、温度、气压和湿度等因素的影响，郑州市的 O_3-8h 浓度在 15 时出现一个峰值（表 3-10）。

表 3-10 我国七大地区代表城市每日 24 h 内大气污染峰值时间分布情况

区域	华中地区	西南地区	西北地区	华北地区	东北地区	华东地区	华南地区
代表城市	郑州	重庆	西安	北京	长春	上海	广州
AQI	9 时、23 时	8 时、22 时	4 时、13 时、23 时	9 时	2 时、9 时、19 时	15 时、23 时	7 时
$PM_{2.5}$	9 时、19 时、23 时	9 时	3 时、13 时、23 时	9 时	2 时、9 时、23 时	15 时、23 时	—
PM_{10}	10 时、23 时	10 时、23 时	2 时、13 时、23 时	9 时	2 时、9 时、20 时、23 时	15 时、21 时	7 时、20 时
SO_2	11 时、18 时	12 时	12 时	10 时	9 时、20 时	—	16 时
NO_2	10 时、23 时	20 时	13 时、21 时	0 时、19 时	0 时、23 时	15 时、23 时	19 时
CO	9 时	10 时	12 时、23 时	2 时、9 时	2 时、9 时、23 时	15 时、23 时	—
O_3-8h	15 时	14 时、15 时	16 时、17 时	15 时	13 时、14 时	16 时、17 时	13 时

(2) 2014—2019 年间，重庆市 AQI 值、$PM_{2.5}$ 浓度、PM_{10} 浓度和 CO 浓度分别在 8 时、9 时、10 时和 10 时出现峰值，上班早高峰对此贡献度最大。重庆市 NO_2 浓度在下班晚高峰 20 时出现一个峰值。受到光照辐射、温度、气压和湿度等因素的影响，重庆市 O_3-8h 浓度在 14 时、15 时出现峰值（表 3-10）。

(3) 2014—2019 年间，西安市 AQI 值及 $PM_{2.5}$、PM_{10}、SO_2、NO_2、CO、O_3-8h 6 种污染物浓度分别在（4 时，13 时，21 时）、（3 时，13 时，23 时）、（2 时，13 时，23 时）、（12 时）、（13 时，21 时）、（12 时，23 时）和（16 时，17 时）出现峰值（表 3-10），夜间、午后和晚高峰是 AQI 值及 6 种污染物浓度出现峰值的主要时段，大气逆温和气候条件是其主要原因。

(4) 2014—2019 年间，北京市的 AQI 值及 $PM_{2.5}$、PM_{10}、SO_2 和 CO 浓度分别在每日的 9 时、9 时、9 时、10 时和（2 时，9 时）出现峰值，这主要分布在 9—10 时，车辆源对此趋势的贡献度最大。北京市 NO_2 浓度分别于 0 时和 19 时出现浓度峰值，晚高峰和夜间大气逆温是其主要原因。受到光照辐射、温度、气压和湿度等因素的影响，北京市 O_3-8h 浓度在 15 时出现峰值（表 3-10）。

(5) 2014—2019 年间，长春市 AQI 值及 $PM_{2.5}$、PM_{10}、SO_2、NO_2、CO、O_3-8h 6 种污染物浓度分别在（2 时，9 时，19 时）、（2 时，9 时，23 时）、（2 时，9 时，20 时，23 时）、（9 时，20 时）、（0 时，23 时）、（2 时，9 时，23 时）和（13 时，14 时）出现峰值

(表 3-10),早晚上下班高峰、夜间大气逆温和午后高温高日照辐射是主要原因。

(6) 2014—2019 年间,上海市 AQI 值及 $PM_{2.5}$、PM_{10}、NO_2、CO、O_3-8h 5 种污染物浓度分别在(15 时,23 时)、(15 时)、(15 时,21 时)、(15 时,23 时)、(15 时,23 时)和(16 时,17 时)出现峰值(表 3-10),午后污染物的高辐射和累积效应、夜间的大气逆温等因素是主要原因。

(7) 2014—2019 年间,广州市 AQI 值及 PM_{10}、SO_2、NO_2、O_3-8h 4 种污染物浓度分别于 7 时、(7 时,20 时)、16 时、19 时和 13 时出现峰值(表 3-10),早晚上下班高峰、午后污染物的累积效应和夜间大气逆温是主要原因。

综上,夜间(21 时至次日 7 时)的大气逆温、上下班高峰(8—10 时和 18—20 时)、午后的高辐射和污染物累积效应是我国七大地区每日污染物浓度出现小时峰值的主要原因。

3.4 本章小结

(1) 2014—2019 年,我国 74 个重点监控城市的空气质量状况空间分布的主要特征为:① 华中地区、西南地区、西北地区、华北地区、东北地区、华东地区和华南地区七大地区 AQI 值的多年平均值大小顺序为华北地区>华中地区>西北地区>东北地区>华东地区>西南地区>华南地区,其 AQI 值的 6 年平均值分别为107.12、99.05、92.05、84.13、82.70、68.47 和 61.38;② 七大地区 $PM_{2.5}$浓度值的多年平均值大小顺序为华北地区>华中地区>西北地区>东北地区>华东地区>西南地区>华南地区,其 $PM_{2.5}$浓度值的 6 年平均值分别为 67.43 μg/m³、64.48 μg/m³、54.39 μg/m³、50.03 μg/m³、47.75 μg/m³、39.74 μg/m³ 和33.09 μg/m³,除了华南地区以外,其他 6 个地区的 $PM_{2.5}$浓度值的6 年平均值均高于我国二类区的浓度限值;③ 七大地区 PM_{10}浓度值的多年平均值大小顺序为华北地区>西北地区>华中地区>东北地区>华东地区>西南地区>华南地区,其 PM_{10}浓度值的 6 年平均值分别为 116.44 μg/m³、110.31 μg/m³、100.09 μg/m³、83.26 μg/m³、78.47 μg/m³、69.69 μg/m³ 和 53.75 μg/m³,华北地区、西北地区、华中地区、东北地区和华东地区 PM_{10}浓度值的 6 年平均值均高于 GB 3095—2012 规定的一类区的浓度限值,但低于二类区的浓度限值;④ 七大地区 SO_2 浓度值的多年平均值大小顺序为华北地区>东北地区>西北地区>华中地区>华东地区>西南地区>华南地区,其 SO_2 浓度值的 6 年平均值分别为 31.08 μg/m³、30.64 μg/m³、25.78 μg/m³、18.31 μg/m³、16.97 μg/m³、12.96 μg/m³ 和 10.36 μg/m³;⑤ 七大地区 NO_2 浓度值的多年平均值大小顺序为西北地区>华中地区>华北地区>东北地区>

华东地区＞西南地区＞华南地区，其 NO_2 浓度值的 6 年平均值分别为 46.22 μg/m³、46.18 μg/m³、44.89 μg/m³、38.96 μg/m³、37.01 μg/m³、35.46 μg/m³ 和 32.48 μg/m³，其中，西北地区、华中地区和华北地区的 NO_2 浓度值的 6 年平均值超过了 GB 3095—2012 的二类区的浓度限值；⑥ 全国 74 个重点监控城市的 CO 浓度呈现的空间差异性相对较小，且七大地区 CO 多年浓度平均值均低于 GB 3095—2012 规定的一类区浓度限值标准；⑦ 全国 74 个重点监控城市的 O_3-8h 浓度呈现的空间差异性显著，且七大地区 O_3-8h 多年浓度平均值均高于 GB 3095—2012 规定的一类区浓度限值，但低于二类区浓度限值。

(2) 我国 74 个重点监控城市的空气质量状况年度变化的主要特征为：① 2014—2019 年，我国七大地区 AQI 平均值整体上呈现下降的趋势；② 除了西北地区在 2016 年、2017 年各出现一个小的峰值，华南地区在 2018 年出现一个小的峰值和华北、东北两个地区在 2019 年 $PM_{2.5}$ 浓度有所增加以外，这七大地区的 $PM_{2.5}$ 浓度整体呈现显著下降的趋势；③ 除了西北地区、西南地区和华南地区分别在 2016 年、2018 年和 2018 年存在峰值以外，我国七大地区 PM_{10} 浓度整体上呈现下降的趋势，分别由 2014 年的 117.00 μg/m³、84.80 μg/m³、131.40 μg/m³、155.67 μg/m³、109.50 μg/m³、97.06 μg/m³ 和 60.43 μg/m³ 下降至 2019 年的 76.06 μg/m³、50.32 μg/m³、77.93 μg/m³、89.96 μg/m³、67.17 μg/m³、64.12 μg/m³ 和 45.58 μg/m³，分别下降了 34.99%、40.66%、40.69%、42.21%、38.66%、33.94%和 24.57%；④ 2014—2019 年间，我国七大地区 SO_2 浓度呈现出持续下降的趋势，且所有地区 SO_2 浓度均未超过 GB 3095—2012 规定的二级浓度限值；⑤ 除了 2017 年出现一个小的波峰以外，华中地区 NO_2 浓度整体上呈现下降的趋势，其浓度值从 2014 年的 49.33 μg/m³ 下降至 2019 年的 39.08 μg/m³，下降了20.78%，该地区 NO_2 浓度从不达标转变为达标状态；西北地区、西南地区、华东地区、华南地区和华北地区的 NO_2 浓度呈现出倒 N 形变化趋势；东北地区 NO_2 浓度呈现出逐年下降的趋势；⑥ 2014—2019 年间，除了华北地区 2019 年 CO 浓度有所回升和华中地区、华南地区在 2018 年各出现一个小的峰值，东北地区在 2017 年出现一个小的峰值以外，我国七大地区 CO 浓度整体呈现下降的趋势，且所有地区 CO 浓度均未超过 GB 3095—2012 规定的二级浓度限值；⑦ 2014—2019 年间，除了华中地区 O_3-8h 浓度呈现出 W 形变化趋势以外，我国的西南、西北、华北、东北、华东和华南六大地区O_3-8h 浓度呈现倒 N 形变化趋势，且所有地区 O_3-8h 浓度均未超过 GB 3095—2012 规定的二级浓度限值。

(3) 我国七大地区的 AQI 值及 $PM_{2.5}$、PM_{10}、SO_2、NO_2、CO 5 种污染物浓

度的月度(季度)变化呈现出U形、V形、M形和倒M形几种变化趋势,浓度水平冬、春季节相对较高,夏、秋季节相对较低;O_3-8h浓度的月度变化呈现出倒U形、M形、倒V形变化趋势,5—9月浓度相对较高,冬季浓度水平较低。

(4) 我国七大地区的AQI值及$PM_{2.5}$、PM_{10}、SO_2、NO_2、CO、O_3-8h 6种污染物浓度分别在夜间(21时至次日7时)、上下班高峰(8—10时和18—20时)和午后(13—17时)出现峰值,夜间大气逆温、车辆源、午后的高辐射和污染物累积效应是主要原因。

本章参考文献

[1] 刘华军,雷名雨.中国雾霾污染区域协同治理困境及其破解思路[J].中国人口·资源与环境,2018,28(10):88-95.

[2] 谢骁,董利民.城市空气污染、区域联系与经济发展:基于环境库兹涅茨曲线形成机制的视角[J].江汉论坛,2019(1):22-26.

[3] WANG Y,LAI N,MAO G Z,et al.Air pollutant emissions from economic sectors in China:a linkage analysis[J].Ecological indicators,2017,77:250-260.

[4] ZHAO X F,THOMAS C W,CAI T J.The evolution of policy instruments for air pollution control in China:a content analysis of policy documents from 1973 to 2016[J].Environmental management,2020,66(6):953-965.

[5] LIU P,DONG D X,WANG Z.The impact of air pollution on R&D input and output in China[J].Science of the total environment,2021,752:141313.

[6] 李建明,罗能生.1998—2015年长江中游城市群雾霾污染时空演变及协同治理分析[J].经济地理,2020,40(1):76-84.

[7] 洪宇.基于结构方程模型的我国区域雾霾水平评价[J].统计与决策,2019,35(2):62-65.

[8] 潘竟虎,张文,李俊峰,等.中国大范围雾霾期间主要城市空气污染物分布特征[J].生态学杂志,2014,33(12):3423-3431.

[9] 高广阔,吴世昌,韩颖.中国雾霾污染问题的分析与测度方法探讨[J].统计与决策,2016(24):31-34.

[10] 刘晓红.中国城市雾霾污染的时空分异、动态演化与影响机制[J].西南民族大学学报(人文社科版),2019,40(2):98-113.

[11] 肖悦,田永中,许文轩,等.中国城市大气污染特征及社会经济影响分析[J].

生态环境学报,2018,27(3):518-526.

[12] 潘慧峰,王鑫,张书宇.雾霾污染的持续性及空间溢出效应分析:来自京津冀地区的证据[J].中国软科学,2015(12):134-143.

[13] 韩志明,刘瓔.京津冀地区公民参与雾霾治理的现状与对策[J].天津行政学院学报,2016,18(5):33-39.

[14] 祝丽云,李彤,马丽岩,等.产业结构调整对雾霾污染的影响:基于中国京津冀城市群的实证研究[J].生态经济,2018,34(10):141-148.

[15] 文扬,马中,吴语晗,等.京津冀及周边地区工业大气污染排放因素分解:基于 LMDI 模型分析[J].中国环境科学,2018,38(12):4730-4736.

[16] 彭心竹.京津冀地区大气污染变化规律及影响因素研究[D].北京:中国地质大学(北京),2018.

[17] 王静,施润和,李龙,等.上海市一次重雾霾过程的天气特征及成因分析[J].环境科学学报,2015,35(5):1537-1546.

[18] 王博妮,濮梅娟,苗茜.江苏地区连续性雾霾天气的污染物浓度变化和特征分析[J].大气科学学报,2016,39(2):243-252.

[19] 杨文峰,李星敏,陈闯,等.西安市两次雾霾期间气象要素和气溶胶特性分析[J].中国环境科学,2015,35(8):2298-2306.

[20] 张立,万文龙,王旭.东营地区雾霾变化特征及其低能见度影响因子分析[J].现代农业科技,2016(19):238-242.

[21] 王蕾,孜比布拉·司马义,杨胜天,等.北疆主要城市的大气污染状况分析[J].干旱区资源与环境,2018,32(6):182-186.

[22] 邓发荣,康娜,KANIKE R K,等.长江三角洲地区大气污染过程分析[J].中国环境科学,2018,38(2):401-411.

[23] 杨振,丁启燕,王念,等.湖北省大气污染健康风险空间格局与防范分区研究[J].华中师范大学学报(自然科学版),2018,52(4):574-581.

[24] 吴一帆,张子豪,王帅,等.大连市大气污染特征、影响因素及来源分析[J].环境工程,2018,36(6):104-109.

[25] 宁贵财.四川盆地西北部城市群冬季大气污染气象成因及其数值模拟研究[D].兰州:兰州大学,2018.

[26] 魏娜,赵成根.跨区域大气污染协同治理研究:以京津冀地区为例[J].河北学刊,2016,36(1):144-149.

[27] 代应,景熠,宋寒.区域大气污染协同治理关系的影响机理及均衡机制[M].北京:科学出版社,2020.

[28] DELFINO R J,SIOUTAS C,MALIK S.Potential role of ultrafine particles in

associations between airborne particle mass and cardiovascular health[J]. Environmental health perspectives,2005,113(8):934-946.

[29] 晋乐飞,冯斐斐,吴卫东.大气细颗粒污染物对呼吸系统危害研究进展[J].新乡医学院学报,2015,32(2):91-95.

[30] 李文,吴卫东.雾霾对中枢神经系统损伤研究进展[J].新乡医学院学报,2018,35(2):93-95.

[31] 曾倩雯,孙仁山.大气细颗粒物($PM_{2.5}$)对肥大细胞分泌β-氨基己糖苷酶、组胺和IL-4的影响[J].第三军医大学学报,2017,39(12):1219-1224.

[32] 薛亦峰,田贺忠,石爱军,等.北京市大气污染排放变化特征及控制措施效果评估:2006—2015年[M].北京:中国环境出版集团,2020.

[33] 刘子豪,黄建武,孔德亚.武汉城市圈$PM_{2.5}$的时空特征及其影响因素解析[J].环境保护科学,2019,45(3):51-59.

[34] 张培锋,王潇磊,潘本峰,等.中原城市群臭氧浓度分布特征及来源[J].中国环境监测,2017,33(4):132-139.

4 我国城市大气污染的主要风险分析

4.1 引言

前面分析表明 74 个重点监控城市部分地区空气质量较差，出现 $PM_{2.5}$、PM_{10}、O_3 等污染物超标现象，导致 AQI 指数也较高。国内外大量研究结果表明，大气污染及各种污染物对城市居民生理心理健康、城市公共交通、火灾、城市社会经济增长以及城市社会稳定产生直接和间接的影响。为了深入剖析风险现状，本著作选取华东（上海）、华中（郑州）、华北（北京）、华南（广州）、东北（哈尔滨）、西南（成都）、西北（银川）为研究对象，通过数理统计、归纳总结以及风险矩阵分析方法深入研究大气污染对公共交通、火灾和疾病健康损害（生理与心理）、社会经济发展的影响情况，得出的结论可为预防与控制我国城市大气污染风险提供重要的决策参考。

4.2 数据来源与研究方法

4.2.1 数据来源

（1）我国各代表城市易感人群数量统计、主要疾病死亡率统计摘自历年各省市统计年鉴。

（2）城市居民癌症死亡排名情况摘自历年《中国肿瘤登记年报》和《河南省肿瘤登记年报》。

（3）我国各代表城市居民的犯罪活动统计结果、火灾发生情况、交通事故发生情况以及自然灾害发生情况摘自历年各省市统计年鉴。

4.2.2 研究方法

（1）数理统计方法：大气污染各种风险的量化分析主要采用的是数理统计分析方法。

（2）模型计算方法：我国各代表城市的呼吸系统疾病、神经系统疾病、癌症和心脏病的死亡人数统计采用如下公式计算：

$$死亡人数=易感人群总数\times疾病死亡率 \tag{4-1}$$

(3) 绘图方法：本部分大气污染风险的各种数据分析采用的绘图工具是Origin 19.0和Office 2016。

(4) 风险矩阵方法：大气污染的风险指数计算采用的是风险矩阵方法。风险矩阵分布情况见表4-1，具体计算公式如下：

$$R_i=\sum_{j=1}^{m}(C_{ij}\cdot P_{ij}) \tag{4-2}$$

式中：R_i 表示第 i 个风险的风险指数；m 表示第 i 个风险的风险等级个数；C_{ij} 表示第 i 个风险的第 j 级风险的烈度；P_{ij} 表示第 i 个风险的第 j 级风险的概率。本算例中 $i=1,2,3,\cdots,8$；$j=1,2,3,\cdots,8$。

表4-1 城市大气污染的风险矩阵分布情况

风险	概率	烈度	风险指数
能见度降低	P_1	C_1	R_1
公共交通障碍	P_2	C_2	R_2
生理疾病	P_3	C_3	R_3
心理疾病	P_4	C_4	R_4
动植物生长障碍	P_5	C_5	R_5
火灾频率增加	P_6	C_6	R_6
社会稳定度下降	P_7	C_7	R_7
社会经济发展受影响	P_8	C_8	R_8

对于能见度降低，C_{ij}^0（C_{i1}^0、C_{i2}^0、C_{i3}^0、C_{i4}^0、C_{i5}^0、C_{i6}^0、C_{i7}^0 和 C_{i8}^0）分别为0、0.25、1.5、2.5、3.5、4、4.5和5。

对于公共交通障碍，其烈度 C_{ij}^1 的表达式为：

$$C_{ij}^1=\sqrt{\lambda_1 C_{ij}^0} \tag{4-3}$$

式中，λ_1 表示各代表城市汽车保有量的多年增长率。

对于生理疾病，其烈度 C_{ij}^2 的表达式为：

$$C_{ij}^2=\sqrt{\lambda_2 C_{ij}^0} \tag{4-4}$$

式中，λ_2 表示各代表城市生理疾病的多年增长率。

对于心理疾病，其烈度 C_{ij}^3 的表达式为：

$$C_{ij}^3=\sqrt{\lambda_3 C_{ij}^0} \tag{4-5}$$

式中，λ_3 表示各代表城市心理疾病的多年增长率。

对于动植物生长障碍，其烈度 C_{ij}^4 的表达式为：

$$C_{ij}^4 = \sqrt{\lambda_4 C_{ij}^0} \tag{4-6}$$

式中，λ_4 表示各代表城市动植物生长障碍的多年增长率。

对于火灾频率增加，其烈度 C_{ij}^5 的表达式为：

$$C_{ij}^5 = \sqrt{\lambda_5 C_{ij}^0} \tag{4-7}$$

式中，λ_5 表示各代表城市火灾频率的多年增长率。

对于社会稳定度下降，其烈度 C_{ij}^6 的表达式为：

$$C_{ij}^6 = \sqrt{\lambda_6 C_{ij}^0} \tag{4-8}$$

其中，λ_6 表示各代表城市犯罪率的多年增长率。

对于国民经济发展受影响，其烈度 C_{ij}^7 的表达式为：

$$C_{ij}^7 = \sqrt{\lambda_7 C_{ij}^0} \tag{4-9}$$

其中，λ_7 表示各代表城市国民生产总值能耗的多年增长率。

表 4-2 对城市大气污染所引发风险的烈度等级进行了相对应的划分，表 4-3显示了城市大气污染所引发风险发生概率的等级划分，烈度不同的风险发生的概率不同。

表 4-2 城市大气污染引发风险的烈度等级及其划分依据

烈度等级	取值范围	描述
关键	4～5	城市大气污染引发风险的影响级别非常高
严重	3～4	城市大气污染引发风险的影响级别较高
中等	2～3	城市大气污染引发风险的影响级别居中
微小	1～2	城市大气污染引发风险的影响级别较小
可忽略	0～1	城市大气污染引发风险的影响微弱甚至毫无影响

表 4-3 城市大气污染引发风险的概率等级及其划分依据

概率等级	概率范围	描述
极不可能	0～0.10	城市大气污染引发风险的发生属于小概率事件
较不可能	0.10～0.40	城市大气污染引发风险的风险源可以很好地被控制
可能	0.40～0.60	城市大气污染所引发的风险可能发生
很可能	0.60～0.90	城市大气污染所引发的风险的发生概率较高
几乎确定	0.90～1.00	城市大气污染引发的风险的发生概率非常高，几乎不可避免

4.3 我国城市大气污染的主要风险分析

4.3.1 火灾风险

由图4-1可以看出，各代表城市火灾发生频率呈现下降趋势，且相关分析表明AQI值与火灾发生频率呈现显著正相关关系（$P<0.05$），表明AQI指数下降，火灾发生频率亦有所下降，这主要与大气污染引发的能见度下降有关。同时，AQI指数与火灾频率之间的相关关系也与城市火灾易发程度、城市大气污染情况、城市规划等多种因素相关。由图可见，银川火灾风险指数先上升至2016年的0.34，然后逐年下降；广州火灾风险指数2014—2015年先下降，2015—2016年上升，2016－2018年趋于平稳；郑州、成都、北京、哈尔滨、上海等地火灾风险指数均呈现逐年下降的趋势，其中郑州、成都、北京的火灾风险指数较高，延伸至区域即华中地区、西南地区、华北地区火灾风险指数较高。

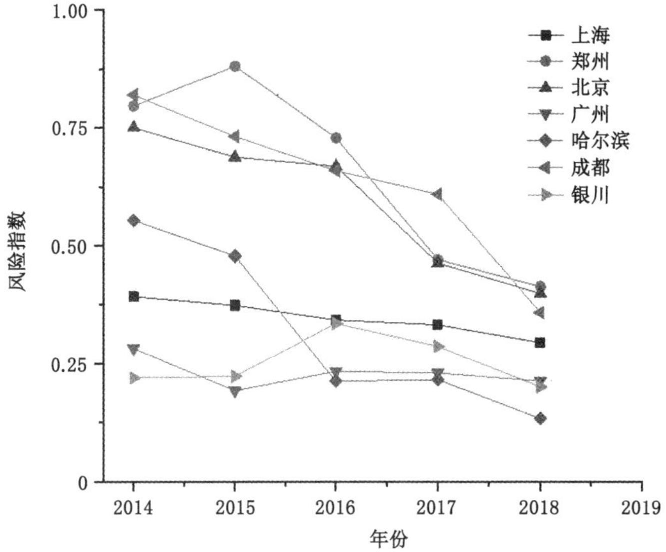

图4-1 2014—2018年我国各代表城市AQI指数引发火灾的风险指数变化情况

4.3.2 公共交通安全风险

2014—2019年，各代表城市大气污染引起公共交通障碍的风险指数变化如图4-2所示：哈尔滨在不断下降；郑州先下降，2018—2019年上升；成都先下降，在2018年有些许上升后又下降；银川先上升至2016年，然后下降；上海2014—

2016 年先上升，2017 年、2018 年下降，2019 年又上升；北京 2014—2015 年先下降，2016 年上升后趋于稳定；广州 2014—2015 年下降，之后上升。每个城市的公共交通障碍风险指数变化都有所不同，再延伸至区域，华南地区风险指数最低，2014—2015 年东北地区风险指数最高，2016 年以后华中地区风险指数最高，华东地区的风险指数趋于平稳。这主要与道路交通结构、汽车保有量以及 AQI 指数有关。

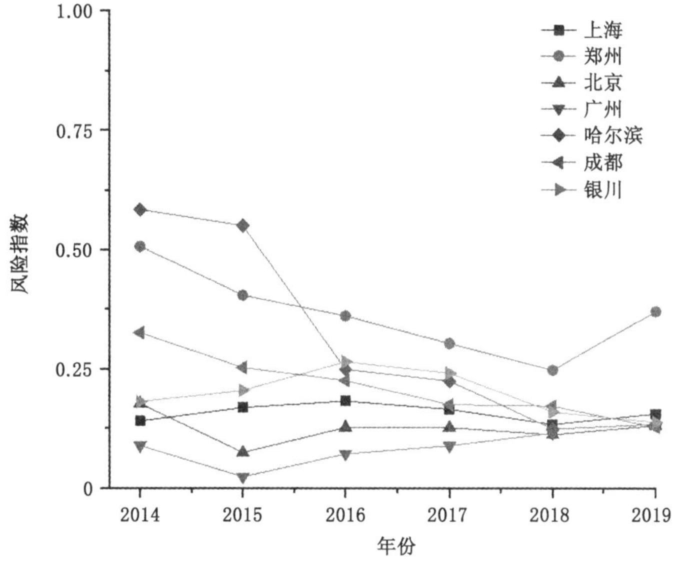

图 4-2 2014—2019 年我国各代表城市 AQI 指数引发公共交通障碍风险指数变化情况

4.3.3 社会经济发展受制约风险

数据分析表明，近年来各地区的国民经济均处于迅速增长阶段，过快的国民经济增长与工业、建筑业、餐饮业等产业相关，故必然会导致能耗的增加，进而导致污染物的过量排放，给大气环境带来严重压力。图 4-3 表示 2014—2019 年各代表城市大气污染引发的社会经济发展风险指数变化：郑州风险指数先下降再上升，但风险始终最高；广州、上海风险指数基本趋于平稳，且基本保持在 0.12 左右；银川风险指数先上升到 2016 年之后逐渐降低；哈尔滨风险指数除 2017 年有点上升外，其他年份均呈下降趋势，且在 2018—2019 年风险最低；北京、成都风险指数均呈现不断下降趋势。每个城市的风险指数变化都有所不同，再延伸至区域，从区域看 2014—2017 年华南地区风险指数较低，2018—2019 年东北地区风险指数最低；华中地区风险指数始终处于最高；华北地区和西南地区风险指数均不断下降;华东地区和华南地区风险指数趋于平稳。这主要与经济增长速度、城市发展规模以及 AQI 指数有关。

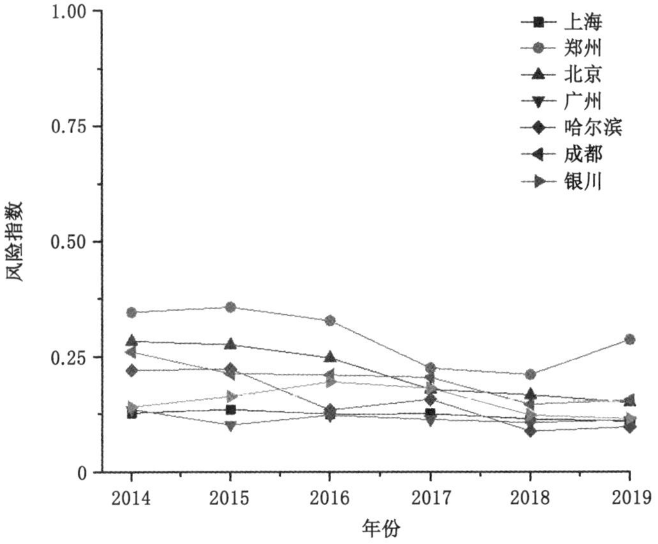

图 4-3　2014—2019 年我国各代表城市 AQI 指数引发社会经济发展风险指数变化情况

4.3.4　心理生理疾病风险

国内外大量文献报告显示,AQI 指数增高可能引发呼吸系统疾病等生理疾病,笔者选取各代表城市历年 AQI 指数、呼吸系统疾病死亡率等作为估算依据,深入剖析城市大气污染造成的生理疾病风险情况(图 4-4),从总体变化趋势上看,各代表城市大气污染引发的生理疾病风险呈逐年下降的趋势,成都、北京、郑州的风险指数明显高于上海的,延伸至区域,即西南地区风险指数较高,华东地区风险指数较低。

相关研究表明,城市大气污染可能引发心理问题,从图 4-5 可以看出,AQI 指数增高,心理疾病的风险也随之增高。因数据的可获得性,仅得出上海、郑州、北京、成都 4 个城市的心理疾病风险指数,由图可见:北京心理疾病风险指数呈逐年下降的趋势;上海风险指数最低且趋于平稳;郑州风险指数变化幅度较大,2014—2015 年降低,2015—2016 年大幅升高,之后又下降;成都风险指数呈现先下降再升高然后下降的趋势,但幅度较小。延伸至区域,即西南地区心理疾病风险指数较高,华东地区风险指数较低,华中地区风险指数变化幅度较大。心理疾病主要与 AQI 指数、家族遗传、个体承压能力、外界环境等多种

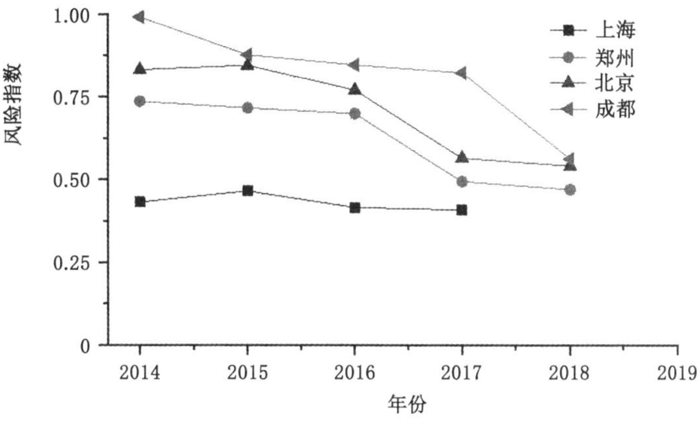

图 4-4　2014—2018 年我国各代表城市 AQI 指数引发生理疾病风险指数变化情况

因素有关。与 AQI 指数引发心理疾病相比较，其引发的生理疾病风险指数要更高，可能与直接影响有关，颗粒物等直接进入人的身体，故引发生理疾病的风险更高。

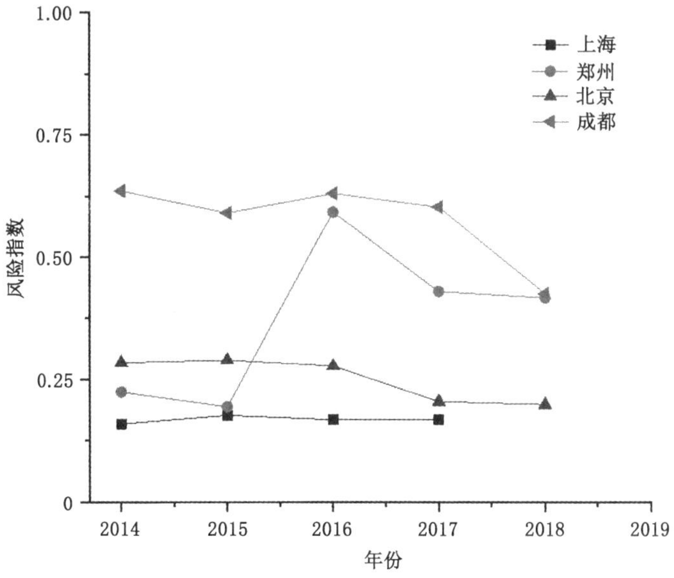

图 4-5　2014—2018 年我国各代表城市 AQI 指数引发心理疾病风险指数变化情况

从表4-4可以看出，火灾和生理疾病属于高风险指标，交通障碍和社会经济影响次之，诱发心理疾病的风险最低，所以大气污染对人的身体健康影响非常大，但心理疾病也不容忽视。火灾的发生可能和能见度下降相关，其风险不容忽视。

表4-4　2014—2019年各代表城市AQI指数引发的风险变化表

城市	风险类型	风险指数					
		2014年	2015年	2016年	2017年	2018年	2019年
郑州	火灾	0.80	0.88	0.73	0.47	0.41	—
	交通障碍	0.51	0.40	0.36	0.30	0.25	0.37
	生理疾病	0.74	0.72	0.70	0.49	0.47	—
	心理疾病	0.22	0.19	0.59	0.43	0.42	—
	社会经济影响	0.35	0.36	0.33	0.23	0.21	0.29
北京	火灾	0.75	0.69	0.67	0.46	0.40	—
	交通障碍	0.17	0.07	0.12	0.12	0.11	0.13
	生理疾病	0.83	0.85	0.77	0.57	0.54	—
	心理疾病	0.28	0.29	0.28	0.21	0.20	—
	社会经济影响	0.28	0.28	0.25	0.18	0.17	0.15
上海	火灾	0.39	0.37	0.34	0.33	0.29	—
	交通障碍	0.14	0.17	0.18	0.16	0.13	0.15
	生理疾病	0.43	0.47	0.42	0.41	—	—
	心理疾病	0.16	0.18	0.17	0.17	—	—
	社会经济影响	0.28	0.28	0.25	0.18	0.17	0.15
广州	火灾	0.28	0.19	0.23	0.23	0.21	—
	交通障碍	0.08	0.02	0.07	0.08	0.11	—
	生理疾病	—	—	—	—	—	—
	心理疾病	—	—	—	—	—	—
	社会经济影响	0.14	0.10	0.12	0.11	0.11	0.11
哈尔滨	火灾	0.55	0.48	0.21	0.22	0.13	—
	交通障碍	0.58	0.55	0.25	0.22	0.12	0.13
	生理疾病	—	—	—	—	—	—
	心理疾病	—	—	—	—	—	—
	社会经济影响	0.22	0.22	0.13	0.16	0.09	0.10

表 4-4(续)

城市	风险类型	风险指数					
		2014 年	2015 年	2016 年	2017 年	2018 年	2019 年
成都	火灾	0.82	0.73	0.66	0.61	0.36	—
	交通障碍	0.33	0.25	0.23	0.17	0.17	0.13
	生理疾病	0.99	0.88	0.85	0.82	0.56	—
	心理疾病	0.64	0.59	0.63	0.60	0.43	—
	社会经济影响	0.26	0.21	0.21	0.20	0.15	0.16
银川	火灾	0.22	0.22	0.34	0.29	0.20	—
	交通障碍	0.18	0.20	0.26	0.24	0.16	0.14
	生理疾病	—	—	—	—	—	—
	心理疾病	—	—	—	—	—	—
	社会经济影响	0.14	0.16	0.20	0.18	0.12	0.12

4.4 河南省城市大气污染的主要风险分析

大量研究报道显示，城市大气污染存在能见度下降、公共交通障碍、诱发生理疾病、诱发心理疾病、动植物生长受限、火灾频率增加、社会稳定度下降和国民经济发展受到影响 8 种主要的风险。

图 4-6 显示，河南省各代表城市大气污染的综合风险指数整体上呈现上升的趋势，尤其是自 2012 年起，其综合风险指数呈现陡然上升的趋势，AQI 指数的显著提高是其最主要的原因，城市人口密度攀升、三大产业(特别是工业和建筑业)线性增长、城市化进程过快以及汽车保有量的显著增加也加剧了这些城市大气污染的风险。从单一城市看，郑州大气污染综合风险指数最高，其 2015—2019 年平均大气污染综合风险指数为 6.51，显著高于其他城市($P<0.05$)。这主要与郑州的空气质量相对较差、人口密度高、工农业发展迅猛以及城市化进程过快等因素有关。安阳、平顶山和开封 3 个代表城市的大气污染综合风险指数也相对较高，其 2015—2019 年的平均大气污染综合风险指数分别为 5.37、5.27 和 5.13，这主要是由这些城市的 AQI 指数高(或 AQI 指数增加显著)、工业布局不合理以及能源消耗结构等多种因素造成的。信阳市的空气质量最好，相应地，其 2015—2019 年的平均大气污染综合风险指数也最低。

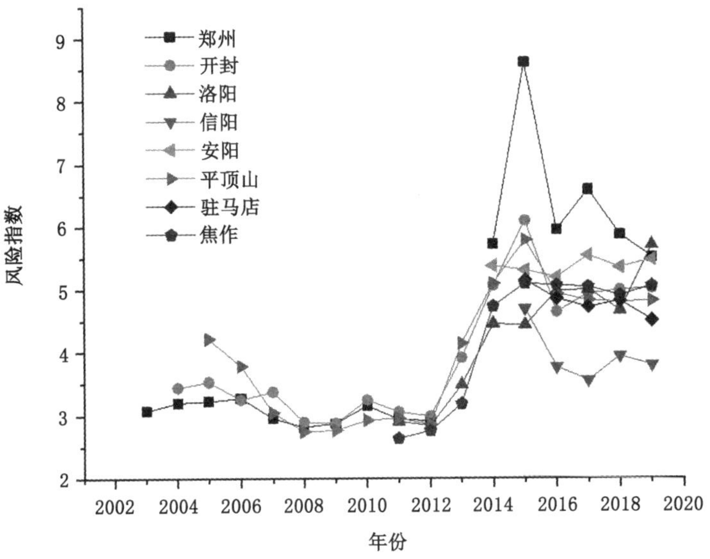

图 4-6　2003—2019 年河南省各代表城市大气污染综合风险指数变化情况

从单一风险分析，城市大气污染的风险指数呈现出如下的特征：

(1) 能见度的影响情况。各代表城市能见度降低的风险指数整体上呈现出上升的趋势(图 4-7)。2012 年和 2015 年为拐点，2012—2015 年间其风险指数呈现指数增长态势，城市空气质量的下降是其中最主要的原因，2015 年以后，其能见度降低的风险维持在一个相对稳定的水平。经对比分析可以看出，各代表城市的能见度降低的风险指数呈现出显著的差异，其 2015—2019 年的平均风险指数排序情况为安阳＞郑州＞焦作＞洛阳＞开封＞平顶山＞驻马店＞信阳，分别为 1.33、1.31、1.24、1.20、1.15、1.14、0.96 和0.84，这与不同城市的 AQI 指数之间呈现出显性正相关关系($P<0.05$)。

(2) 公共交通的影响情况。各代表城市大气污染引发的公共交通障碍的风险指数整体上呈现出先上升然后下降并趋于平缓的趋势(图 4-8)，自 2012 年起，公共交通障碍的风险指数陡然增加，2015 年达到峰值，之后下降并趋于平缓。如 2012 年郑州、开封、洛阳、平顶山和焦作 5 个代表城市大气污染引发的公共交通障碍的风险指数分别为 0.67、0.88、0.80、0.57 和 0.56，2015 年其风险指数分别增加至1.34、1.32、0.96、1.05和 0.92，2019 年其风险指数分别为 1.08、1.10、1.12、0.89、0.92。这主要与城市的 AQI 指数和汽车保有量的变化有直接关系。从城际角度分析，郑州和驻马店的风险指数最高，2015—2019 年这两个代表城市公

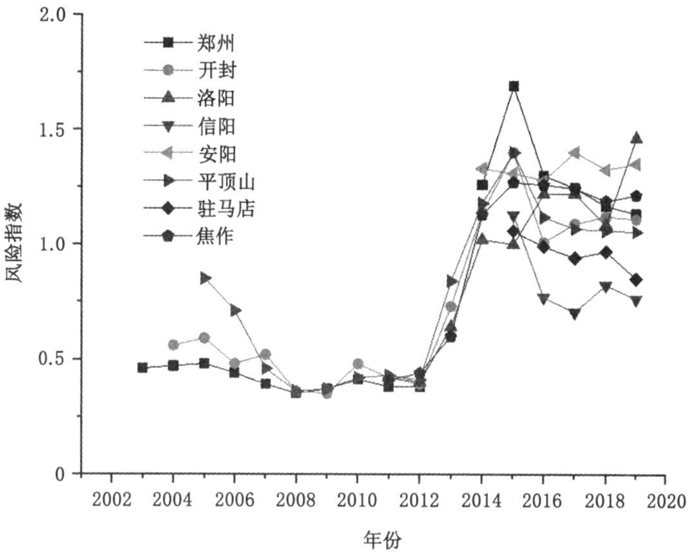

图 4-7　2003—2019 年河南省各代表城市大气污染引发能见度降低的风险指数变化情况

共交通障碍的风险指数平均分别为1.16和 1.38，信阳大气污染引发的公共交通障碍的风险指数最低，这主要与各代表城市的道路交通结构、汽车保有量以及空气 AQI 指数有关。

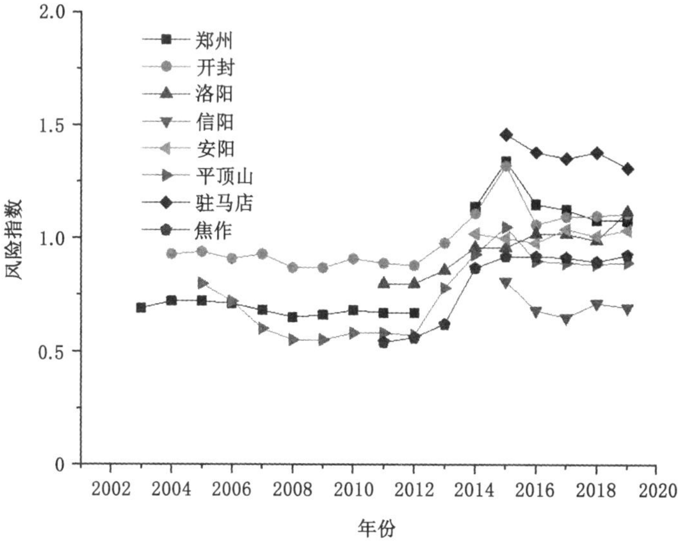

图 4-8　2003—2019 年河南省各代表城市大气污染引发公共交通障碍的风险指数变化情况

(3) 动植物生长的影响情况。图4-9显示了2003—2019年河南省各代表城市大气污染引发的动植物生长受阻的风险指数变化情况。不难发现，各代表城市的大气污染均严重影响其动植物的生长，且其影响程度整体上呈现出逐年上升到峰值然后下降并趋于平缓的趋势，这主要与城市AQI指数有关。统计分析表明，城市大气污染对动植物生长影响的城际差异不显著($P>0.05$)，这主要是因为光照和环境条件只是植物生长的其中两个影响因子，而因大气污染引发的这两个影响因子的改变对动植物生长影响的城际差异性并不显著。

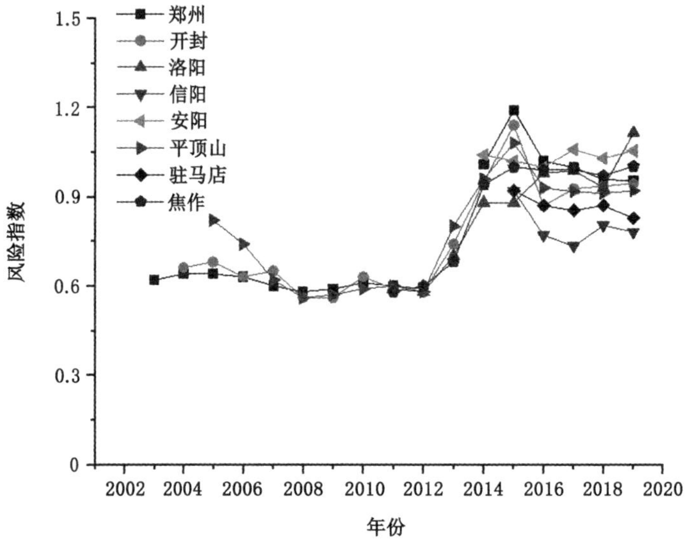

图4-9 2003—2019年河南省各代表城市大气污染引发动植物生长受阻的风险指数变化情况

(4) 火灾发生频率变化情况。从图4-10可以看出，河南省各代表城市AQI指数也与城市火灾发生的频率相关，故各代表城市火灾发生的频率也呈现出和AQI指数变化相同的趋势，即整体上先增加再下降并趋于平缓，这主要是由城市大气污染导致的能见度下降引起的。从城际角度分析，各代表城市2015—2019年火灾发生频率增加的风险指数大小顺序为平顶山>郑州>信阳>安阳>焦作>开封>洛阳>驻马店。城市大气污染引发的火灾发生的频率主要与城市火灾的易发程度、城市大气污染情况以及城市规划存在的问题等多种因素有关。

(5) 社会稳定度变化情况。城市大气污染亦会引发城市犯罪率的增加，进而影响城市的社会稳定度。由图4-11可以看出，大气污染引发的社会稳定度下

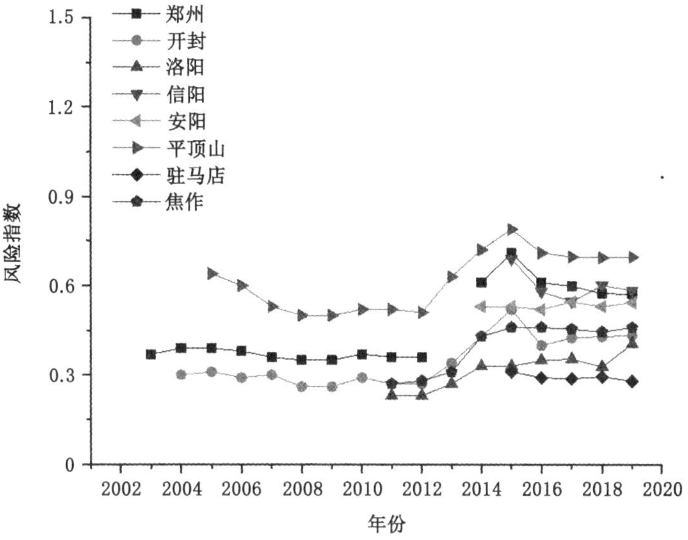

图 4-10 2003—2019 年河南省各代表城市大气污染引发火灾发生频率增加的风险指数变化情况

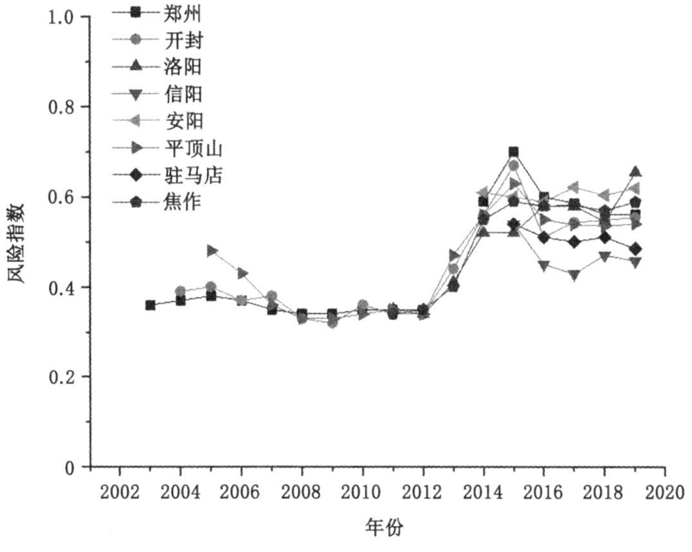

图 4-11 2003—2019 年河南省各代表城市大气污染引发社会稳定度下降的风险指数变化情况

降风险整体上呈现逐年上升后有所下降的趋势，特别是2012年以后，河南省各代表城市的空气质量显著下降，大气污染现象频繁发生，城市的犯罪率和城市火灾发生频次显著增加等多种因素的耦合导致各代表城市社会稳定度遭受严峻的考验，而2015年之后，各代表城市的空气质量有所好转，大气污染现象减少，城市的犯罪率和城市火灾发生频次均有所下降并趋于平缓。从城际角度分析，城市大气污染引发社会稳定度下降的风险指数存在差异（$P>0.05$），说明各代表城市社会稳定度的下降与城市大气污染的频繁发生有关。

（6）国民经济受影响情况。数据统计分析表明，近年来河南省各代表城市的国民经济增长迅猛，但其国民经济的过快增长与工业、建筑业和餐饮业等高能源消耗产业的迅猛发展有直接关系，故其过快增长必然会导致其能耗的显著增加，这势必会导致大气污染物的过量排放，给城市大气环境带来严重的威胁。图4-12显示了2003—2019年河南省各代表城市国民经济增长受大气污染影响的风险指数变化情况。不难发现，随着各代表城市国民生产总值和AQI指数的变化，其风险指数也呈现相似的变化趋势。从城际差异角度分析，各代表城市2015—2019年风险指数大小顺序为郑州＞开封＞驻马店＞焦作＞洛阳＞安阳＞平顶山＞信阳，其风险指数分别为0.48、0.42、0.38、0.38、0.36、0.35、0.28和0.14。造成该风险指数城际差异的主要原因包括城市经济增长速度、城市发展规模和空气质量变化等。

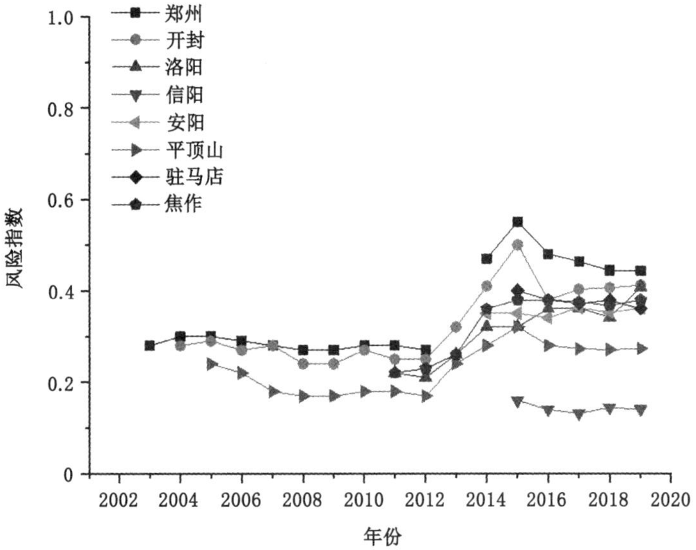

图4-12 2003—2019年河南省各代表城市大气污染引发国民经济受影响的风险指数变化情况

(7) 生理疾病和心理疾病发生情况变化。大量国内外文献报道显示,城市大气污染可能引发呼吸系统疾病、恶性肿瘤和心脏病等生理疾病。笔者选取河南省各代表城市的历年 AQI 指数数值、易感人群的数量以及河南省呼吸系统疾病、恶性肿瘤和心脏病 3 类疾病的历年死亡率作为估算依据,深入剖析了城市大气污染造成生理疾病的风险情况(图 4-13)。从总体变化趋势分析,2003—2019 年河南省各代表城市大气污染引发生理疾病的风险整体上呈现上升后下降并趋于平缓的趋势,尤其是 2012 年空气质量显著恶化以后的增长趋势更为显著。如据估算,2012 年郑州、开封、洛阳、平顶山和焦作大气污染引发生理疾病的风险指数分别为 0.12、0.11、0.11、0.11和 0.12;2015 年,这 5 个代表城市大气污染引发生理疾病的风险指数上升到 0.23、0.22、0.17、0.21 和 0.20,分别增长了 91.67%、100.00%、54.55%、90.91%和66.67%;而 2019 年,这 5 个代表城市大气污染引发生理疾病的风险指数分别为 0.18、0.18、0.21、0.18、0.20,相对于2015 年分别下降了 21.74%、18.18%、−23.53%、14.29%、0。从城际差异角度分析,2012 年以前,各代表城市发生生理疾病的风险指数无显著差异,而 2012 年以后,各代表城市大气污染现象的严重程度不同,其发生生理疾病的风险指数也显著不同,大气污染现象严重的郑州、开封、平顶山和焦作发生生理疾病的风险指数显著高于其他代表城市。

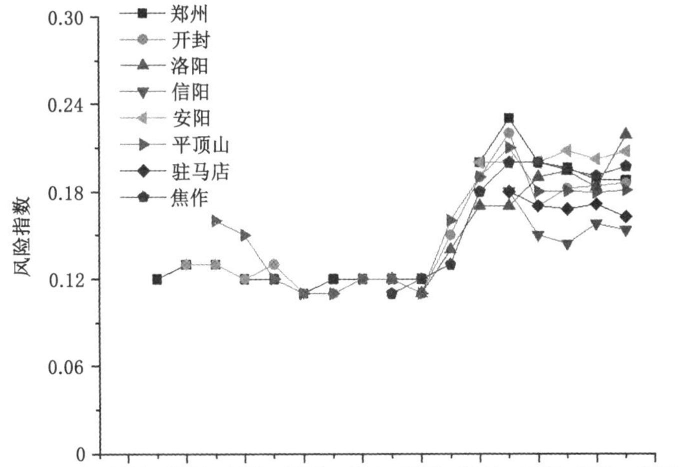

图 4-13 2003—2019 年河南省各代表城市大气污染引发生理疾病的风险指数变化情况

相关研究表明,城市大气污染的发生可能引发心理问题。从图 4-14 可以看出，随着空气质量指数AQI的变化，各代表城市出现心理疾病的风险指数也呈现出相应的变化趋势，2012年以后，其风险指数的变化也更为显著。由于心理疾病是由家族遗传、个体承压能力和外界环境变化等多种因素共同作用造成的，故大气污染引发心理疾病的风险指数的城际差异并不显著（$P>0.05$）。

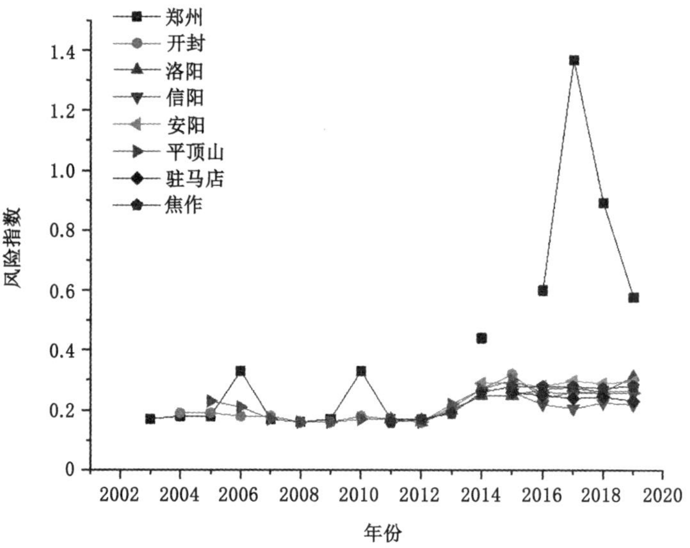

图4-14　2003—2019年河南省各代表城市大气污染引发心理疾病的风险指数变化情况

与城市大气污染引发心理疾病的风险指数相比较而言，其引发生理疾病的风险指数要更高。相关研究表明，由于大气污染天气存在导致能见度差、出行困难以及诱发呼吸疾病、恶性肿瘤与心脏病等疾病威胁等潜在危害，颗粒物进入身体诱发生理健康问题更直接。

综上所述，对于同一城市的大气污染引发的不同种类风险而言，能见度降低是城市大气污染最显性的风险，故其风险指数在绝大多数城市风险中最高，如2019年河南省郑州、开封、洛阳、信阳、安阳、平顶山、驻马店和焦作8个代表城市能见度降低的风险指数分别为1.13、1.11、1.46、0.76、1.35、1.06、0.85和1.22，显著高于同一城市大气污染引发的其他风险的风险指数。公共交通障碍和动植物生长是受能见度影响最大的指标，也属于显性指标，这两种风险的风险指数也相对较高，如2019年郑州、开封、洛阳、信阳、安阳、平顶山、驻马店和焦作8个代表城市公共交通障碍的风险指数分别为1.08、1.10、1.12、0.69、1.04、0.89、1.31和0.92，动植物生长受阻的风险指数分别为0.95、0.95、1.11、0.78、1.05、0.92、

0.83和1.00。火灾发生频率增加、社会稳定度下降和国民经济发展受到影响这3种风险属于次生或衍生风险，故其风险指数低于前3种风险。诱发生理和心理疾病的风险指数最低，因为生理、心理疾病的发生还受到自身身体健康状况、天气情况、工作压力、遗传和传染等多种因素的影响。但值得注意的是，从代表城市估测结果分析，所有城市的生理疾病的发生风险都要高于心理疾病，可见，城市大气污染对人体健康的影响首先从生理影响开始。

4.5　本章小结

本章得出的主要结论如下：

(1) 我国城市大气污染存在能见度下降、公共交通障碍、诱发生理疾病、诱发心理疾病、动植物生长受限、火灾频率增加、社会稳定度下降和国民经济发展受到影响等主要风险。

(2) 我国代表城市大气污染的主要风险情况：火灾和生理疾病属于高风险指标，交通障碍和社会经济影响次之，诱发心理疾病的风险最低，所以大气污染对人的身体健康影响非常大，但心理疾病也不容忽视。火灾的发生可能和能见度下降相关，其风险不容忽视。

(3) 河南省城市大气污染存在能见度下降、公共交通障碍、诱发生理疾病、诱发心理疾病、动植物生长受限、火灾频率增加、社会稳定度下降和国民经济发展受到影响8种主要的风险。城市大气污染风险存在如下具体特征：

① 河南省郑州、开封、洛阳、信阳、安阳、平顶山、驻马店和焦作8个代表城市大气污染风险的综合风险指数呈现上升再下降并趋于平缓的趋势，自2012年起，其综合风险指数呈现陡然上升的趋势，到2015年达到高峰，之后有所下降并趋于平缓。

② 河南省各代表城市大气污染引发的能见度降低的风险指数均呈现出上升后又下降并趋于平缓的趋势。2012年和2015年为拐点，2012年以前，其风险指数增长缓慢，2012—2015年间其风险指数呈现指数增长态势，2015年以后其风险指数有所下降且趋于稳定。

③ 河南省各代表城市大气污染引发的公共交通障碍的风险指数亦呈现出先上升后下降并趋于稳定的趋势。

④ 河南省各代表城市的大气污染均严重影响其动植物的生长，且其影响程度呈现出与空气质量变化相同的趋势。

⑤ 河南省各各代表城市空气质量的下降也会引发城市火灾的增加，但统计数据并不能说明空气质量好转城市火灾就会减少。

⑥ 河南省各代表城市大气污染亦会引发城市犯罪率的增加，进而影响城市的社会稳定度。

⑦ 河南省各代表城市国民经济增长迅猛，导致能耗显著增加，从而导致大气污染排放增加，致使国民经济增长诱发的风险指数也相应增加。

⑧ 河南省各代表城市大气污染引发生理疾病的风险整体上呈现先上升再下降并趋于平稳的趋势，自 2012 年空气质量显著恶化以后，生理疾病风险增长趋势更为显著。此外，城市大气污染现象加剧了城市生理疾病风险指数城际差异性。城市大气污染可能引发城市的心理健康问题。与城市大气污染引发心理疾病的风险相比较，其引发生理疾病的风险要更高。

5 我国大气污染的社会经济影响因素分析

5.1 引言

21 世纪以来人类社会进入高速发展阶段，我国现阶段的安全环境存在大量新风险，城镇化和城市现代化不断带来新挑战，工业化和市场化加剧，各种环境污染问题突出，其中大气环境与公众生活息息相关，且随着公众对公共环境的要求越来越高，新的大气环境治理格局调整已势在必行。因而，准确识别我国大气污染的影响因素（特别是社会经济影响因素）可为我国大气污染治理方针策略的合理制定和有效实施提供科学依据。国内外大量的研究表明，城市发展与人口增长、经济增长与产业结构变化、生活消耗、大量规模以上高能耗企业的存在等众多社会经济发展因素是导致我国大气污染的重要原因。本著作以我国生态环境部 74 个重点监控城市为研究对象，通过数据挖掘、逻辑推理与归纳总结，全面深入地剖析我国大气污染的具体社会经济影响因素。

5.2 数据来源与研究方法

5.2.1 数据来源

全国 74 个重点监控城市的人口、GDP、三大产业产值来源于各省市的国民经济与社会经济发展统计公报；城镇化水平、企业能耗情况、居民个人能耗情况和汽车保有量来源于 2000—2019 年《中国统计年鉴》。

5.2.2 研究方法

（1）绘图方法：全国 74 个重点监控城市的人口、GDP、三大产业产值、工业产值、建筑业产值和旅游业产值等各项指标的变化情况利用 Origin 19.0 绘制完成。

（2）逻辑推理方法：全国 74 个重点监控城市的大气污染成因分析通过基于数据统计的逻辑推理方法完成。

（3）统计分析方法：各致因因素与 AQI 指数之间的相关关系通过 SPSS 25.0 完成。

5.3 结果与分析

5.3.1 人口变化情况

从图5-1可以看出，在2013—2019年间，全国各地区人口数量呈现出逐年上升的趋势。据统计，华中地区、西南地区、西北地区、华北地区、东北地区、华东地区和华南地区的人口平均年增长率分别为1.82%、1.10%、1.84%、0.82%、0.33%、0.91%和2.12%。从各地区的人口平均年增长的数据分析，华南地区、西北地区和华中地区人口增长幅度相对较大。如作为西北地区代表城市的西安市的人口平均年增长率为2.02%，在很大程度上带动了整个西北地区的人口增长速率，这主要与省会发达城市的中心地位有关。相关分析表明，全国74个代表城市的人口数量变化与城市空气质量指数AQI值之间存在显著的正相关关系（$P<0.05$）。可见，人口数量，特别是城市人口数量的变化对城市空气质量具有显著的影响。杜慧[1]从人口规模与人口结构两个方面探讨了人口因素与大气污染的关系。此外，国内外大量研究表明人口规模、数量与大气污染之间有着密切的联系：随着我国近年来人口增速的放缓，人口结构因素引发大气污染问题愈发凸显，如人口的老龄化、城镇化率的迅猛增长对城市大气污染均具有显著影响。其中，刘艳彬[2]从人口规模与人口素质两个维度阐明了人口因素对大气污染的影响情况，研究发现人口规模和大气污染呈现正相关，且当人口规模扩大时，生产和消费水平与规模也会随之扩大，并从需求和供给两个途径不断加重大气污染。此外，人口素质也会间接推动产业结构的升级和优化，从而降低能源消费水平，抑制大气污染物的排放。

5.3.2 城镇化率

从图5-2可以看出，2013—2019年全国各地区的城镇化率几乎呈现出线性增长趋势，其变化范围是57.29%～78.72%，并表现出一定的波动性。相关性分析表明，全国74个重点监控城市的城镇化率与空气质量指数AQI值之间存在显著的相关关系（$P<0.05$）。可见，随着城镇化水平的高速推进，居民生活水平逐年提高，生活方式与生活习惯发生明显的改变，加剧了城市居民对资源、能源的消耗，间接地给城市大气污染带来了严重的胁迫。张晶等人[3]通过对天津和上海在采暖期和非采暖期的两种供暖模式所产生的大气污染物浓度进行对比分析，发现采暖期两地的$PM_{2.5}$、PM_{10}、SO_2和CO等大气污染物的质量浓度均显著高于非采暖期，而供暖活动对两地NO_2浓度和O_3排放影响并不显著。不难发现，随着我国城镇化率的过快增长，城市常住人口数量持续攀升，城市化进程中的城市建设粉尘、工业

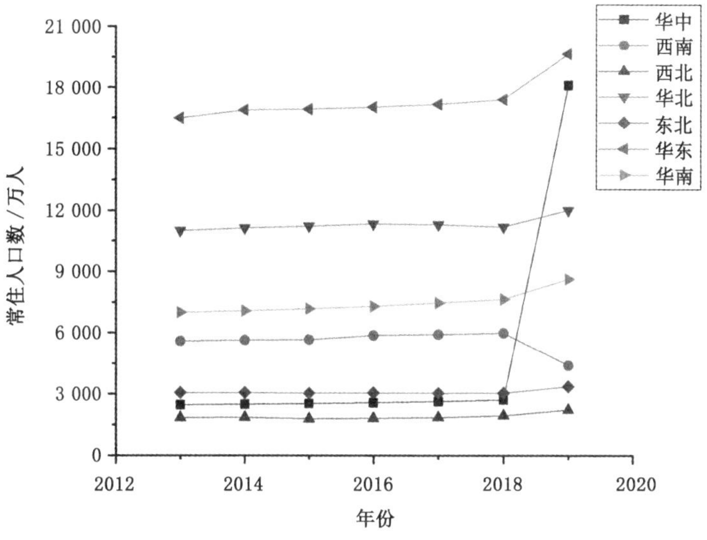

图 5-1　2013—2019 年我国七大地区常住人口的变化情况

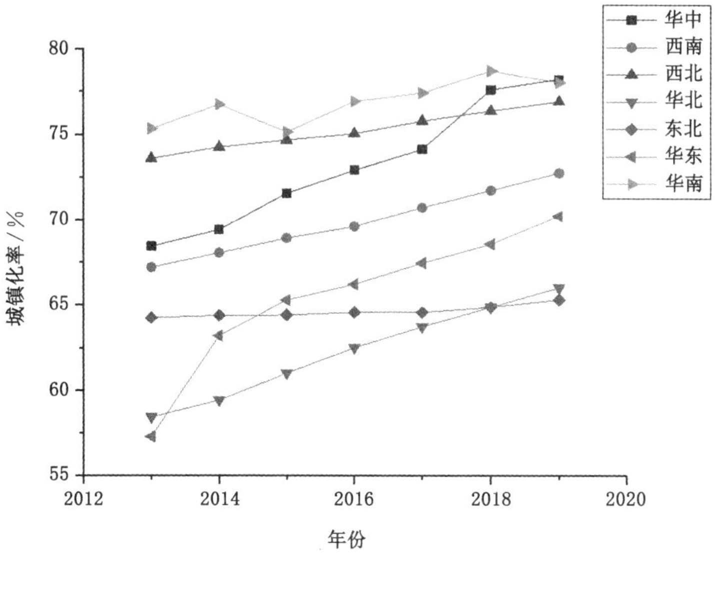

图 5-2　2013—2019 年我国七大地区城镇化率变化情况

废气以及居民生活所需的大量基础设施、房屋建筑产生的建筑扬尘均成为大气污染的重要成因，对城市空气质量产生显著的影响。而且，随着城镇化进程的快速推进，私家车数量呈现线性增长，且相关分析表明地区汽车保有量与空气质量指数之间存在显著的正相关关系($P<0.05$)，汽车尾气给城市大气环境质量带来了严重的胁迫。

5.3.3 汽车保有量

2013—2019 年全国七大地区的汽车保有量的年度变化趋势见图 5-3。由图可见，华中地区、西南地区、西北地区、华北地区、东北地区、华东地区和华南地区等七大地区的汽车保有量均呈现出线性增长的趋势，且与 2013 年相比，2019 年七大地区汽车保有量分别增长了 92.04%、145.09%、95.34%、42.83%、100.93%、95.38%、98.30%。其中，西南地区、东北地区和华南地区汽车保有量的增幅最大。相关性分析表明，我国七大地区汽车保有量与空气质量指数之间存在显著的正相关关系($P<0.05$)，表明我国各大城市空气质量指数 AQI 值随着汽车保有量的增加而增加，汽车保有量的增长是我国城市大气污染的重要原因之一。统计数据显示，2003—2013 年我国的汽车保有量从 2 400 万辆增长到 1.37 亿辆，增长了 4.7 倍。截至 2019 年，我国民用汽车保有量为 26 150 万辆(含三轮车和低速货车)、民用轿车保有量为 14 644 万辆。可见，汽车尾气排放问题早已成为公认的大气污染源头之一。

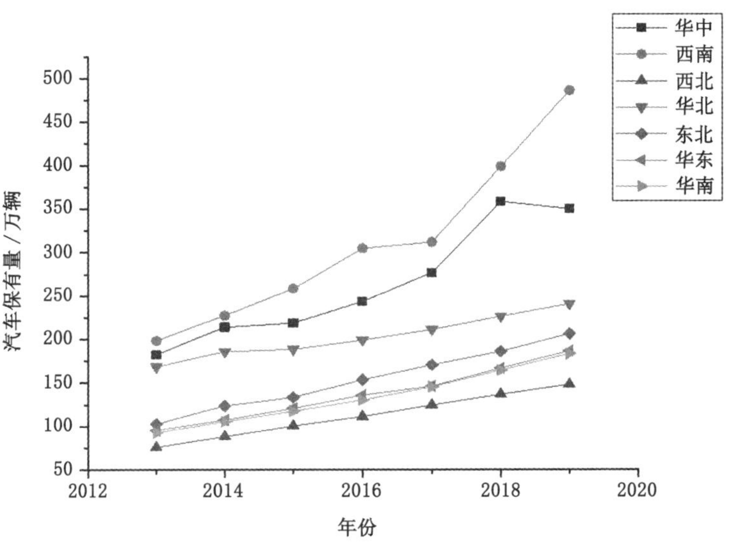

图 5-3 2013—2019 年我国七大地区汽车保有量变化情况

汽车在给人们的生活带来便捷的同时,也带来了许多问题:第一,城市交通系统面临着更加严峻的考验。汽车在我国大城市带给人们的便捷不言而喻,但拥堵的交通也让人们苦不堪言,交通问题已经成为困扰我国许多城市的主要难题。第二,汽车数量的增多导致空气污染的加剧。如课题组对河南省某市上下班高峰期空气质量状况进行监测,结果显示上下班高峰期的空气质量状况相比非高峰期的空气质量状况显著下降。机动车低速行驶导致的频繁减速、加速和启动等操作会造成汽油不完全燃烧,不仅浪费能源,而且排放的氮氧化物等废气明显增多。第三,汽车保有量的增加会引发噪声污染、电磁波污染问题,同时容易导致驾驶员焦躁不安,增加安全隐患。第四,私人汽车保有量的急速增长使原本紧张的城市交通需求与交通供给之间的矛盾更加尖锐,每年造成的损失数以亿计,对我国城市的可持续发展提出了挑战。

5.3.4 国民生产总值情况

由图 5-4 所示,2007 年以来,全国各代表地区的国民生产总值呈现逐年增长的趋势。2007 年,华中、西南、西北、华北、东北、华东和华南等七大地区的国民生产总值分别为 2 606.30 亿元、2 525.50 亿元、808.37 亿元、2 078.61 亿元、2 719.43 亿元、4 296.32 亿元、2 360.11 亿元,而到 2018 年,其国民生产总值分别增长至 11 998.01 亿元、11 484.23 亿元、3 493.07 亿元、5 828.93 亿元、6 859.27 亿元、7 576.53 亿元、7 592.51 亿元,分别增长了 360.35%、354.73%、332.11%、180.42%、152.23%、76.35%、221.70%,年增长率分别达到 13.57%、13.45%、12.97%、8.97%、8.02%、4.84%、10.23%。

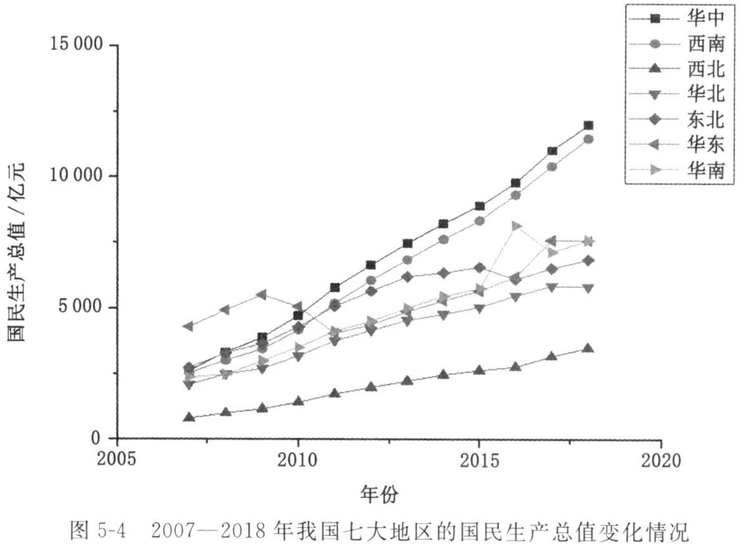

图 5-4 2007—2018 年我国七大地区的国民生产总值变化情况

由图5-5可以看出，2007—2018年华中、西南、西北、华北、东北、华东和华南等七大地区共74个代表城市的人均国内生产总值呈现线性增长，2007年至2018年分别增长了171.76%、278.36%、328.95%、96.47%、133.06%、201.42%、125.46%，年增长率分别达到8.69%、11.73%、12.90%、5.79%、7.31%、9.63%、7.01%。

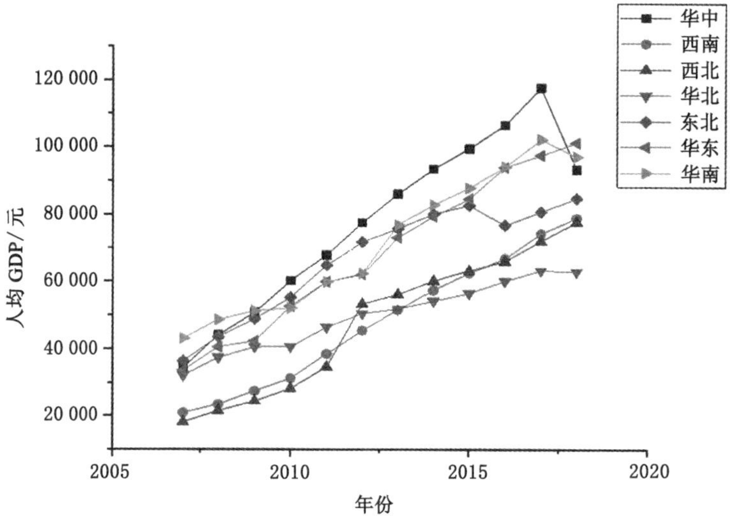

图5-5 2007—2018年我国七大地区的人均国内生产总值变化情况

近年来，国民生产总值及人均国内生产总值的不断迅猛增长也必然伴随着社会资源和能源的巨大消耗，加之我国部分产业结构和布局不合理，我国虽然GDP总量已排名世界第二，但是大部分城市还是以产业链中低端的制造业为主，第二产业所占比重仍然较高，大量工业企业产生并排放大气污染物，第三产业以高污染排放的餐饮行业和旅馆行业为主，从而也加剧了自然环境的负重，也势必会带来更多的大气污染，大气环境深受胁迫。可见，虽然我国74个重点监控城市的国民生产总值与空气质量指数AQI值之间的相关关系不显著($P>0.05$)，以高资源消耗、高能耗为代价的国民经济的迅猛增长也是我国大气污染的重要诱因之一。

5.3.5 三大产业产值情况

5.3.5.1 第一产业产值

由图5-6可以看出，2006—2018年我国华中、西南、西北、华北、东北、华东和华南等七大地区共 74 个代表城市的第一产业产值迅猛增长,其平均产值分别由 2006 年的 105.42 亿元、174.82 亿元、27.12 亿元、117.37 亿元、204.45 亿元、100.60 亿元、72.85 亿元增长到 2018 年的 275.93 亿元、569.13 亿元、87.60 亿元、243.90 亿元、382.55 亿元、249.16 亿元、173.58 亿元。其中,西南地区和东北地区的第一产业产值显著高于其他各代表城市($P<0.05$)。相关分析表明,第一产业产值与城市空气质量指数 AQI 值之间存在极其显著的正相关关系($P<0.01$),这说明第一产业的增长对于城市大气污染具有十分重要的影响。熊竹楠[4]探讨了我国农村秸秆焚烧屡禁不止、散煤燃烧污染巨大、机动车尾气排放增加和违法小企业排污监管不力等现象对空气质量的影响情况。我国农业生产在世界上名列前茅,但伴随农业产值增长而来的大量农作物秸秆的不合理处理,例如农户对于秸秆的露天焚烧给大气环境带来了严重的胁迫。据调查研究[5]显示,2013—2016 年,我国监测到的秸秆焚烧火点平均每年 4 000 多个,其中 2015 年甚至达到了 4 454 个,无论焚烧火点数量还是焚烧面积均呈现出逐年增长趋势。

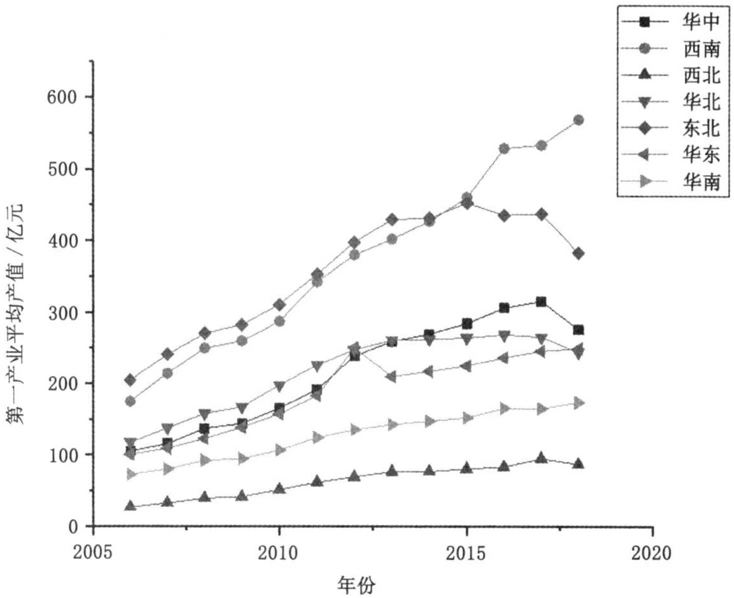

图 5-6 2006—2018 年我国七大地区的第一产业平均产值变化

5.3.5.2 第二产业产值

如图 5-7 所示,2004—2018 年间,我国华中、西南、西北、华北、东北、华东和华南等七大地区 74 个代表城市的第二产业平均产值总体均呈现出逐年上升的趋势。2004 年，华中地区、西南地区、西北地区、华北地区、东北地区、华东地区和华南地区的第二产业平均产值分别为 711.19 亿元、771.52 亿元、225.58 亿元、591.98 亿元、827.40 亿元、736.17 亿元、698.38 亿元，而至 2018 年，其第二产业平均产值分别增长到 5 162.89 亿元、4 702.53 亿元、1 253.90 亿元、1 790.02 亿元、2 704.79 亿元、2 821.53 亿元和 2 706.54 亿元，增长比例分别为 625.95%、509.52%、455.85%、202.38%、226.90%、283.27%、287.55%。在第二产业中，工业和建筑业增长最为迅速(图 5-8 和图 5-9)，除个别地区发展坡度变化较大外，其余各区域几乎呈线性增长。特别是华中地区和西南地区，无论是工业还是建筑业产值的增长速度均为各代表地区最快，如 2013 年华中地区的工业和建筑业产值分别是 3 389.12 亿元和 571.53 亿元，而到 2018 年其产值分别增长到 4 736.46 亿元和 5 435.48 亿元，增长量分别高达 192.47 亿元/年和 824.67 亿元/年。

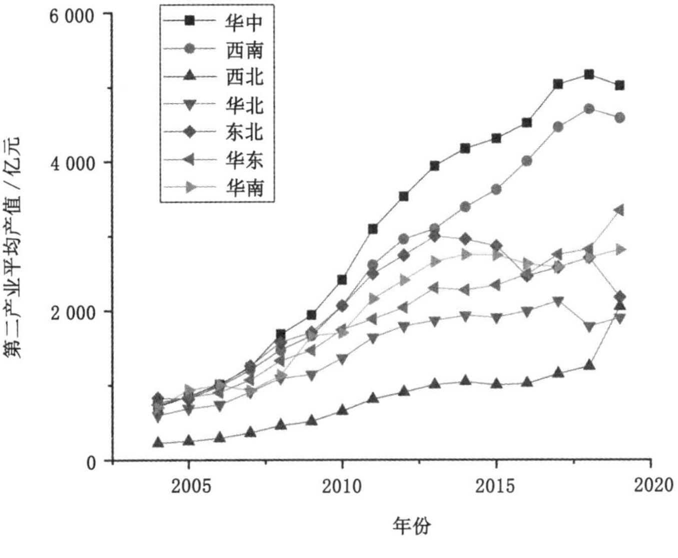

图 5-7　2004—2018 年我国七大地区的第二产业平均产值变化

近年来我国工业发展稳中向好，其中，2017 年工业增加值占总 GDP 比重已达 33.9%，利益总额增长高达 21%，但工业能源消耗总量大，缺乏产业结构调整导致高度依赖煤炭能源等重大问题仍未得到妥善解决，赵建华等人[6]曾通过应用 PVAR 模型，探讨了产业结构调整与经济增长同大气污染的动态关系，提出两者均会对大气污染造成一定影响，且研究者表明未来产业结构的调整将对大

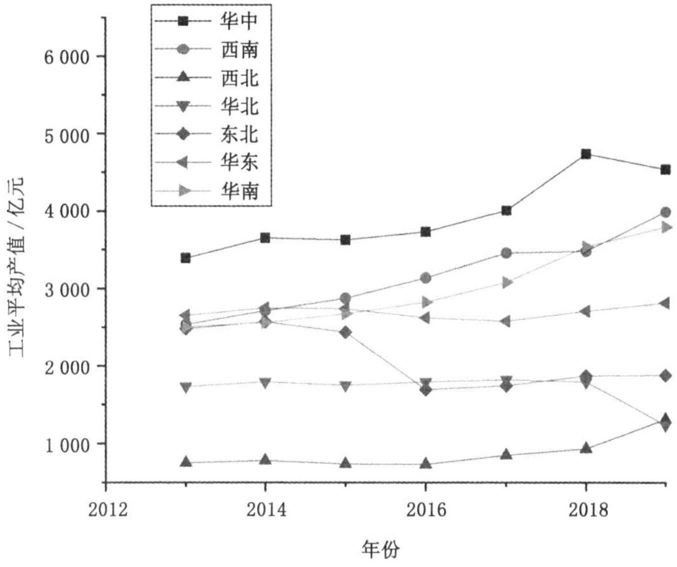

图 5-8 2013—2018 年我国七大地区工业平均产值年度增长情况

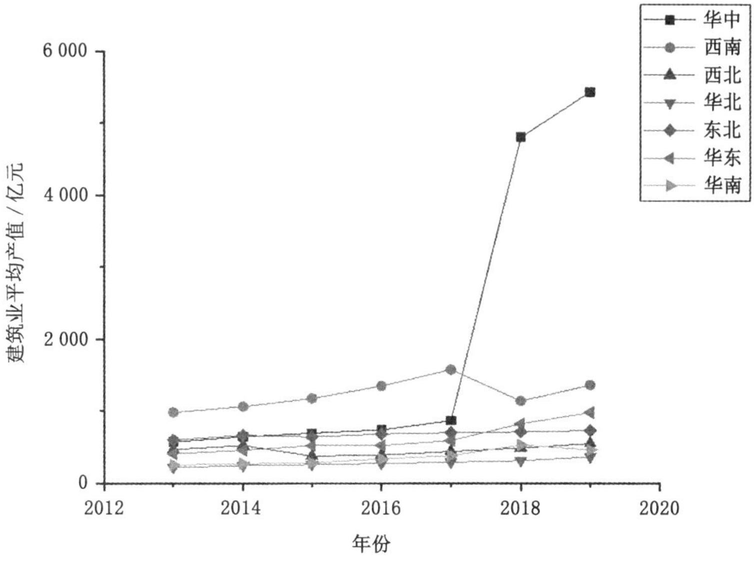

图 5-9 2013—2019 年我国七大地区建筑业平均产值年度增长情况

气污染的冲击增加。此外，蒲顺[7]分析探讨了京津冀产业结构与大气污染之间的关系，结果发现双方存在显著的相关性，即从短期看，第二产业对大气质量产生明显负面影响，一旦产业结构得到调整，长期大气污染会得到逐步改善。目前，我国工业和建筑业的迅猛发展必然给大气环境造成更加严重的污染。根据《2018中国统计年鉴》显示，2016年工业能源消费量占全国能源消费总量的66.6%，工业的煤炭使用规模占全国煤炭使用规模的94.4%。因此，国务院在2018年继"大气十条"后出台了《打赢蓝天保卫战三年行动计划》，对一些工业污染物排放提出了明确的指标控制要求，如到2020年，二氧化硫、氮氧化物排放总量分别比2015年下降15%以上。可见，工业大气污染物排放是全国各个城市，特别是74个重点监控城市大气污染的主要来源。2013—2019年间，各代表城市的工业和建筑业产值上涨速度虽有所减缓，但总体产值仍数目庞大，且几乎呈现线性增长，这也无疑会给各城市大气环境带来严峻的挑战。

5.3.5.3 第三产业产值

由图5-10可以看出，全国华中、西南、西北、华北、东北、华东和华南等七大地区的74个重点监控城市的第三产业产值均增速显著，且几乎呈现出线性增长，如2004年华中、西南、西北、华北、东北、华东和华南七大地区的第三产业产值分别为679.65亿元、706.46亿元、239.83亿元、593.82亿元、765.45亿元、542.36亿元、662.16亿元，至2018年分别增长到6 559.19亿元、6 212.57亿元、2 152.21亿元、3 795.24亿元、3 771.93亿元、3 985.35亿元、4 376.52亿元，这15年间年增长率分别达到16.32%、15.60%、15.75%、13.16%、11.22%、14.22%、13.42%。其中，西南、西北及华中3个地区的第三产业产值增长最快。然而，我国目前第三产业的增长以高污染排放的餐饮业和住宿业为主，故第三产业产值的攀升也势必会给城市空气质量带来严重的威胁。

2013—2019年全国七大地区入境旅游收入统计情况如图5-11所示。在全国74个重点监控城市中，武汉、长沙、成都、重庆、西安、北京、天津、南京、上海和广州的旅游业在其第三产业中占比相对较大，且呈现线性增长。如图5-12所示，这些代表城市入境旅游收入也分别由2013年的1 690.00亿元、1 006.30亿元、1 258.40亿元、1 771.33亿元、811.44亿元、4 000.50亿元、2 139.75亿元、1 360.67亿元、3 290.89亿元和2 202.39亿元增长至2019年的3 570.79亿元、2 028.97亿元、4 663.50亿元、5 134.00亿元、3 146.05亿元、6 683.00亿元、4 534.12亿元、2 784.95亿元、6 829.43亿元和4 454.59亿元，其年增长率分别达到了11.28%、10.54%、20.58%、16.42%、21.36%、7.61%、13.32%、10.77%、

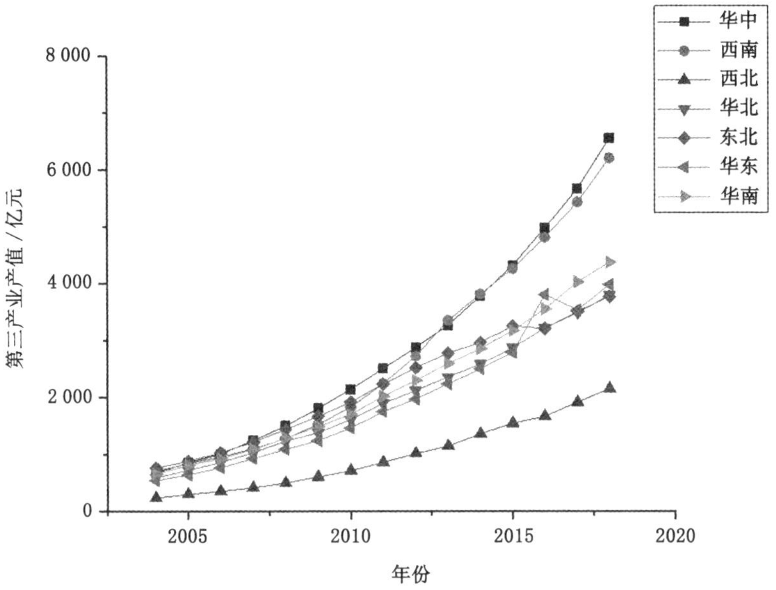

图 5-10　2004—2018 年全国七大地区的第三产业产值变化情况

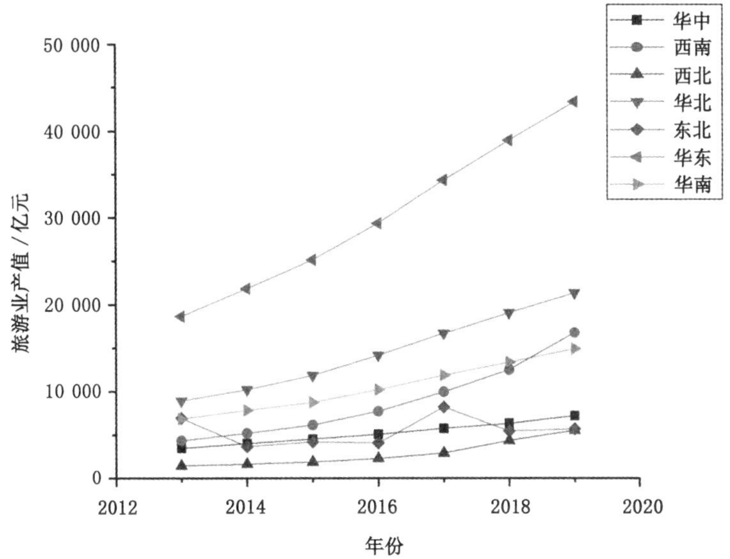

图 5-11　2013—2019 年全国七大地区入境旅游收入统计情况

10.99%和10.59%。虽然总体上第三产业总产值与城市空气质量指数AQI值之间的相关性不显著，但是重点旅游城市入境旅游收入与AQI值之间呈现极其显著的正相关关系（$P<0.01$）。孙根紧等人[8]探讨了空气污染对我国旅游行业发展的影响效应，研究发现：一方面，国内旅游业对大气污染具有高度敏感性，大气污染对旅游业均产生了显著的负面影响，污染程度低的城市受大气污染的负面影响要比污染程度高的城市受到的影响小，并且随着污染的加剧，负面影响也呈现递增的态势；另一方面，旅游人数和收入的增加必然导致旅游（吃、穿、住、行）资源和能源消耗的增加，资源和能源消耗的增加又必然会导致大气污染物排放量的增加，影响城市空气质量状况。

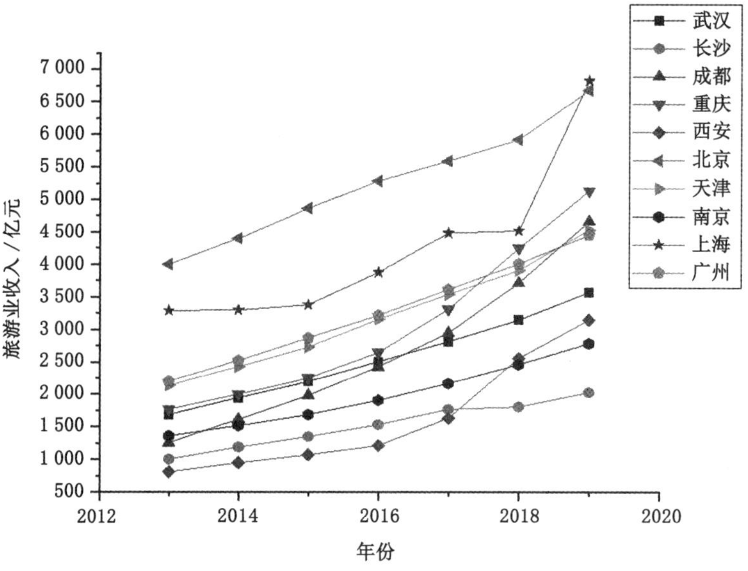

图5-12　2013—2019年重点旅游城市入境旅游收入统计情况

5.3.6 生活能耗情况

由图5-13可知，2000—2018年我国重点城市居民生活能耗总量均呈现增长趋势，特别是华北地区代表城市，居民生活能源消耗更是几乎呈线性增长。其中，北京、天津、张家口和广州的生活能耗年增长率分别为6.64%、7.72%、7.73%和8.74%。虽然，全国各地区近年来空气质量均呈现好转的态势，但高生活能耗水平的城市空气质量指数AQI值也相对较高。大气污染作为影响我国经济社会发展质量的重要因素之一，经常是伴随着居民日常生活消耗行为特别是居民的高碳消费方式而存在的。目前学界对于空气污染物的界定早由传统的由扬尘带来的可吸入颗粒物(PM_{10})、燃煤带来的二氧化硫转化为以细颗粒物($PM_{2.5}$)和臭氧、二氧化硫、氮氧化物为主的复合污染物[9]。国内外大量研究表明居民生活能源消耗与大气污染之间存在必然的联系。如:一辆机动车每开100 km,所排放的大气污染物总量大约为173 g,这其中包括碳氢化合物18 g、一氧化碳152 g、氮氧化物3 g[10];而消费者每消费1 kW·h电,就要消耗0.4 kg标准煤,同时排放0.272 kg碳粉尘、0.997 kg二氧化碳、0.03 kg二氧化硫、0.015 kg氧化物[11];烹饪产生的油烟烟雾贡献了$PM_{2.5}$颗粒中的20%~30%。综上,高能源消耗与高碳消费之间存在着必然的联系,这两者综合作用导致大气污染水平的提高。

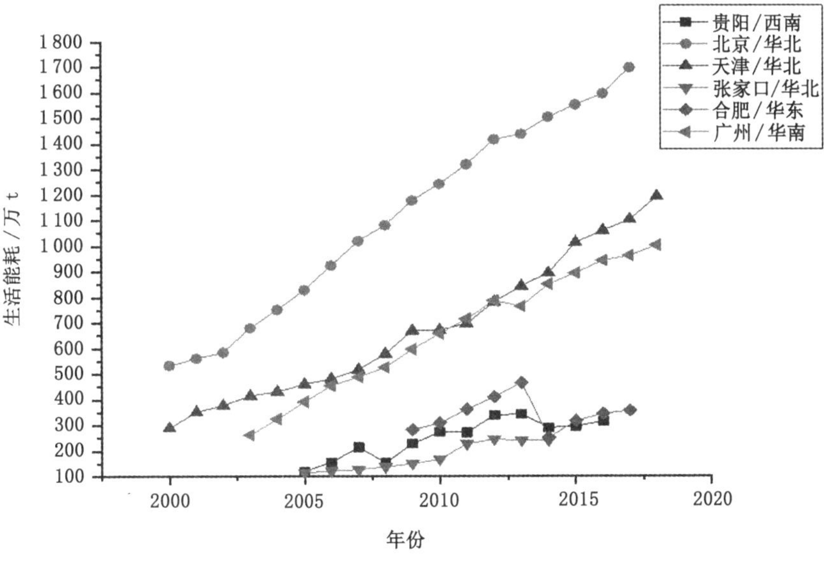

图5-13 2000—2018年重点城市生活能耗情况

5.3.7 生活原煤消耗情况

随着工业化和城市化进程的推进,我国经济呈现持续增长的态势,大气污染问题也频繁发生在我国各大城市集群及经济发达地区,其中,具有经济发展速度快、人口密度大,秋冬季节静稳态天气过程多发,不利于污染物的扩散和消减等特点的京津冀地区作为我国三大城市集群之一,该问题尤为显著。但近年来伴随政府“煤改气”“煤改电”等相关政策的实施,全国各地区煤炭消耗量整体呈现逐年递减趋势。如图5-14所示，京津冀地区中最具代表城市北京和唐山原煤消耗量以−5.30%、−5.34%的年负增长率逐年递减。此外，2013年是一个分水岭，自2013年开始，为响应《大气污染防治行动计划》[12]，减少大气污染物排放，北京市生活燃煤总量便开始持续下降，年递减率达到5.30%，同时电力消耗量开始以更高的速度增长，由2013年以前的6.52%的年增长率达到7.76%；自2013年以后，唐山市生活原煤消耗量年递减率达到13.46%，而电力消耗以6.45%的年增长率逐年递增。其余京津冀城市生活原煤消耗量也逐年递减，生活电力消耗量年增长率分别达到8.01%、6.31%、3.79%、10.44%。由此说明"煤改气""煤改电"政策得到基本落实，这对改善城市空气质量具有重要的作用。

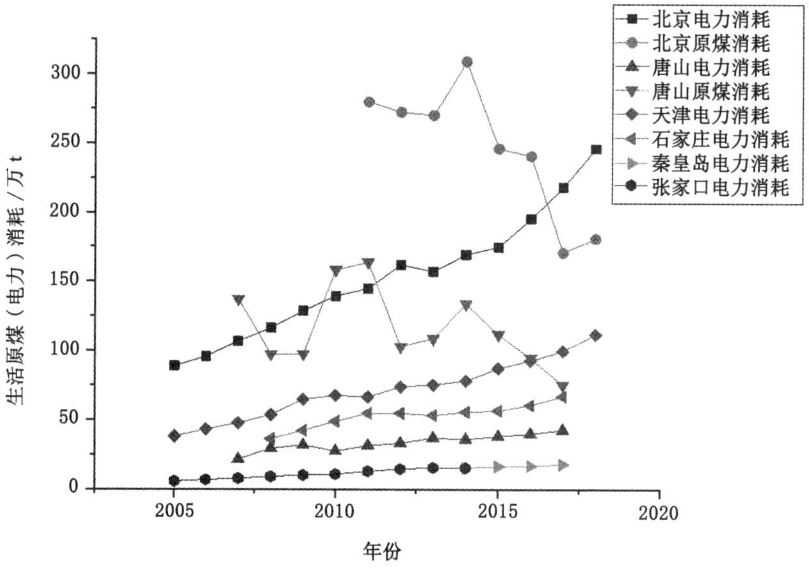

图5-14 2005—2018年京津冀地区城市生活原煤(电力)消耗情况

杨晓敏[13]曾利用灰色关联分析法深入分析了2009—2016年环渤海地区居民消费者行为相关指标与大气污染程度之间的关联关系，并采用环境压力驱动因子模型STIRPAT模型和面板数据模型深入分析各因素对大气污染的具体影响，结果显示居民的人口密度、煤炭消耗占比、私人汽车拥有量、城镇化率均与大气污染呈现显著的正相关关系($P<0.05$)。曹军骥[9]也对比分析了北京市大规模执行"煤改气""煤改电"政策对城市$PM_{2.5}$浓度的影响情况，结果表明在其本地污染所产生的$PM_{2.5}$总量中，机动车、燃煤、工业生产、扬尘为污染主要来源，分别占比为

31.1%、22.4%、18.1%和14.3%，涵盖餐饮、汽车修理、畜禽养殖、建筑涂装等其他排放约占比14.1%。由此可见，燃煤确为导致大气污染的一大重要因素。不仅如此，大量学者的研究表明，在产热效能相同的前提下，生活原煤的污染物排放远远高于电力、供暖以及工业用煤，譬如：潘涛等[14]发现冬春采暖节，民用燃煤日均排放的氮氧化物、二氧化硫、可吸入颗粒物（PM_{10}）以及细颗粒物（$PM_{2.5}$）强度分别大约是电力行业的1.2倍、7倍、8倍和5倍；王丽涛等[15]指出由于民用煤燃不充分，其产生的废气中一氧化碳的含量明显偏高，部分民用手工燃炉的排放因子是相应电力行业燃炉的2～15倍。居民日常生活中使用燃煤时自然不可能有一系列吸纳污染物、降低排放的措施和手段，绝大多数都是直接排放到空气中，而且大多民用燃煤来源不够正规和可靠，质量很难得到保证，多为低质、高硫分原煤和型煤，加之民用燃煤点数量众多，分布广泛，故吴吟[16]指出，职责体系不完善、技术规范和标准体系不健全、民用型煤供应体系不完善、监管难度大、政府补贴难以持续成为我国散煤治理的主要难点。可见，居民生活原煤消耗与大气污染之间存在密切关系。

5.3.8　生活电力消耗情况

由图5-15可知，全国七大地区生活电力消耗量整体呈现上升趋势，且生活电力消耗与生活燃煤消耗呈现出相反趋势，这是由能源替代所导致的现象。相关分析表明，全国AQI指数与总能耗呈现出显著的相关性（$P<0.01$），与生活电力消耗量呈现出一定的相关性。杨晓娇等人[17]深入研究了城市生活资源消耗的主要影响因素，认为气候因素对资源消耗的解释变异量最大（解释变异量为0.40），其次才是经济发展水平（0.14）和城市规模（0.11），且气温正是通过影响居民生活电力消耗从而对城市生活资源消耗造成影响，成为污染物排放的关键限制因素。此外，气温与生活能耗之间呈现显著的负相关，相关系数为−0.67（$P<0.01$），这说明年均温度较低的城市往往生活能耗较高。冬季低温时，北方城市主要以燃煤燃气供暖，南方城市主要靠电力取暖，故年均温度较低的北方城市用于供暖的生活能耗量较大。由于电力取暖较燃煤效率高且环保，得到政府支持，居民日常供暖逐渐以电力消耗为主，电力消耗占生活能耗的比例相对较高。夏季高温时，居民对空调和电扇等降温设备的使用率较高，电力资源的消耗量增大。然而，由于电力资源的使用效率要高于煤炭和天然气，故年均温度较高的南方城市生活能耗较低。因此，全国空气质量指数AQI值与总能耗之间存在较强的相关性，说明气候因素确实在通过影响居民电力消耗成为污染物排放的关键限制因素，与污染物排放的相关度较高。

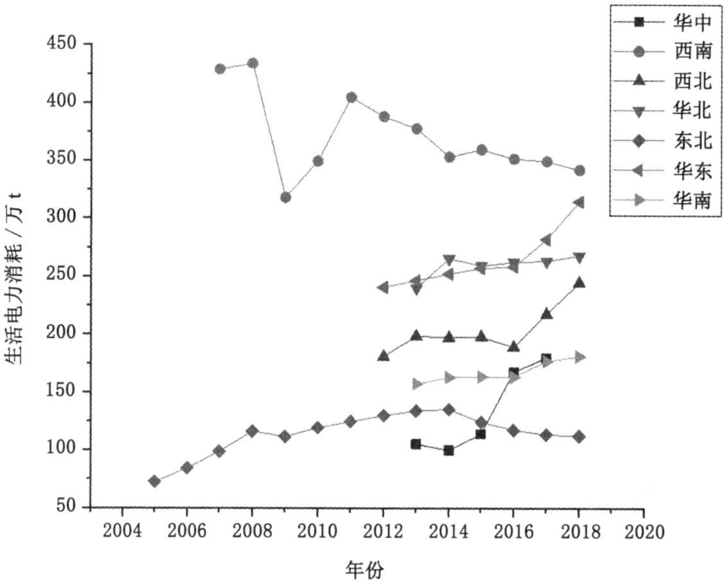

图5-15 2005—2018年全国七大地区城市生活电力能耗情况

5.3.9 规模以上企业能耗情况

由图5-16可以看出，全国大部分地区企业能耗逐年增长相对缓慢。据统计，华中地区、西南地区、西北地区、华北地区、东北地区、华东地区和华南地区的年企业能耗增长率分别为−0.37%、0.71%、10.23%、2.52%、0.20%、0.52%和−1.11%。其中，华中地区与华南地区企业能耗已呈现出负增长状态，年增长率分别为−0.37%和−1.11%；而西北地区和华北地区仍呈现增长趋势，年增长率分别为10.23%和2.52%；西南地区、东北地区和华东地区等虽有上涨趋势，但增长率微乎其微，不足1%。西北地区与华北地区作为我国工业集群地，虽仍伴有较明显的年增长，但数据分析显示，西北地区从2015年企业能耗年增长率走势发生变化，年增长率由9.77%下降为8.73%，华北地区甚至由2013年以前6.21%的企业能耗年增长率下降为2014年以后−0.33%的企业能耗负增长率。相关分析显示，空气质量指数AQI值与规模以上企业能耗之间存在显著的正相关关系（$P<0.01$），即随着企业能耗的逐年递减，全国各地区的空气质量及大气污染情况呈现逐年好转趋势。

金融要去杠杆化，而经济发展尤其是生态文明建设则要加杠杆化，这个杠杆

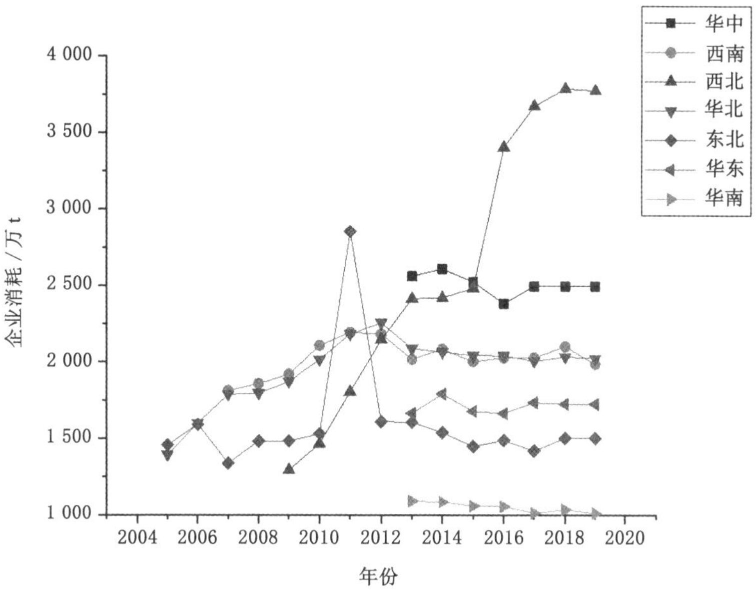

图 5-16　2005—2019 年全国七大地区企业能耗情况

就是节能节电。节能，已成为当今和未来各行各业可持续发展的永恒主题。为此我国努力做到单位国内生产总值能耗下降 3.4%以上，大力支持使用节能环保先进技术装备，广泛开展全国能源管理，加快传统制造业绿色化改造。随着节能法律法规、政策标准的密集出台及能源价格、用能成本的持续攀升，广大企业，特别是规模以上重点用能企业对节能工作的重视程度越来越高，且在国家及地方鼓励政策的支持下，集自动化、信息化和集中管理模式于一体的能源管控一体化系统近年来已在汽车制造、钢铁、煤炭、水泥、移动电信、学校、建筑等多个行业领域陆续建成并投入使用，从而实现规模以上重点用能企业能源管理的信息化、精细化和系统化，以期达到提高能源绩效、降低能耗成本、提升市场竞争力的最终目的。可见，控制规模以上企业能源消耗对于控制城市大气污染具有重要的现实意义。

5.3.10　规模以上企业原煤消耗情况

由图 5-17 可以看出，除西北地区原煤消耗仍呈现增长趋势外，其余各地区规模以上企业原煤消耗均呈现停滞或负增长状态。据统计，华中地区、西南地区、西北地区、华北地区、东北地区、华东地区和华南地区的企业原煤能耗年增长率分别为－3.44%、2.98%、8.84%、－3.44%、3.64%、－1.80%和－3.45%，较以往企业燃煤率普遍有所下降，某种程度上体现了我国近年来产业结构调整，积极推行绿色能源的一系列举措。此外，由相关性分析可知，企业能耗与空气质量之间存在显著相关性（$P<0.01$），且规模以上企业原煤消耗与AQI指数之间呈现极其显著的正相关关系（$P<0.01$），相关系数为0.377。

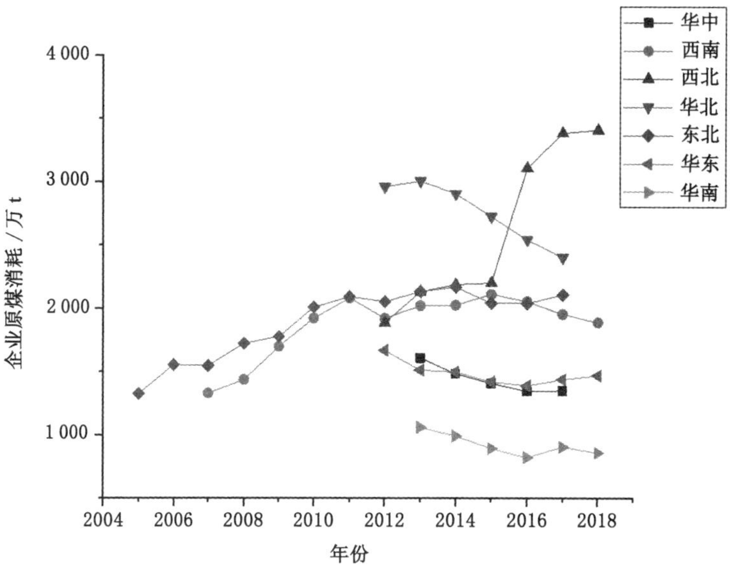

图5-17　2005—2018年全国七大地区企业原煤能耗情况

早在2013年9月，国务院印发《大气污染防治行动计划》（又称“大气十条”）作为之后五年全国大气污染治理的行动纲领。根据生态环境部办公厅于2018年5月17日通报的《大气污染防治行动计划》实施情况的终期考核结果来看，实施“大气十条”使全国主要大气污染物排放量明显下降。统计数据表明：① 2017年，全国地级及以上城市可吸入颗粒物（PM_{10}）平均浓度比2013年下降22.7%；② 京津冀、长三角、珠三角等重点区域细颗粒物（$PM_{2.5}$）平均浓度分别比2013年下降39.6%、34.3%、27.7%；③ 北京市$PM_{2.5}$年均浓度降至58 μg/m³[18]。全国各地空气污染指数整体呈现递减趋势，大气污染情况得到缓解，各地基本上完成了“大气十条”所赋予的目标任务。“大气十条”在加强工业企业大气污染综合治理措施中提到要“全面整治燃煤小锅炉。加快推进集中供热、‘煤改气’、‘煤改电’工程建设”。这里提到的“煤改气”“煤改电”也主要是针对发电、供暖、冶炼等规模以上企业的燃煤锅炉的改造和减少。因此，通过分解各措施对减排量的贡献发现，燃煤锅炉整治确实是对减排整体贡献最显著的三大措施之一，这充分证明了原煤燃烧与大气污染物排放之间密切的相关性。

5.3.11　规模以上企业电力消耗情况

由图 5-18 可知，我国近年来企业电力消耗呈现平稳增长状态。据统计，华中地区、西南地区、西北地区、华北地区、东北地区、华东地区和华南地区的企业电力能耗年增长率分别为 11.28%、−1.86%、4.41%、1.84%、3.17%、3.91%和 2.35%。各地区企业电力能耗年增长速度相比企业原煤能耗增长较高，与国家近年提倡的“煤改气”“煤改电”政策相呼应。相关性分析表明，企业能耗与空气质量之间存在显著相关性（$P<0.01$），且规模以上企业原煤消耗与空气质量指数 AQI 值之间极其显著正相关（$P<0.01$），相关系数为 0.377。与企业原煤消耗相比，企业电力消耗与空气质量之间的相关性较低，这可能与电力资源使用效能普遍高于煤炭和天然气，且企业电力消耗相对较为环保有关。企业电力消耗与企业原煤消耗在企业能源消耗中的占比相对较高，且近年来企业电力消耗占比逐渐超过原煤消耗，可以肯定企业电力消耗与空气质量之间存在一定的关系。

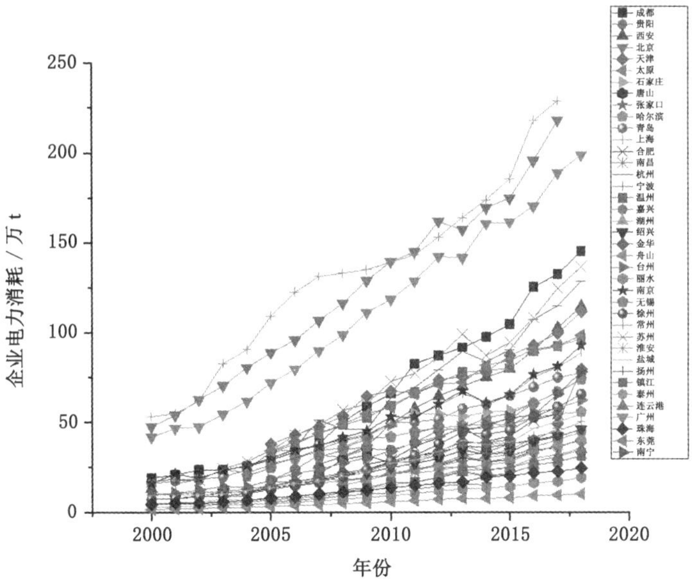

图 5-18　2000—2018 年全国部分城市企业电力能耗情况

电能作为“工业血液”，在国民经济和人们日常生活工作中占有极其重要的地位。朱帅等人[19]、黄青等人[20]研究发现我国大气环境已由单一的局地煤烟型污染过渡到区域性复合型污染阶段，规模以上电力行业是 SO_2、NO_x 及烟尘等污染物的排放大户，加之电力企业排放烟囱较高，排放的污染物可长距离传输，所以电力行业是导致区域性复合型大气污染的主要行业。伴随企业电力能耗而来的相关大气环境问题的多样化、复杂化迫切要求研究者将大气污染研究及控制手段由单污染物控制向多污染物综合控制转变。薛文博等人[21]为定量分析电力行业多污染物协同控制与区域复合型大气污染之间的定量关系，评估不同控制情景下的环境质量效益，应用CMAQ空气质量模型分别对2008年基准排放情景、2015年和2020年目标控制情景的硫、氮沉降及$PM_{2.5}$污染状况进行模拟，研究结果表明：① 通过对电力行业SO_2进行减排对缓解区域性的硫沉降污染具有显著效果；② 电力行业NO_x减排难以有效控制氮沉降污染；③ 电力行业SO_2、NO_x减排可降低硫酸盐、硝酸盐等二次细颗粒物浓度，从而间接地缓解$PM_{2.5}$污染及大气污染。因此，该研究分析了电力行业"污染控制措施"与"环境质量效益"之间的关系，通过污染物因子变化与环境质量效益证明了规模以上电力行业与大气污染之间的相关性，这对于制定、优化电力行业多污染物控制策略具有十分重要的理论及现实意义。

5.3.12 规模以上企业热力消耗情况

由图5-19可以看出，除西北地区、西南地区热力消耗量由连年下降最后跌至基本稳定不变外，其余各地区的热力消耗均呈现逐年上升趋势。据统计，华中地区、西南地区、西北地区、华北地区、东北地区、华东地区和华南地区的企业热力能耗年增长率分别为4.54％、－12.37％、－12.99％、－0.08％、4.60％、5.69％和1.89％。相关分析显示，企业热力能耗与空气质量之间相关性不显著（$P>0.05$）。一方面，热力行业上游产业为能源行业，热力行业生产使用的原材料中，煤炭、石油、燃气、生物质等是主要燃料，电力作为其主要动力。现阶段，煤炭仍是热力生产的主要燃料，其直接燃烧产生的二氧化硫、一氧化碳、氮化物和烟尘是大气主要污染物，对大气质量影响颇大。另一方面，热力行业下游消费主要包括工业用户和居民用户。其中，工业用户的热力消费一般用于生产及建筑采暖。目前，除一些大型工业企业由自备热电厂供热外，大部分工业企业由区域锅炉供热。对此政府早在2013年《大气污染防治行动计划》中已经明确，基于我国能源结构特点，在环保压力和相关政策推动下，为加快大气污染防治，需推进集中供热、"煤改气"、"煤改电"工程建设，在化工、造纸、印染、制革、制药等产业集中区，需将区域锅炉供热转变为热电联产集中供热，使以煤炭为主的热力行业逐步向清洁化、节能化转变，从而减少大气污染[12]。最后需明确，工业用热消费占全国热力消费总量的比重超过70％，是我国热力消费的主要领域，且居民采暖市场具有明显的季节性差异，工业用热需求为连续性需求，对蒸汽参数要求较高，蒸汽需求量更大。因此，随着我国工业的稳步发展，工业用热需求逐年上升，能源消费的集约化和大气污染治理水平的提升使得企业热力能耗与空气质量水平之间的相关关系不显著，能源和热力消费的高度集约化和清洁生产是控制大气污染的重要手段。

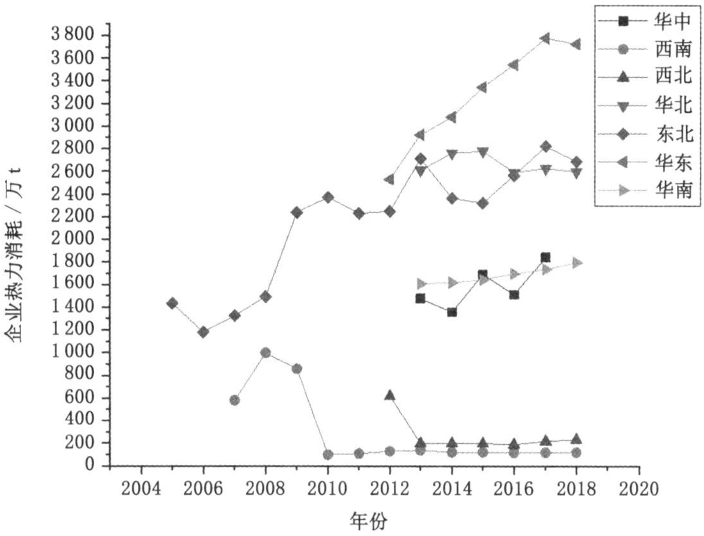

图 5-19　2005—2018 年全国七大地区企业热力能耗情况

5.4　本章小结

大气污染并非单一原因形成，不同国家、不同地区大气污染成因也不尽相同，归纳总结各地大气污染成因发现城市发展与人口增长综合因子、经济增长与产业结构变化综合因子、能源消费增长与结构变化综合因子等多方面社会经济发展因素是引发我国大气污染的重要原因。其中，城市发展与人口增长综合因子简称 UDPG，是包括人口、城镇化率、GDP、人均 GDP 和汽车保有量的综合驱动因子；经济增长与产业结构变化综合因子简称 EGCIS，是包括 GDP、第一产业产值、第二产业产值、第三产业产值、工业产值、建筑业产值、旅游业产值、第一产业占比、第二产业占比和第三产业占比的综合驱动因子；能源消费增长与结构变化综合因子简称 ECGSC，是包括生活能耗、生活原煤消耗、生活电力消耗、规模以上企业能耗、规模以上企业原煤消耗、规模以上企业热力消耗、规模以上企业电力消耗、生活原煤消耗占比、生活电力消耗占比、规模以上企业原煤消耗占比、规模以上企业热力消耗占比、规模以上企业电力消耗占比的综合驱动因子。

本章的主要结论如下：

(1) 全国 74 个重点监控城市空气质量受人口规模影响显著。

(2) 城镇化的推进加剧了其对资源和能源的消耗，从而加剧了城市空气质量的恶化，全国 74 个重点监控城市的城镇化率与空气质量指数 AQI 值之间呈现显著的相关关系($P<0.05$)。

(3) 我国七大地区汽车保有量与空气质量指数之间存在显著的正相关关系($P<0.05$)，说明我国各大城市空气质量指数随着汽车保有量的增加而增加，汽车保有量的增长是我国城市大气污染的重要来源之一。

(4) 全国 74 个重点监控城市的国民生产总值、第一产业产值、第二产业产值和第三产业产值均呈现逐年增长的趋势，导致各城市大气污染物排放的增加。农药化肥的过度施用、秸秆燃烧等农业源是导致我国大气污染的重要原因之一。第二产业，特别是工业和建筑业等集中工业排放源是导致我国大气污染又一重要原因。高资源-能源消耗的旅游业的迅猛增长是导致我国大气污染的重要原因。

(5) 快速城镇化背景下居民生活能耗的显著增加是导致我国大气污染的重要原因。生活原煤消耗和生活电力消耗也是导致我国大气污染的重要原因。

(6) 规模以上企业能耗、原煤消耗、电力消耗和热力消耗等集中工业源也是导致城市大气污染的重要原因。

本章参考文献

[1] 杜慧.人口增长、经济发展与大气污染文献综述[J].合作经济与科技，2020(10):50-52.
[2] 刘艳彬.大气污染的社会经济影响因素研究[J].农家参谋，2019(22):180.
[3] 张晶，朱兆洲，杨鑫鑫.集中供暖与非集中供暖城市的冬季大气污染状况：以天津和上海为例[J].天津师范大学学报(自然科学版)，2020，40(1):60-66.
[4] 熊竹楠.我国农村大气污染现状及治理措施[J].乡村科技，2020(8):115-116.
[5] 马鹏飞，厉青，陈辉，等.京津冀及周边地区大气污染防治重点关注区域遥感综合分析[J].遥感技术与应用，2019，34(2):404-411.
[6] 赵建华，刘亮.产业结构调整、经济增长与大气污染：基于 PVAR 模型的经验证据[J].价值工程，2020，39(8):268-271.
[7] 蒲顺.京津冀产业结构变动对大气污染影响研究[D].长春：吉林大学，2020.
[8] 孙根紧，钱琪.空气污染对中国城市旅游业发展的影响：来自 168 个重点监测城市的经验证据[J].四川师范大学学报(社会科学版)，2020，47(5):65-73.

[9] 曹军骥，等.$PM_{2.5}$与环境[M].北京：科学出版社，2014.
[10] 李萌博.假设一辆车少行驶20公里，能少排放35克污染物[N].生活日报，2011-12-12(A04).
[11] 李新慧.基于低碳消费视角的京津冀雾霾治理[J].石家庄铁道大学学报(社会科学版)，2015，9(4)：6-9.
[12] 国务院.关于印发大气污染防治行动计划的通知[Z].北京：国务院，2013.
[13] 杨晓敏.大气污染防治中的消费者责任研究：基于环渤海地区的实证分析[D].青岛：青岛大学，2019.
[14] 潘涛，薛亦峰，钟连红，等.民用燃煤大气污染物排放清单的建立方法及应用[J].环境保护，2016，44(6)：20-24.
[15] 王丽涛，张强，郝吉明，等.中国大陆CO人为源排放清单[J].环境科学学报，2005，25(12)：1580-1585.
[16] 吴吟.散煤治理需破解五大难题[N].中国能源报，2016-09-05(15).
[17] 杨晓娇，王效科.中国城市生活资源消耗与污染排放的主要影响因素[J].中国科学院大学学报，2019，36(5)：626-632.
[18] 环境保护部，发展改革委，财政部，等.京津冀及周边地区2017年大气污染防治工作方案[Z].北京：环境保护部，发展改革委，财政部，等，2017.
[19] 朱帅，颜鹏，马建中.超大城市SO_2排放对硫酸盐区域分布影响的观测与模拟[J].环境科学研究，2009，22(1)：7-15.
[20] 黄青，程水源，陈东升，等.近周边电厂源对北京市采暖期间SO_2的贡献分析[J].环境科学研究，2009，22(5)：567-573.
[21] 薛文博，王金南，杨金田，等.电力行业多污染物协同控制的环境效益模拟[J].环境科学研究，2012，25(11)：1304-1310.

6 基于DPSIR结构模型的我国城市大气污染的社会经济驱动力研究

6.1 引言

城市大气污染的社会经济影响因素众多，如前面研究表明，我国城市大气污染与城市人口、城镇化率、GDP、汽车保有量、第一产业增加值、第二产业增加值、第三产业增加值、工业产值、建筑业产值、旅游业产值和城市能源消费结构等众多社会经济因素有关[1-11]，然而城市大气污染是城市人口、城镇化率和GDP等众多因素共同耦合作用的结果，单一社会经济因素的影响很难从复杂的环境-社会-经济复合系统中剥离出来，故探讨城市大气污染与社会经济复合因子的作用关系具有十分重要的理论及现实意义。

6.2 数据来源与研究方法

6.2.1 数据来源

本著作涉及的大气环境状况、城市发展与人口增长、经济增长与产业结构变化和能源消费增长与结构变化4个模块的28项具体影响因子及其数据来源见表6-1。

6.2.2 生活总能耗计算模型

我国74个重点监控城市的生活总能耗（ES_2）是通过下式计算得来的：

$$ES_2 = ES_1 \cdot UD_{1j} \tag{6-1}$$

式中，ES_1为人均能耗，以标准煤计，kg；UD_{1j}为代表城市j年度人口数量，万人。

6.2.3 统计分析方法

通过SPSS 25.0软件，采用pearson相关分析方法分析74个重点监控城市大气污染与其众多社会经济影响因子之间的相关关系；通过SPSS 25.0软件，利用主成分评价方法计算74个重点监控城市的城市发展与人口增长（UDPG）、能源消费增长与结构变化(ECGSC)、经济增长与产业结构变化(EGCIS)、社会经济综合驱动力(DFI);利用线性回归方法分析74个重点监控城市不同区域UDPG、ECGSC、EGCIS、DFI值的多年变化规律。

表6-1 我国大气污染的社会经济影响因子及其数据来源

模块	影响因子	数据来源
大气质量状况	AQI值	中华人民共和国生态环境部官网
	SO_2、NO_x、PM_{10}、$PM_{2.5}$、CO和O_3 6种污染物的浓度	中国环境监测总站的全国空气质量监测数据应用平台
城市发展与人口增长	人口数量(UD_1)	2001—2020年全国各省份统计年鉴
	城镇化率(UD_2)	2001—2020年全国各省份统计年鉴
	GDP(UD_3)	2001—2020年全国各省份统计年鉴
	人均GDP(UD_4)	2001—2020年全国各省份统计年鉴
	汽车保有量(UD_5)	2001—2020年全国各省份统计年鉴
经济增长与产业结构变化	GDP(IS_1)	2001—2020年全国各省份统计年鉴
	第一产业增加值(IS_2)	2001—2020年全国各省份统计年鉴
	第二产业增加值(IS_3)	2001—2020年全国各省份统计年鉴
	第三产业增加值(IS_4)	2001—2020年全国各省份统计年鉴
	工业产值(IS_5)	2001—2020年全国各省份统计年鉴
	建筑业产值(IS_6)	2001—2020年全国各省份统计年鉴
	旅游业产值(IS_7)	2001—2020年全国各省份统计年鉴
	第一产业增加值占比(IS_8)	计算IS_2/IS_1的值
	第二产业增加值占比(IS_9)	计算IS_3/IS_1的值
	第三产业增加值占比(IS_{10})	计算IS_4/IS_1的值
能源消费增长与结构变化	人均生活能耗(ES_1)	2001—2020年全国各省份统计年鉴
	生活总能耗(ES_2)	模型计算
	生活电力消耗(ES_3)	2001—2020年全国各省份统计年鉴
	规模以上工业企业能源消耗(ES_4)	2001—2020年全国各省份统计年鉴
	规模以上工业企业原煤消耗(ES_5)	2001—2020年全国各省份统计年鉴
	规模以上工业企业电力消耗(ES_6)	2001—2020年全国各省份统计年鉴
	规模以上工业企业热力消耗(ES_7)	2001—2020年全国各省份统计年鉴

6.2.4 绘图方法

本章的所有作用关系曲线，包括UDPG值、ECGSC值、EGCIS值和DFI值随时间的变化曲线均由Origin 19.0绘制。

6.3 城市发展与人口增长模块的变化趋势分析

我国74个重点监控城市的城市发展与人口增长模块（UDPG）主要包括城市人口数量、城镇化率、GDP、人均GDP和汽车保有量5项具体的社会经济影响因子。我国74个重点监控城市（包括华中地区、西南地区、西北地区、华北地区、东北地区、华东地区和华南地区）的AQI值与城市人口数量、城镇化率、GDP、人均GDP和汽车保有量5项具体的社会经济影响因子之间呈现显著的相关关系（表6-2），各地区代表城市UDPG值的变化趋势如图6-1～图6-7所示。

表6-2a 我国74个重点监控城市AQI值与UDPG模块各具体影响因子之间的相关关系

项目	AQI	城市人口	城镇化率	GDP	人均GDP	汽车保有量
AQI	1					
城市人口	0.117*	1				
城镇化率	0.406**	0.016	1			
GDP	0.613**	0.062*	0.320**	1		
人均GDP	−0.250**	0.123**	−0.059	0.113**	1	
汽车保有量	0.197**	0.387**	−0.013	0.117**	0.415**	1

注：** 在0.01水平显著相关。* 在0.05水平显著相关。

表6-2b 华中地区代表城市的AQI值与UDPG模块各具体影响因子之间的相关关系

项目	AQI	城市人口	城镇化率	GDP	人均GDP	汽车保有量
AQI	1					
城市人口	0.007	1				
城镇化率	0.327	0.283	1			
GDP	0.306	0.387**	0.919**	1		
人均GDP	0.268	0.296*	0.907**	0.917**	1	
汽车保有量	0.583**	0.260	0.831**	0.761**	0.588**	1

注：** 在0.01水平显著相关。* 在0.05水平显著相关。

表 6-2c 西南地区代表城市的 AQI 值与 UDPG 模块各具体影响因子之间的相关关系

项目	AQI	城市人口	城镇化率	GDP	人均 GDP	汽车保有量
AQI	1					
城市人口	0.502*	1				
城镇化率	−0.445*	−0.058	1			
GDP	0.603*	0.605**	0.062	1		
人均 GDP	0.001	−0.042	0.106	0.630**	1	
汽车保有量	0.544**	0.506**	0.112	0.903**	0.747**	1

注：** 在 0.01 水平显著相关。* 在 0.05 水平显著相关。

表 6-2d 西北地区代表城市的 AQI 值与 UDPG 模块各具体影响因子之间的相关关系

项目	AQI	城市人口	城镇化率	GDP	人均 GDP	汽车保有量
AQI	1					
城市人口	0.499*	1				
城镇化率	−0.069	0.015	1			
GDP	0.516**	0.702**	0.181	1		
人均 GDP	0.168	0.184	0.656**	0.693**	1	
汽车保有量	0.453*	0.734**	0.163	0.993**	0.636**	1

注：** 在 0.01 水平显著相关。* 在 0.05 水平显著相关。

表 6-2e 华北地区代表城市的 AQI 值与 UDPG 模块各具体影响因子之间的相关关系

项目	AQI	城市人口	城镇化率	GDP	人均 GDP	汽车保有量
AQI	1					
城市人口	0.330**	1				
城镇化率	−0.193	0.468**	1			
GDP	0.004	0.749**	0.640**	1		
人均 GDP	−0.295**	0.369*	0.723**	0.758**	1	
汽车保有量	0.117	0.858**	0.602**	0.930**	0.698**	1

注：** 在 0.01 水平显著相关。* 在 0.05 水平显著相关。

表 6-2f　东北地区代表城市的 AQI 值与 UDPG 模块各具体影响因子之间的相关关系

项目	AQI	城市人口	城镇化率	GDP	人均 GDP	汽车保有量
AQI	1					
城市人口	0.207	1				
城镇化率	0.416	−0.818**	1			
GDP	0.992**	−0.059	0.452*	1		
人均 GDP	−0.824**	−0.289*	0.517**	−0.138	1	
汽车保有量	−0.369	−0.017	0.926**	0.817**	0.692**	1

注：** 在 0.01 水平显著相关。* 在 0.05 水平显著相关。

表 6-2g　华东地区代表城市的 AQI 值与 UDPG 模块各具体影响因子之间的相关关系

项目	AQI	城市人口	城镇化率	GDP	人均 GDP	汽车保有量
AQI	1					
城市人口	0.189*	1				
城镇化率	0.014	0.525**	1			
GDP	0.071	0.013	0.660**	1		
人均 GDP	0.029	0.198**	0.619**	0.068	1	
汽车保有量	0.089	0.339**	0.623**	0.050	0.338**	1

注：** 在 0.01 水平显著相关。* 在 0.05 水平显著相关。

表 6-2h　华南地区代表城市的 AQI 值与 UDPG 模块各具体影响因子之间的相关关系

项目	AQI	城市人口	城镇化率	GDP	人均 GDP	汽车保有量
AQI	1					
城市人口	0.221	1				
城镇化率	0.343**	−0.070	1			
GDP	0.230*	0.534**	0.300**	1		
人均 GDP	0.182	0.308**	0.667**	0.424**	1	
汽车保有量	0.176	0.835**	0.457**	0.827**	0.608**	1

注：** 在 0.01 水平显著相关。* 在 0.05 水平显著相关。

城市发展与人口增长（UDPG）是城市人口数量、城镇化率、GDP、人均 GDP 和汽车保有量 5 项具体社会经济影响因子的综合作用指标，能够定量表征城市发展与人口增长水平。在我国 74 个重点监控城市中，华中地区、西南

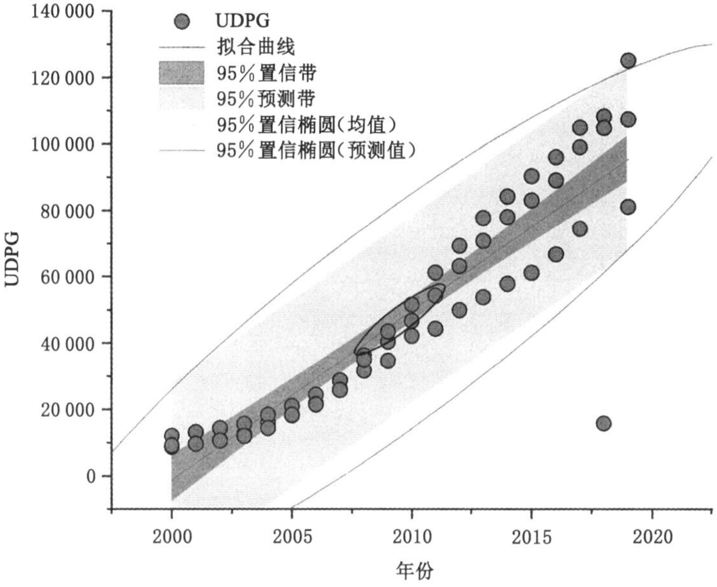

图6-1 华中地区代表城市UDPG值的变化趋势曲线

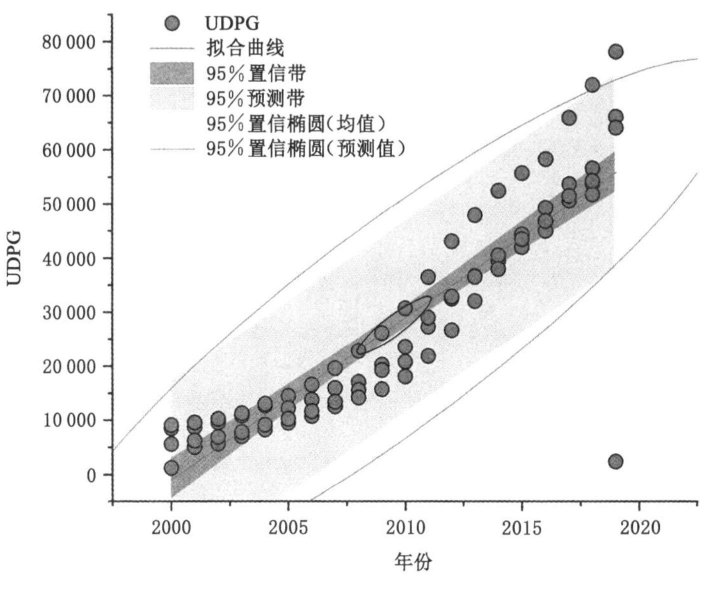

图6-2 西南地区代表城市UDPG值的变化趋势曲线

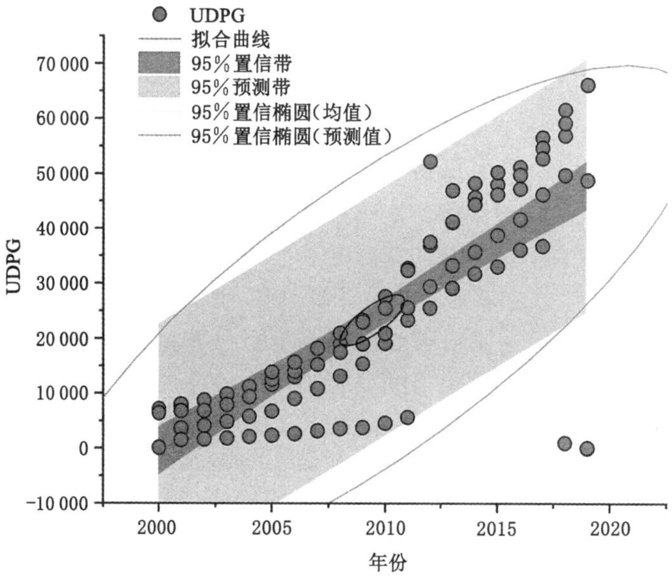

图 6-3　西北地区代表城市 UDPG 值的变化趋势曲线

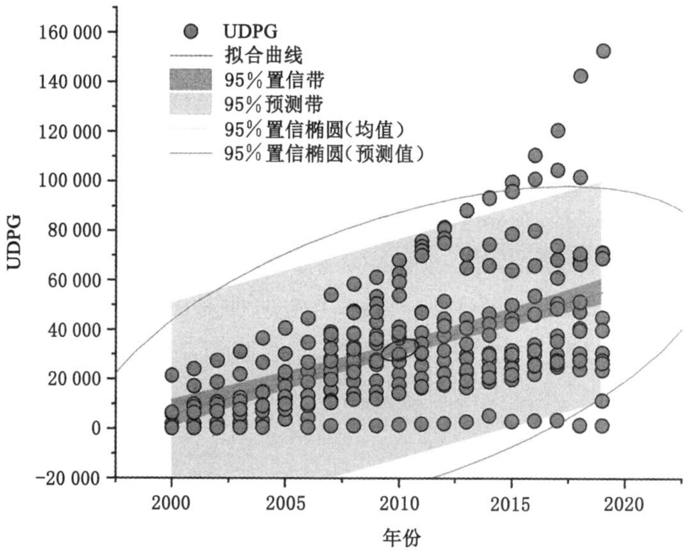

图 6-4　华北地区代表城市 UDPG 值的变化趋势曲线

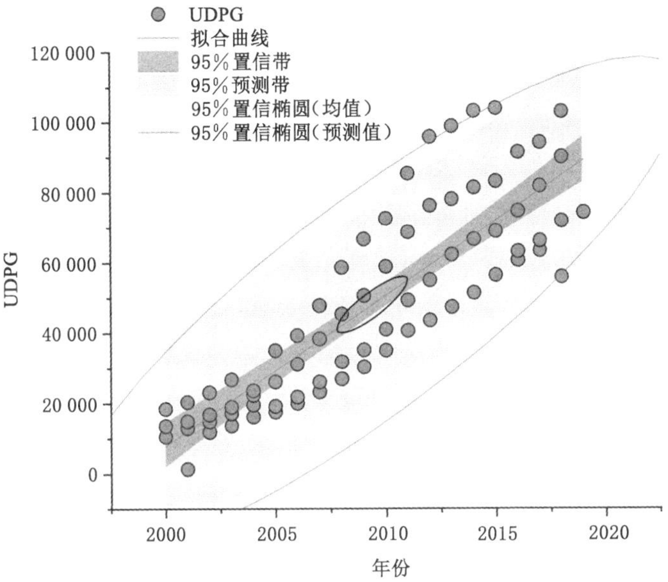

图 6-5 东北地区代表城市 UDPG 值的变化趋势曲线

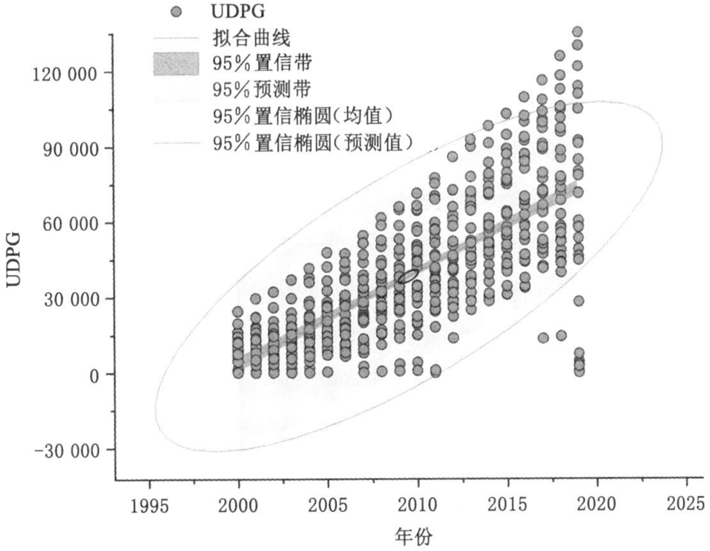

图 6-6 华东地区代表城市 UDPG 值的变化趋势曲线

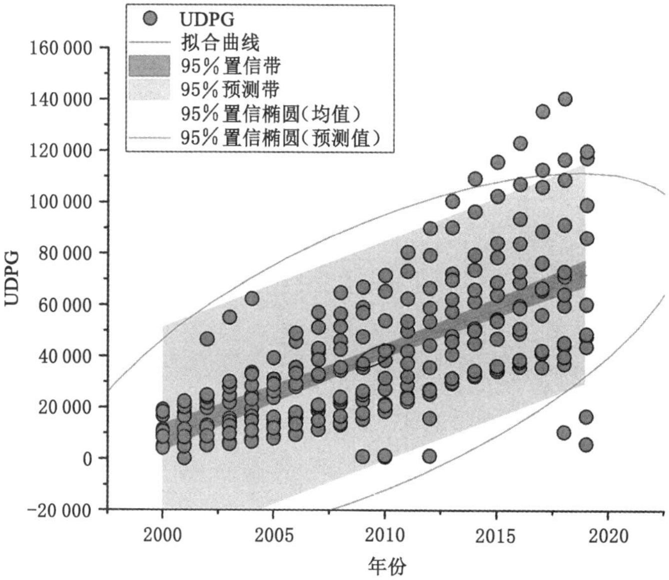

图6-7 华南地区代表城市UDPG值的变化趋势曲线

地区、西北地区、华北地区、东北地区、华东地区和华南地区7个区域的多年UDPG呈现出线性增长的趋势(表6-3)。其中,华中地区、东北地区和华东地区的UDPG值增长率最高,分别达到了5 079.23 a^{-1}、4 281.17 a^{-1}和3 710.45 a^{-1},西北地区和华北地区的UDPG值增长率最低,其值分别为2 548.37 a^{-1}和2 606.31 a^{-1}。从线性拟合的效果分析,华中地区、西南地区、东北地区、西北地区和华东地区的线性拟合效果较好,其R^2值分别为0.815 9、0.793 5、0.738 2、0.619 0和0.574 6。

表6-3 不同区域UDPG值多年变化规律的线性拟合情况

区域	线性回归模型	R^2
华中地区	UDPG＝−10 160 000＋5 079.23t	0.815 9
西南地区	UDPG＝−5 988 977.75＋2 993.99t	0.793 5
西北地区	UDPG＝−5 097 448.05＋2 548.37t	0.619 0
华北地区	UDPG＝−5 206 920.48＋2 606.31t	0.290 4
东北地区	UDPG＝−8 554 464.88＋4 281.17t	0.738 2
华东地区	UDPG＝−7 418 012.36＋3 710.45t	0.574 6
华南地区	UDPG＝−6 772 247.41＋3 389.97t	0.432 2

前期研究成果表明[12]，我国城市的UDPG变化对大气污染水平具有显著的影响，分析其主要原因如下：① 快速城镇化加剧了城市能源和资源的急剧消耗，进而导致大气污染物排放的显著增长。更糟糕的是，城市热岛效应不仅影响取暖和降温的需求，而且极大程度地妨碍大气污染物的扩散。② 先前研究表明，伴随着高能耗和高污染物排放的GDP增长可以显著影响整个城市或地区的大气污染状况。③ 快速城镇化的推进导致了汽车保有量的指数增长，汽车排放的尾气是雾霾污染的主要路径，故与交通相关联的大气污染显著影响各个城市的空气质量状况。④ 城镇化进程的快速推进导致城市人口的线性增长，城市人口数量的增长加剧了其对能源和资源的需求，故人口数量的增长、快速城镇化和持续增长的能源需求之间的链式交互影响可以降低空气质量水平。

6.4 经济增长与产业结构变化模块的变化趋势分析

国内外大量研究表明，经济的粗放型增长是城市空气质量恶化的重要原因之一，GDP、第一产业增加值、第二产业增加值、第三产业增加值、工业产值、建筑业产值、旅游业产值、第一产业增加值占比、第二产业增加值占比和第三产业增加值占比等经济增长与产业结构变化（EGCIS）情况对城市大气污染具有重要的影响，如我国74个重点监控城市的AQI值、GDP值、第一产业增加值、第二产业增加值、第三产业增加值、工业产值、建筑业产值、旅游业产值、第一产业增加值占比、第二产业增加值占比和第三产业增加值占比等11项大气污染、经济增长与产业结构变化具体指标之间存在着显著的相关关系（表6-4），故本著作利用主成分分析方法对EGCIS模块中的10项具体的社会经济影响因子进行数据降维，把这10项具体社会经济影响因子耦合成一个综合性经济增长与产业结构变化（EGCIS）模块，其主要反映经济增长与产业结构变化情况及其对我国城市空气质量的综合影响。从图6-8～图6-14可以看出，全国74个重点监控城市的EGCIS值均呈现出逐年上升的趋势，但其各自增长的趋势有所差异：

(1) 华中地区、东北地区、西南地区和西北地区呈现出线性增长的趋势，其多年增长率分别为1 354.54 a^{-1}、540.53 a^{-1}、1 168.97 a^{-1}和400.79 a^{-1}，分析其主要原因如下：① 近年来，国家产业（特别是粗放型的污染密集型产业）向中西部转移，导致华中地区、西南地区和西北地区EGCIS值呈现出线性增长的趋势，特别是近十年的增长趋势比较明显。如，华中地区代表城市的空气质量指数（AQI）与GDP、第二产业增加值、第三产业增加值、工业产值和第三

表 6-4a 我国 74 个重点监控城市 AQI 值与 EGCIS 模块各具体影响因子之间的相关关系

项目	AQI	IS_1	IS_2	IS_3	IS_4	IS_5	IS_6	IS_7	IS_8	IS_9	IS_{10}
AQI	1										
IS_1	−0.015	1									
IS_2	0.129**	0.280**	1								
IS_3	−0.029	0.770**	0.402**	1							
IS_4	−0.019	0.766**	0.235**	0.823**	1						
IS_5	−0.080	0.550**	0.255**	0.653**	0.556**	1					
IS_6	−0.053	0.471**	0.243**	0.517**	0.524**	0.320**	1				
IS_7	−0.073	0.660**	0.294*	0.783**	0.866**	0.472**	0.251**	1			
IS_8	0.164**	−0.373**	0.236**	−0.451**	−0.383**	−0.338**	−0.224**	−0.358**	1		
IS_9	0.089	−0.319**	−0.080**	−0.065*	−0.309**	−0.081**	−0.210**	−0.293**	0.027	1	
IS_{10}	−0.064	0.189**	0.014	0.254**	0.503**	0.253**	0.195**	0.341**	−0.323**	0.279**	1

注：** 在 0.01 级别（双尾），相关性显著；* 在 0.05 级别（双尾），相关性显著。

表 6-4b 华中地区代表城市 AQI 值与 EGCIS 模块各具体影响因子之间的相关关系

项目	AQI	IS_1	IS_2	IS_3	IS_4	IS_5	IS_6	IS_7	IS_8	IS_9	IS_{10}
AQI	1										
IS_1	0.181	1									
IS_2	−0.040	0.870**	1								
IS_3	0.250	0.982**	0.882**	1							
IS_4	0.141	0.988**	0.826**	0.941**	1						
IS_5	0.067	0.967**	0.911**	0.993**	0.920**	1					
IS_6	−0.288	0.638**	0.394**	0.544**	0.703**	0.484**	1				
IS_7	−0.014	0.968**	0.862**	0.925**	0.970**	0.890**	0.678**	1			
IS_8	−0.524**	−0.654**	0.404**	−0.690**	−0.618**	−0.740**	−0.366*	−0.525**	1		
IS_9	−0.076	−0.132	−0.072	0.018	−0.247	−0.127	−0.294	−0.266	−0.377**	1	
IS_{10}	0.151	0.523**	0.334**	0.379**	0.629**	0.358*	0.601**	0.556**	−0.132	0.520**	1

注：** 在 0.01 级别(双尾)，相关性显著；* 在 0.05 级别(双尾)，相关性显著。

表 6-4c　西南地区代表城市 AQI 值与 EGCIS 模块各具体影响因子之间的相关关系

项目	AQI	IS_1	IS_2	IS_3	IS_4	IS_5	IS_6	IS_7	IS_8	IS_9	IS_{10}
AQI	1										
IS_1	−0.071	1									
IS_2	−0.267	0.913**	1								
IS_3	−0.045	0.987**	0.936**	1							
IS_4	−0.063	0.987**	0.852**	0.949**	1						
IS_5	−0.094	0.977**	0.905**	0.992**	0.949**	1					
IS_6	−0.657**	0.697**	0.632**	0.667**	0.700**	0.831**	1				
IS_7	0.088	0.833**	0.608**	0.763**	0.884**	0.841**	0.541**	1			
IS_8	−0.497*	−0.200	0.120	−0.154	−0.270*	−0.187	−0.270*	−0.495**	1		
IS_9	0.237	−0.153	0.055	−0.028	−0.275*	0.031	−0.318**	−0.595**	0.399**	1	
IS_{10}	−0.053	0.203	−0.094	0.092	0.323**	0.072	0.355**	0.615**	−0.744**	−0.910**	1

注：** 在 0.01 级别(双尾)，相关性显著；* 在 0.05 级别(双尾)，相关性显著。

表 6-4d 西北地区代表城市 AQI 值与 EGCIS 模块各具体影响因子之间的相关关系

项目	AQI	IS_1	IS_2	IS_3	IS_4	IS_5	IS_6	IS_7	IS_8	IS_9	IS_{10}
AQI	1										
IS_1	0.519**	1									
IS_2	0.469*	0.927**	1								
IS_3	0.489**	0.986**	0.951**	1							
IS_4	0.525**	0.994**	0.892**	0.962**	1						
IS_5	0.440*	0.965**	0.929**	0.987**	0.939**	1					
IS_6	0.379	0.904**	0.854**	0.921**	0.878**	0.923**	1				
IS_7	0.351	0.939**	0.833**	0.896**	0.951**	0.856**	0.851**	1			
IS_8	−0.107	−0.295**	−0.067	−0.284**	−0.310**	−0.408**	−0.158	−0.240	1		
IS_9	−0.428*	−0.487**	−0.268**	−0.379**	−0.553**	−0.437**	−0.311*	−0.556**	0.400**	1	
IS_{10}	0.338	0.496**	0.246*	0.406**	0.555**	0.504**	0.299*	0.541**	−0.614**	−0.940**	1

注：** 在 0.01 级别(双尾)，相关性显著；* 在 0.05 级别(双尾)，相关性显著。

表 6-4e 华北地区代表城市 AQI 值与 ISCIS 模块各具体影响因子之间的相关关系

项目	AQI	IS_1	IS_2	IS_3	IS_4	IS_5	IS_6	IS_7	IS_8	IS_9	IS_{10}
AQI	1										
IS_1	0.004	1									
IS_2	0.385**	0.117	1								
IS_3	0.138	0.861**	0.327**	1							
IS_4	−0.048	0.977**	−0.006	0.735**	1						
IS_5	0.090	0.836**	0.349**	0.980**	0.693**	1					
IS_6	0.119	0.865**	0.068	0.766**	0.838**	0.722**	1				
IS_7	−0.171	0.920**	−0.059	0.720**	0.939**	0.732**	0.726**	1			
IS_8	−0.016	−0.580**	0.138*	−0.590**	−0.539**	−0.562**	−0.678**	−0.532**	1		
IS_9	0.524**	−0.500**	0.233**	−0.196**	−0.587**	−0.085	−0.465**	−0.595**	0.446**	1	
IS_{10}	0.376**	0.616**	−0.242**	0.401**	0.663**	0.311**	0.648**	0.688**	−0.749**	−0.895**	1

注：**在 0.01 级别(双尾)，相关性显著；*在 0.05 级别(双尾)，相关性显著。

表 6-4f 东北地区代表城市 AQI 值与 ISCIS 模块各具体影响因子之间的相关关系

项目	AQI	IS_1	IS_2	IS_3	IS_4	IS_5	IS_6	IS_7	IS_8	IS_9	IS_{10}
AQI	1										
IS_1	−0.220	1									
IS_2	−0.013	0.695**	1								
IS_3	0.066	0.944**	0.508**	1							
IS_4	−0.497*	0.968**	0.741**	0.835**	1						
IS_5	0.267	0.878**	0.390**	0.975**	0.759**	1					
IS_6	−0.247	0.672**	0.631**	0.601**	0.658**	0.554**	1				
IS_7	−0.390	0.677**	0.472**	0.635**	0.645**	0.521**	0.421**	1			
IS_8	0.096	−0.601**	0.029	−0.693**	−0.525**	−0.701**	−0.307*	−0.380**	1		
IS_9	0.246	0.054	−0.428**	0.355**	−0.162	0.426**	−0.039	0.021	−0.567**	1	
IS_{10}	−0.335	0.346**	0.515**	0.045	0.556**	−0.002	0.275*	0.224	−0.030	−0.823**	1

注：** 在 0.01 级别（双尾），相关性显著；* 在 0.05 级别（双尾），相关性显著。

表 6-4g　华东地区代表城市 AQI 值与 ISCIS 模块各具体影响因子之间的相关关系

项目	AQI	IS_1	IS_2	IS_3	IS_4	IS_5	IS_6	IS_7	IS_8	IS_9	IS_{10}
AQI	1										
IS_1	0.099	1									
IS_2	0.309**	0.169**	1								
IS_3	0.106	0.651**	0.261**	1							
IS_4	0.064	0.592**	0.167**	0.863**	1						
IS_5	0.151	0.685**	0.291**	0.725**	0.659**	1					
IS_6	0.012	0.648**	0.144**	0.615**	0.661**	0.439**	1				
IS_7	−0.106	0.576**	0.155**	0.859**	0.876**	0.636**	0.605**	1			
IS_8	−0.059	−0.346**	0.277**	−0.491**	−0.370**	−0.403**	−0.216**	−0.406**	1		
IS_9	0.031	−0.348**	−0.115**	−0.083	−0.238**	−0.261**	−0.281**	−0.250**	0.011	1	
IS_{10}	0.055	0.052	0.090*	0.270**	0.521**	0.490**	0.163**	0.274**	−0.182**	−0.084	1

注：** 在 0.01 级别(双尾)，相关性显著；* 在 0.05 级别(双尾)，相关性显著。

表 6-4h 华南地区代表城市 AQI 值与 ISCIS 模块各具体影响因子之间的相关关系

项目	AQI	IS_1	IS_2	IS_3	IS_4	IS_5	IS_6	IS_7	IS_8	IS_9	IS_{10}
AQI	1										
IS_1	0.178	1									
IS_2	0.196	0.122	1								
IS_3	0.189	0.958**	0.062	1							
IS_4	0.152	0.986**	0.118	0.897**	1						
IS_5	0.129	0.258**	0.010	0.410**	0.359**	1					
IS_6	−0.183	0.361**	0.319**	0.530**	0.555**	0.214**	1				
IS_7	0.240*	0.871**	0.323**	0.690**	0.916**	0.214**	0.585**	1			
IS_8	0.127	−0.403**	0.420**	−0.461**	−0.368**	−0.220	−0.254**	−0.267**	1		
IS_9	0.394**	−0.218**	−0.280**	−0.049	−0.300**	−0.015	−0.277**	−0.380**	−0.310**	1	
IS_{10}	−0.428**	0.449**	0.047**	0.311**	0.513**	0.128	0.426**	0.549**	−0.252**	−0.832**	1

注：** 在 0.01 级别(双尾)，相关性显著；* 在 0.05 级别(双尾)，相关性显著。

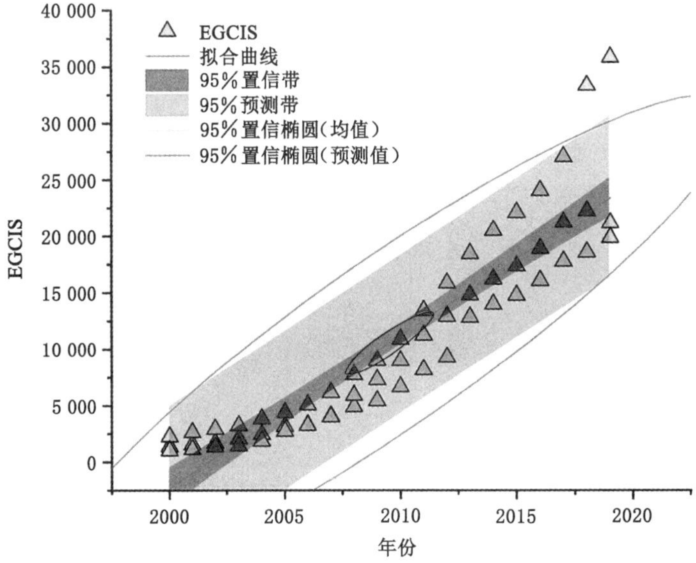

图 6-8　华中地区代表城市 EGCIS 值的变化趋势曲线

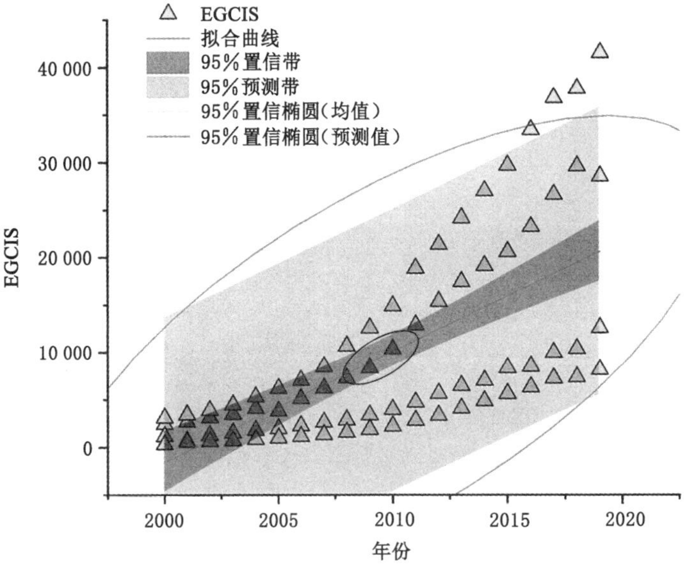

图 6-9　西南地区代表城市 EGCIS 值的变化趋势曲线

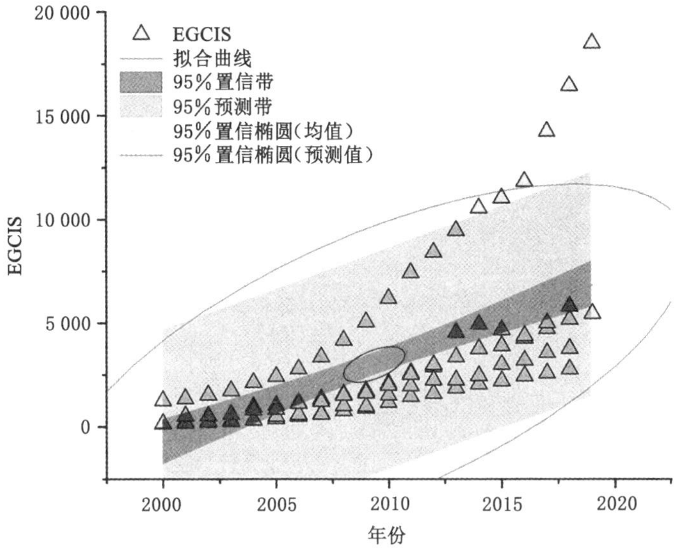

图 6-10 西北地区代表城市 EGCIS 值的变化趋势曲线

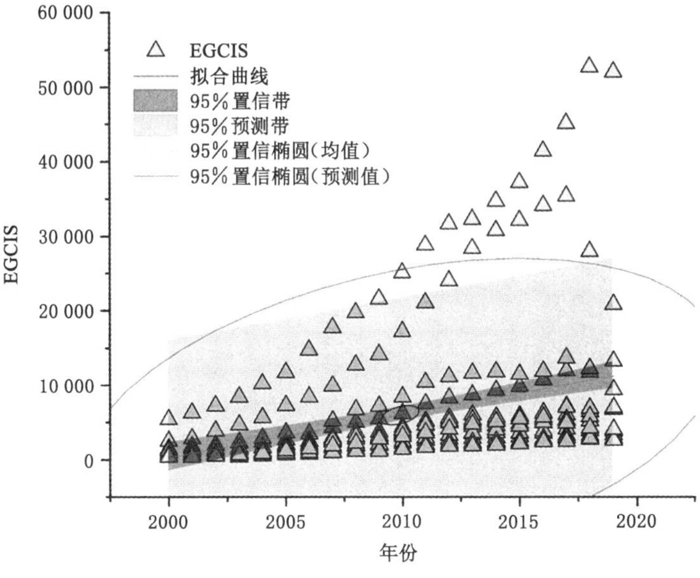

图 6-11 华北地区代表城市 EGCIS 值的变化趋势曲线

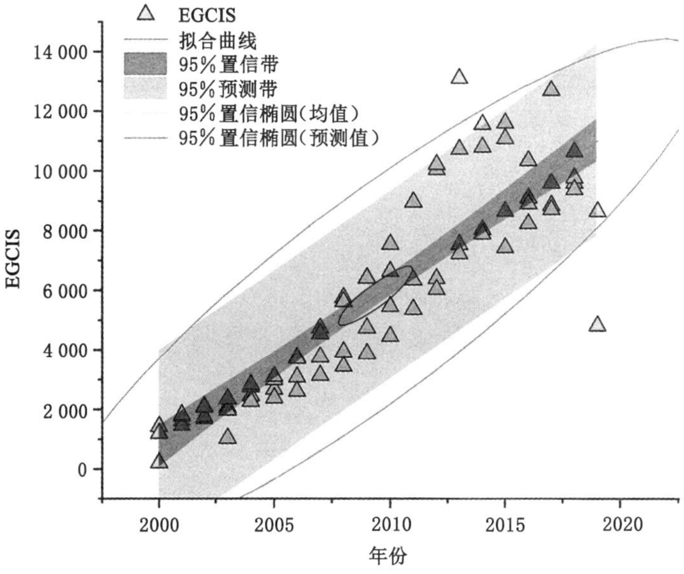

图 6-12　东北地区代表城市 EGCIS 值的变化趋势曲线

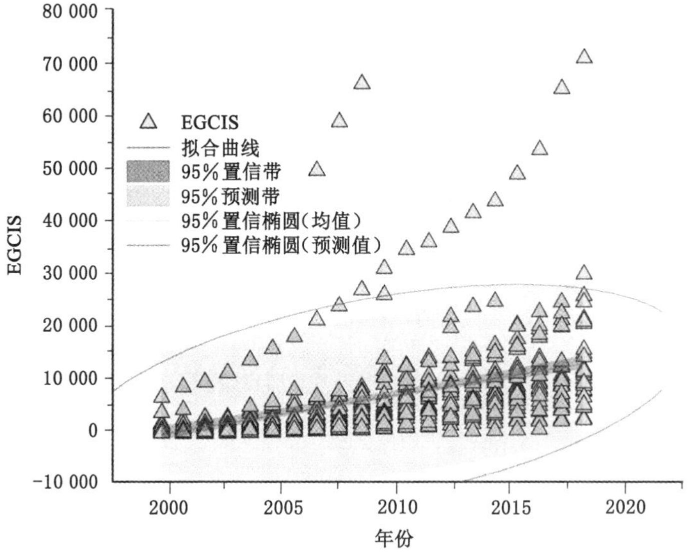

图 6-13　华东地区代表城市 EGCIS 值的变化趋势曲线

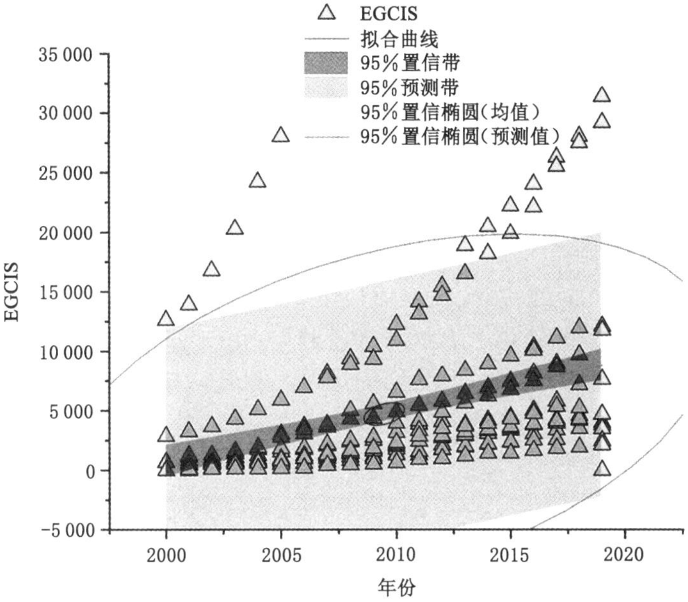

图 6-14 华南地区代表城市 EGCIS 值的变化趋势曲线

产业增加值占比之间呈现不同程度的正相关关系(表 6-4b),西南地区代表城市的 AQI 值与旅游业产值、第二产业增加值占比之间呈现正相关关系(表 6-4c),西北地区代表城市的 AQI 值与 GDP、第二产业增加值和第三产业增加值之间呈现极其显著的正相关关系($P<0.01$),与第一产业增加值、工业产值、第二产业增加值占比呈现显著的正相关关系($P<0.05$),与建筑业产值、旅游业产值和第三产业增加值占比之间呈现正相关关系(表 6-4d)。② 国家振兴东北老工业区战略导致东北地区的 EGCIS 值也呈现出线性增长的趋势,如东北地区代表城市的 AQI 值与第二产业增加值、工业产值、第一产业增加值占比和第二产业增加值占比之间呈现正相关关系(表 6-4f),农药化肥的不合理使用、粗放型经济增长和过度资源-能源消耗型旅游业的增长给该地区的空气质量状况带来了严重的胁迫。③ 粗放型经济增长(特别是污染密集型产业产值增长)、产业布局的不合理和城镇化的过快推进是这 4 个地区空气质量相对较差的重要原因。

(2) 华北地区代表城市经济增长与产业结构变化模块增长速率较慢,其增长率为 575.73 a^{-1},且呈现出集聚式增长趋势(表 6-5 和图 6-11),这主要是受到京津冀协同发展国家发展战略的影响。该战略的核心是京津冀三地作为一个整体协同发展,要以疏解非首都核心功能、解决北京"大城市病"为基本出发点，调整优化城市布局和空间结构，构建现代化交通网络系统，扩大环境容量生态空间，推进产业升级转移，推动公共服务共建共享，加快市场一体化进程，打造现代化新型首都圈，努力形成京津冀目标同向、措施一体、优势互补、互利共赢的协调发展格局。此外，受《京津冀协同发展规划纲要》《京津冀协同发展生态环境保护规划》《京津冀及周边地区深化大气污染控制中长期规划》《京津冀及周边地区2018—2019年秋冬季大气污染综合治理攻坚行动方案》《京津冀28城市将制定"一市一策"大气污染控制方案》等国家政策的调控，京津冀地区的产业结构日趋优化，经济增长模式向着绿色发展方向转变，各代表城市的空气质量指数也呈现出逐年下降的趋势。相关分析表明，受到经济增长与产业结构变化模块的影响，华北地区AQI指数与第一产业增加值、第二产业增加值占比、第三产业增加值占比之间呈现极其显著的正相关关系（$P<0.01$），与GDP、第二产业增加值、工业产值、建筑业产值之间存在正相关关系（表6-4e）。

表6-5 不同区域EGCIS值多年变化规律的线性拟合情况

区域	线性回归模型	R^2
华中地区	$EGCIS=-2\ 711\ 418.91+1\ 354.54t$	0.835 8
西南地区	$EGCIS=-2\ 339\ 534.56+1\ 168.97t$	0.448 7
西北地区	$EGCIS=-802\ 357.40+400.79t$	0.401 5
华北地区	$EGCIS=-1\ 151\ 188.74+575.73t$	0.135 9
东北地区	$EGCIS=-1\ 080\ 320.03+540.53t$	0.785 7
华东地区	$EGCIS=-1\ 448\ 003.82+724.03t$	0.202 7
华南地区	$EGCIS=-849\ 358.23+425.03t$	0.157 0

（3）华东地区和华南地区EGCIS值的多年变化趋势与京津冀地区相似，均呈现出增速慢且集聚式增长趋势（表6-5、图6-13、图6-14），如华东地区和华南地区的EGCIS值多年增长率分别为724.03 a^{-1}和425.03 a^{-1}。此外，两个地区EGCIS值的多年变化趋势的线性拟合效果也相对较差，R^2分别为0.202 7和0.157 0，这主要与国家针对长三角地区和珠三角地区两大区域的经济、大气污染治理方面的协同创新发展密切相关。华东地区和华南地区空气质量状况也受到经济增长与产业结构变化模块因素的影响，如两个地区的AQI指数与GDP、第一产业增加值、第二产业增加值、第三产业增加值、工业产值和第二产业增加值占比之间存在不同程度的正相关关系（表6-4g、h）。

6.5 能源消费增长与结构变化模块的变化趋势分析

能源消费结构的不合理也是导致我国大气污染的重要原因。本著作选取人均生活能耗(ES_1)、生活总能耗(ES_2)、生活电力消耗(ES_3)、规模以上工业企业能源消耗(ES_4)、规模以上工业企业原煤消耗(ES_5)、规模以上工业企业电力消耗(ES_6)和规模以上工业企业热力消耗(ES_7)等密切相关的具体影响因子作为能源消费增长及结构变化综合指标(ECGSC),这项综合指标显著影响我国大气污染的变化,其与AQI值之间存在密切的相关关系:

(1) 全国74个重点监控城市的AQI值与人均生活能耗、生活总能耗、规模以上工业企业原煤消耗和规模以上工业企业电力消耗之间呈现显著的正相关关系(表6-6a,$P<0.05$),说明城镇化进程下居民的生活能耗、规模以上工业企业原煤消耗和规模以上工业企业电力消耗是74个重点监控城市大气污染的重要诱因。

表6-6a 我国74个重点监控城市AQI值与ECGSC模块各具体影响因子之间的相关关系

项目	AQI	ES_1	ES_2	ES_3	ES_4	ES_5	ES_6	ES_7
AQI	1							
ES_1	0.139*	1						
ES_2	0.174*	0.572**	1					
ES_3	0.027	0.414**	0.870**	1				
ES_4	−0.067	−0.053	−0.029	−0.043	1			
ES_5	0.316**	−0.044	−0.027	−0.033	0.999**	1		
ES_6	0.133*	−0.045	−0.020	−0.022	0.990**	0.998**	1	
ES_7	0.042	0.114**	0.203**	0.178**	0.755**	0.752**	0.749**	1

注:** 在0.01级别(双尾),相关性显著;* 在0.05级别(双尾),相关性显著。

(2) 华中地区代表城市的AQI值与生活总能耗、生活电力消耗和规模以上工业企业原煤消耗呈现显著的正相关关系(表6-6b,$P<0.05$),说明城镇化进程下居民的生活能耗、生活电力消耗和规模以上工业企业原煤消耗是该地区大气污染的重要诱因。

表 6-6b 华中地区代表城市AQI值与ECGSC模块各具体影响因子之间的相关关系

项目	AQI	ES_1	ES_2	ES_3	ES_4	ES_5	ES_6	ES_7
AQI	1							
ES_1	0.329	1						
ES_2	0.439*	0.977**	1					
ES_3	0.466*	0.954**	0.984**	1				
ES_4	−0.209	0.453*	0.370	0.182	1			
ES_5	0.536*	−0.273	−0.221	−0.081	−0.742**	1		
ES_6	−0.042	0.654**	0.552**	0.540**	0.296	0.169	1	
ES_7	−0.316	0.399	0.229	0.058	0.868**	−0.813**	0.323	1

注：** 在0.01级别(双尾)，相关性显著；* 在0.05级别(双尾)，相关性显著。

(3) 西南地区的AQI值与人均生活能耗、生活总能耗、生活电力消耗和规模以上工业企业热力消耗密切相关(表6-6c，$P<0.01$)，故快速城镇化背景下城市居民生活资源、能源消耗的显著上升和规模以上工业企业热力消耗是该地区空气质量恶化的重要诱因。

表 6-6c 西南地区代表城市AQI值与ECGSC模块各具体影响因子之间的相关关系

项目	AQI	ES_1	ES_2	ES_3	ES_4	ES_5	ES_6	ES_7
AQI	1							
ES_1	−0.635**	1						
ES_2	0.650**	0.573**	1					
ES_3	0.826**	0.383*	0.912**	1				
ES_4	0.144	0.173	0.412*	0.104	1			
ES_5	0.014	0.086	0.340*	−0.272	0.962**	1		
ES_6	0.059	0.146	0.263	−0.208	0.791**	0.698**	1	
ES_7	0.847**	−0.366	0.280	0.378	0.568**	−0.764**	0.467*	1

注：** 在0.01级别(双尾)，相关性显著；* 在0.05级别(双尾)，相关性显著。

(4) 西北地区的AQI值与生活总能耗、规模以上工业企业电力消耗之间呈现出显著的正相关关系(表6-6d，$P<0.05$)，说明城市居民生活资源、能源消耗的增加和规模以上工业企业电力消耗是该地区空气质量恶化的重要原因。

表 6-6d 西北地区代表城市 AQI 值与 ECGSC 模块各具体影响因子之间的相关关系

项目	AQI	ES_1	ES_2	ES_3	ES_4	ES_5	ES_6	ES_7
AQI	1							
ES_1	0.455	1						
ES_2	0.540*	0.500**	1					
ES_3	0.405	0.189	0.906**	1				
ES_4	−0.291	0.688**	−0.697**	−0.779**	1			
ES_5	0.173	0.573**	−0.001	−0.234	0.627**	1		
ES_6	−0.605*	0.113	−0.275	−0.347	0.449	−0.293	1	
ES_7	−0.029	−0.147	−0.771**	−0.816**	0.835**	0.432*	0.295	1

注：** 在 0.01 级别(双尾)，相关性显著；* 在 0.05 级别(双尾)，相关性显著。

(5) 华北地区的 AQI 值与人均生活能耗呈现极其显著的负相关关系(表 6-6e，$P<0.01$)，与生活电力能耗呈现显著的正相关关系($P<0.05$)，与生活总能耗以及规模以上工业企业的能源消耗、原煤消耗、电力消耗之间呈现正相关关系，相关性系数相对较低，表明京津冀地区的协同发展以及大气污染的协同治理取得明显的成效，但快速城镇化背景下城市居民的生活能源消耗仍然是导致空气质量好转趋势下降的重要原因。

表 6-6e 华北地区代表城市 AQI 值与 ECGSC 模块各具体影响因子之间的相关关系

项目	AQI	ES_1	ES_2	ES_3	ES_4	ES_5	ES_6	ES_7
AQI	1							
ES_1	−0.331**	1						
ES_2	0.200	0.550**	1					
ES_3	0.409*	0.432**	0.946**	1				
ES_4	0.090	0.303**	0.606**	0.596**	1			
ES_5	0.109	−0.299**	−0.297**	−0.274*	0.576**	1		
ES_6	0.247	0.196*	0.599**	0.685**	0.929**	0.400**	1	
ES_7	−0.069	0.250*	0.715**	0.818**	0.709**	−0.040	0.744**	1

注：** 在 0.01 级别(双尾)，相关性显著；* 在 0.05 级别(双尾)，相关性显著。

(6) 东北地区的 AQI 值与生活能耗、规模以上工业企业能耗之间相关性并未达到显著水平(表 6-6f，$P>0.05$)。东北三省的经济在一定程度上的衰退现象、人口方面呈现出的“净流出”局面和“收缩型城市”等原因导致了该地区社会经济发展相对缓慢，故其生活能耗和工业能耗水平也相对较低。

表 6-6f　东北地区代表城市 AQI 值与 ECGSC 模块各具体影响因子之间的相关关系

项目	AQI	ES_1	ES_2	ES_3	ES_4	ES_5	ES_6	ES_7
AQI	1							
ES_1	−0.118	1						
ES_2	0.239	0.798**	1					
ES_3	0.038	0.739**	0.904**	1				
ES_4	−0.265	0.191	−0.051	−0.052	1			
ES_5	0.251	−0.169	−0.152	0.014	−0.101	1		
ES_6	0.003	0.153	0.007	0.053	−0.009	−0.006	1	
ES_7	−0.496*	0.127	−0.451**	−0.445**	0.606**	−0.059	0.749**	1

注：** 在 0.01 级别（双尾），相关性显著；* 在 0.05 级别（双尾），相关性显著。

（7）华东地区的 AQI 值与人均生活能耗、生活电力消耗之间呈现显著的负相关关系（表 6-6g，$P<0.05$），说明能源消费增长与结构变化模块对本地区的影响相对较小。

表 6-6g　华东地区代表城市 AQI 值与 ECGSC 模块各具体影响因子之间的相关关系

项目	AQI	ES_1	ES_2	ES_3	ES_4	ES_5	ES_6	ES_7
AQI	1							
ES_1	−0.286**	1						
ES_2	−0.134	0.664**	1					
ES_3	−0.214*	0.694**	0.937**	1				
ES_4	0.097	0.160*	0.427**	0.597**	1			
ES_5	0.063	0.189*	0.182**	0.358**	0.661**	1		
ES_6	−0.041	0.240*	0.299**	0.476**	0.353**	0.390**	1	
ES_7	−0.064	0.324**	0.380**	0.519**	0.660**	0.523**	0.309**	1

注：** 在 0.01 级别（双尾），相关性显著；* 在 0.05 级别（双尾），相关性显著。

（8）华南地区的 AQI 值与人均生活能耗、生活总能耗、生活电力消耗、规模以上工业企业原煤消耗、规模以上工业企业电力消耗和规模以上企业热力消耗之间呈现显著的正相关关系（表 6-6h，$P<0.05$），说明快速城镇化背景下能源消

费结构的不合理是本地区城市空气质量恶化的重要原因。

表 6-6h 华南地区代表城市 AQI 值与 ECGSC 模块各具体影响因子之间的相关关系

项目	AQI	ES_1	ES_2	ES_3	ES_4	ES_5	ES_6	ES_7
AQI	1							
ES_1	0.416**	1						
ES_2	0.497**	0.436**	1					
ES_3	0.463**	0.486**	0.985**	1				
ES_4	−0.173	−0.136	−0.060	−0.073	1			
ES_5	0.511**	−0.131	−0.056	−0.063	1.000**	1		
ES_6	0.606**	−0.131	−0.056	−0.062	0.991**	1.000**	1	
ES_7	0.275*	−0.019	−0.056	0.042	0.947**	0.957**	0.957**	1

注：** 在 0.01 级别(双尾)，相关性显著；* 在 0.05 级别(双尾)，相关性显著。

华中地区、西南地区、西北地区、华北地区、东北地区、华东地区和华南地区代表城市 ECGSC 值多年变化规律的线性拟合情况见表 6-7。整体上，7 个地区的 ECGSC 值均呈现上升的趋势，但除了西北地区的线性拟合效果相对较好($R^2=0.492\ 0$)外，其他地区的线性拟合效果相对较差($R^2<0.200\ 0$)(图 6-15～图 6-21)。快速城镇化推进、区域经济过快增长、能源消费量过大且消费结构不合理等因素是我国不同区域 ECGSC 值持续增长的重要原因，也是我国 74 个重点监控城市空气质量改善的限制性因素。

表 6-7 不同区域 ECGSC 值多年变化规律的线性拟合情况

区域	线性回归模型	R^2
华中地区	$ECGSC=-104\ 771.96+52.29t$	0.104 6
西南地区	$ECGSC=-149\ 967.03+74.85t$	0.174 3
西北地区	$ECGSC=-377\ 344.81+188.62t$	0.492 0
华北地区	$ECGSC=-98\ 341.39+50.94t$	0.003 5
东北地区	$ECGSC=-13\ 246.59+7.07t$	0.012 3
华东地区	$ECGSC=-369\ 797.63+185.78t$	0.091 3
华南地区	$ECGSC=-332\ 448.99+166.34t$	0.168 3

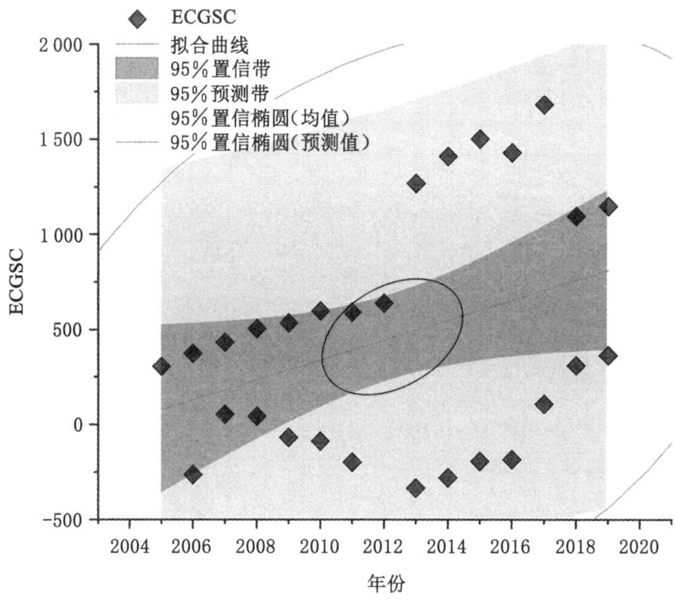

图 6-15　华中地区代表城市 ECGSC 值的变化趋势曲线

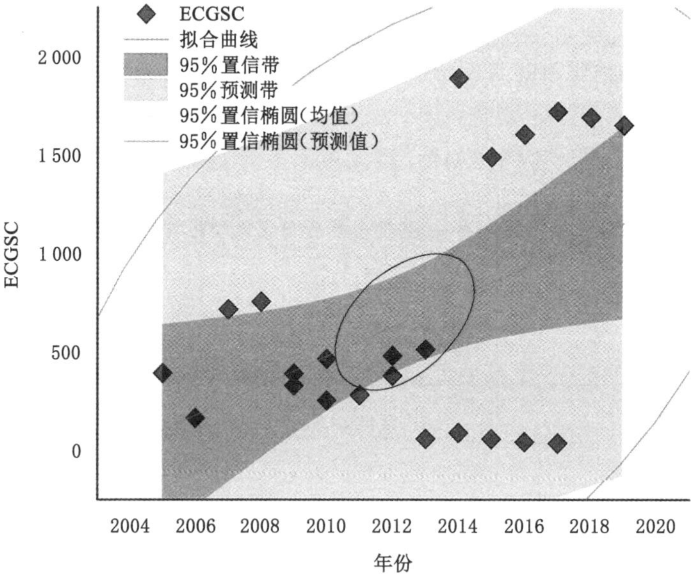

图 6-16　西南地区代表城市 ECGSC 值的变化趋势曲线

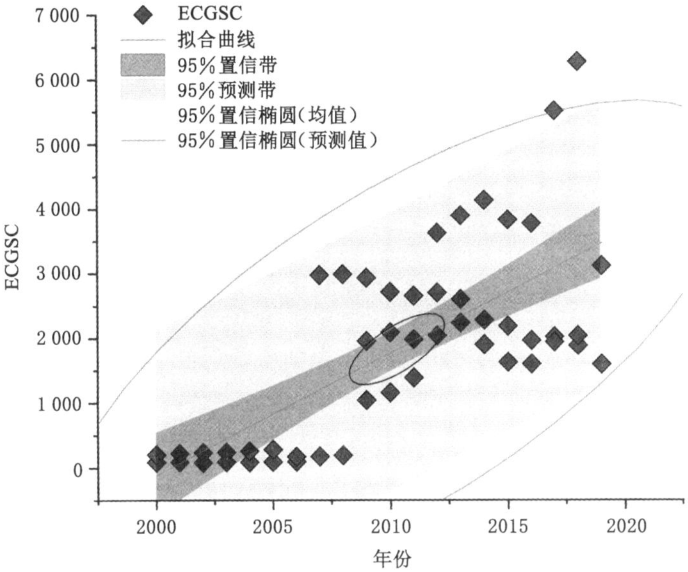

图 6-17 西北地区代表城市 ECGSC 值的变化趋势曲线

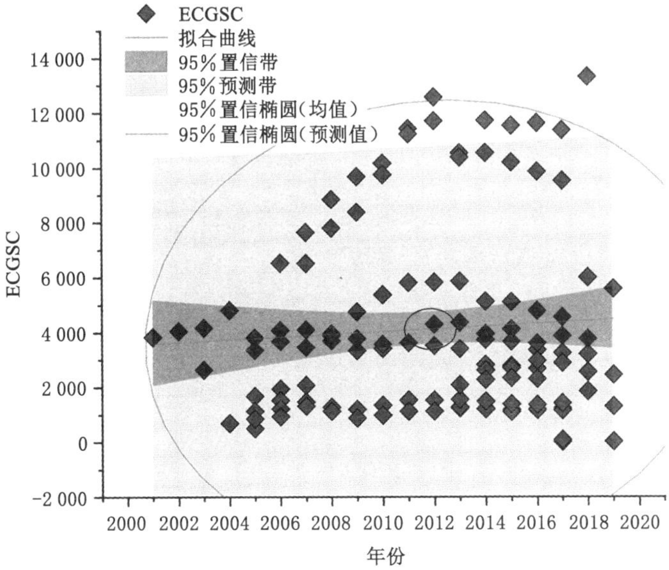

图 6-18 华北地区代表城市 ECGSC 值的变化趋势曲线

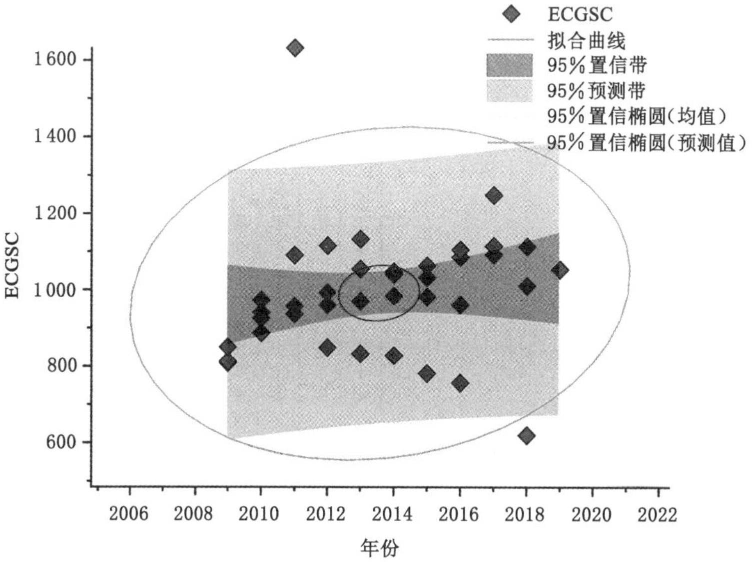

图 6-19　东北地区代表城市 ECGSC 值的变化趋势曲线

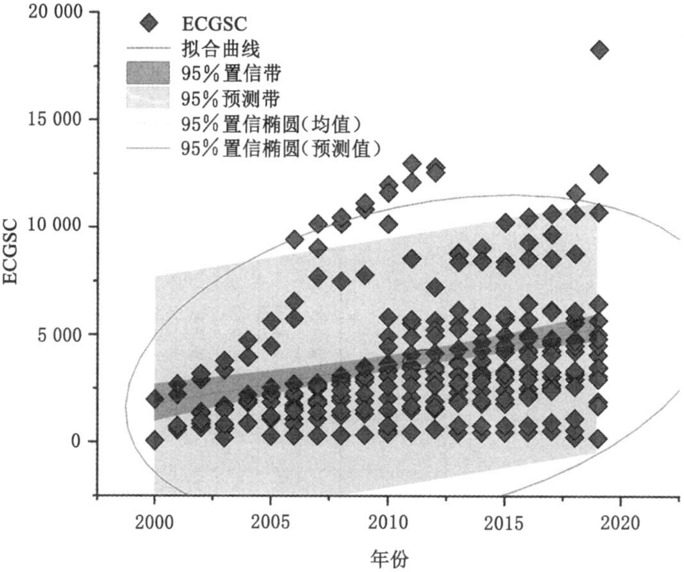

图 6-20　华东地区代表城市 ECGSC 值的变化趋势曲线

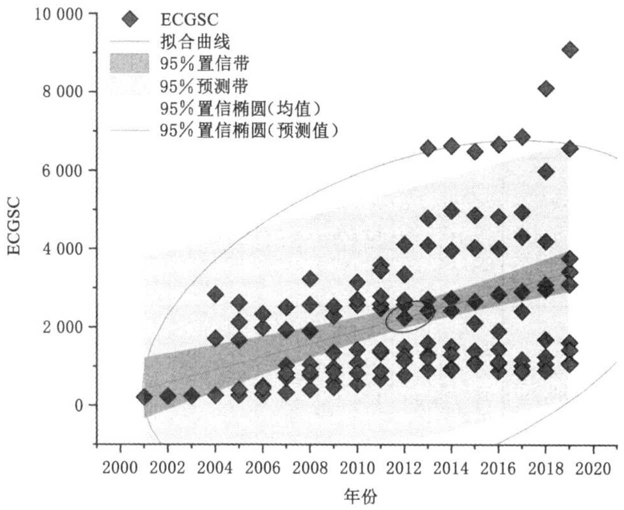

图 6-21　华南地区代表城市 ECGSC 值的变化趋势曲线

6.6　社会经济驱动力的变化趋势分析

华中地区、西南地区、西北地区、华北地区、东北地区、华东地区和华南地区代表城市 DFI 值多年变化规律的线性拟合情况如表 6-8 所示。

表 6-8　不同区域 DFI 值多年变化规律的线性拟合情况

区域	线性回归模型	R^2
华中地区	DFI＝－13 353 800＋6 669.49t	0.668 9
西南地区	DFI＝－12 203 800＋6 087.34t	0.748 9
西北地区	DFI＝－7 490 062.62＋3 741.26t	0.802 2
华北地区	DFI＝－5 203 151.91＋2 065.82t	0.171 9
东北地区	DFI＝－3 922 542.03＋1 970.87t	0.176 1
华东地区	DFI＝－7 468 382.90＋3 735.29t	0.447 1
华南地区	DFI＝－4 996 709.07＋2 499.53t	0.350 2

我国 74 个重点监控城市的社会经济驱动力(DFI)多年变化趋势见图6-22～图 6-28。不难看出，华中地区、西南地区、西北地区、华北地区、东北地区、华东地区和华南地区的多年 DFI 值均呈现出显著上升的趋势。利用 SPSS 统计分析软件对这 7 个地区的 DFI 值的多年变化情况进行线性回归，发现华中地区、西南地区和

西北地区的线性回归效果最好，其 R^2 值分别为 0.668 9、0.748 9 和0.802 2，华北地区和东北地区的线性回归效果最差，其 R^2 值分别为 0.171 9 和 0.176 1。

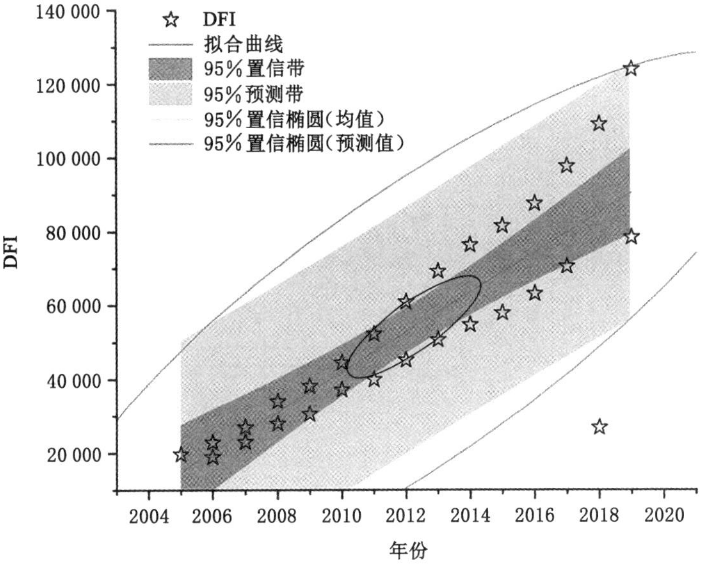

图 6-22 华中地区代表城市 DFI 值的变化趋势曲线

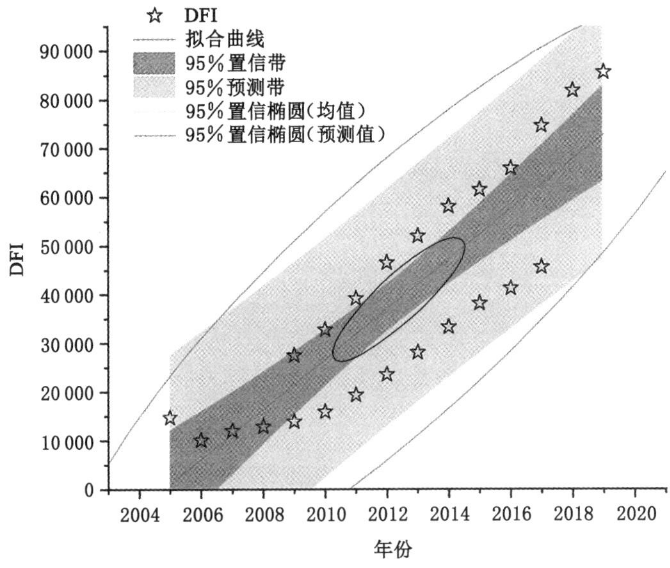

图 6-23 西南地区代表城市 DFI 值的变化趋势曲线

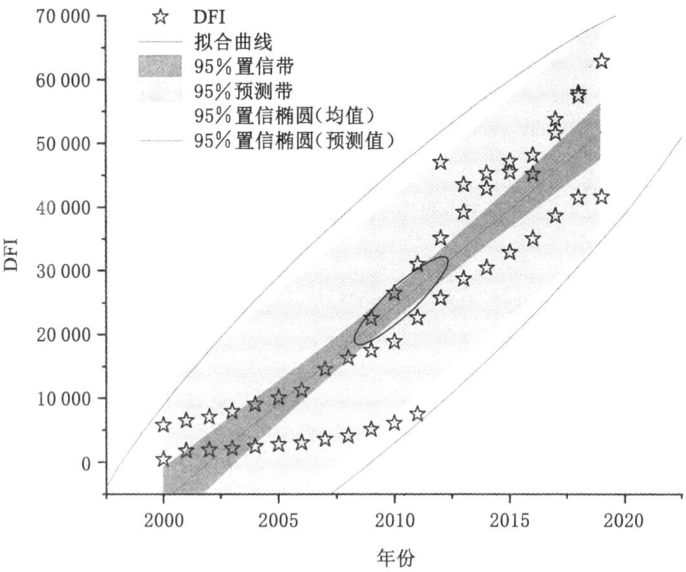

图 6-24　西北地区代表城市DFI值的变化趋势曲线

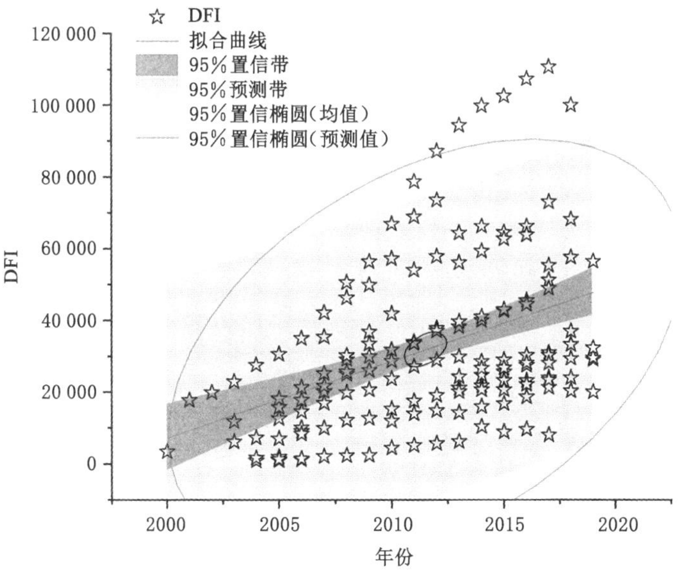

图 6-25　华北地区代表城市DFI值的变化趋势曲线

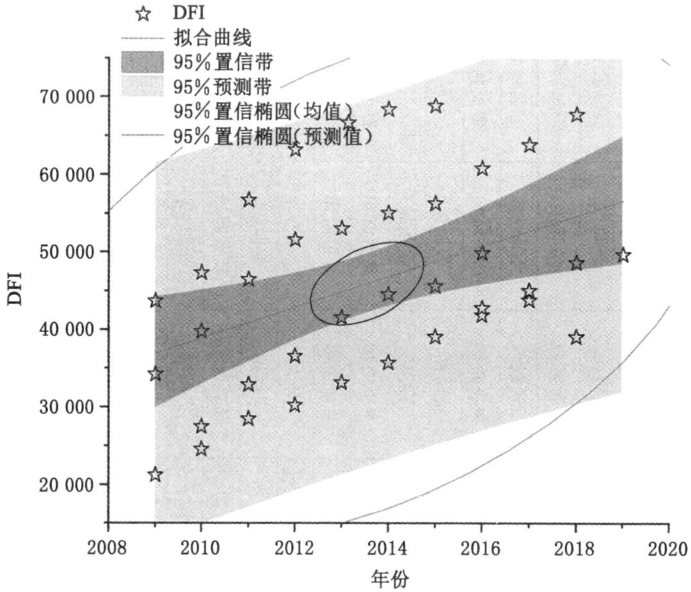

图 6-26　东北地区代表城市 DFI 值的变化趋势曲线

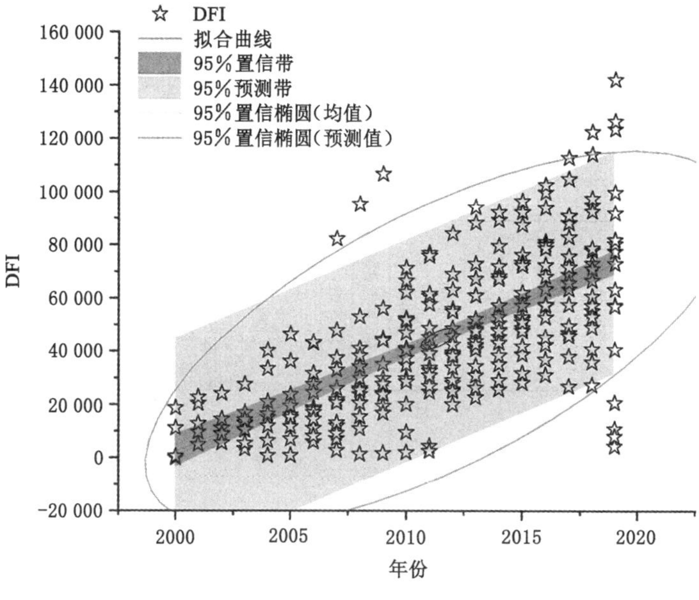

图 6-27　华东地区代表城市 DFI 值的变化趋势曲线

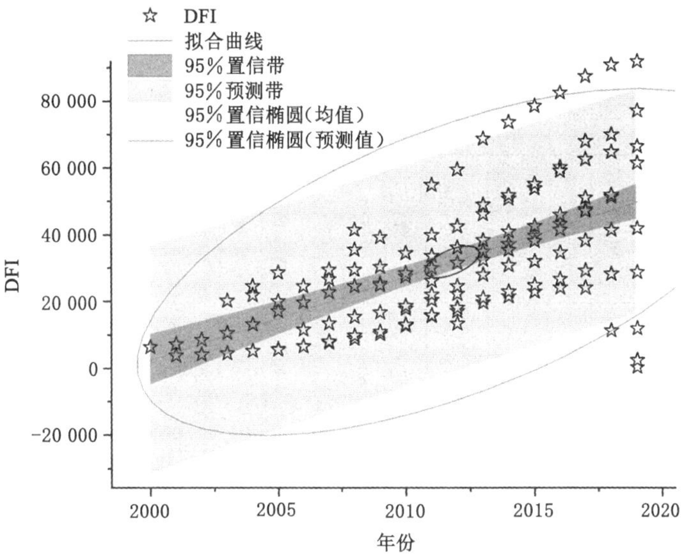

图6-28 华南地区代表城市DFI值的变化趋势曲线

6.7 本章小结

(1) 在我国74个重点监控城市中，华中地区、西南地区、西北地区、华北地区、东北地区、华东地区和华南地区7个区域的多年UDPG呈现出线性增长的趋势。其中，华中地区、东北地区和华东地区的UDPG值增长率最高，分别达到了5 079.23 a^{-1}、4 281.17 a^{-1}和3 710.45 a^{-1}，西北地区和华北地区的UDPG值增长率最低，其值分别为2 548.37 a^{-1}和2 606.31 a^{-1}。从线性拟合的效果分析，华中地区、西南地区、东北地区、西北地区和华东地区的线性拟合效果较好，其R^2值分别为0.815 9、0.793 5、0.738 2、0.619 0和0.574 6。

(2) 全国74个重点监控城市的EGCIS值均呈现出逐年上升的趋势，但其各自增长的趋势有所差异：① 华中地区、东北地区、西南地区和西北地区呈现出线性增长的趋势，其多年增长率分别为1 354.54 a^{-1}、540.53 a^{-1}、1 168.97 a^{-1}和400.79 a^{-1}；② 华北地区代表城市经济增长与产业结构变化模块增长速率较慢，其增长率为575.73 a^{-1}，且呈现出集聚式增长趋势；③ 华东地区和华南地区EGCIS值的多年变化趋势与京津冀地区相似，均呈现出增速慢且集聚式增长趋势。

(3) 全国74个重点监控城市AQI值与ECGSC模块各具体影响因子之间的相关关系为：① 全国74个重点监控城市的AQI值与人均生活能耗、生活总能耗、规模以上工业企业原煤消耗和规模以上工业企业电力消耗之间呈现显著的正相关关系；② 华中地区代表城市的AQI值与生活总能耗、生活电力消耗和规模以上工业企业原煤消耗呈现显著的正相关关系($P<0.05$)；③ 西南地区的AQI值与人均生活能耗、生活总能耗、生活电力消耗和规模以上工业企业热力消耗密切相关($P<0.01$)；④ 西北地区的AQI值与生活总能耗、规模以上工业企业电力消耗之间呈现出显著的正相关关系($P<0.05$)；⑤ 华北地区的AQI值与人均生活能耗呈现极其显著的负相关关系($P<0.01$)，与生活电力能耗呈现显著的正相关关系($P<0.05$)，与生活总能耗、规模以上工业企业的能源消耗、原煤消耗、电力消耗之间呈现正相关关系；⑥ 东北地区的AQI值与生活能耗、规模以上工业企业能耗之间相关性并未达到显著水平($P>0.05$)；⑦ 华东地区的AQI值与人均生活能耗、生活电力消耗之间呈现显著的负相关关系($P<0.05$)；⑧ 华南地区的AQI值与人均生活能耗、生活总能耗、生活电力消耗、规模以上工业企业原煤消耗、规模以上工业企业电力消耗和规模以上企业热力消耗之间呈现显著的正相关关系($P<0.05$)。

华中地区、西南地区、西北地区、华北地区、东北地区、华东地区和华南地区代表城市ECGSC值多年变化规律：整体上，7个地区的ECGSC值均呈现上升的趋势，但除了西北地区的线性拟合效果相对较好($R^2=0.492\ 0$)外，其他地区的线性拟合效果相对较差($R^2<0.200\ 0$)。

(4) 华中地区、西南地区、西北地区、华北地区、东北地区、华东地区和华南地区的多年DFI值均呈现出显著上升的趋势。华中地区、西南地区和西北地区的线性回归效果最好，其R^2值分别为0.668 9、0.748 9和0.802 2，华北地区和东北地区的线性回归效果最差，其R^2值分别为0.171 9和0.176 1。

本章参考文献

[1] 刘晓红.中国城市雾霾污染的时空分异、动态演化与影响机制[J].西南民族大学学报(人文社科版)，2019，40(2)：98-113.

[2] 张晓雷，马丁.河南省煤炭消费、产业结构与雾霾污染互动关系研究[J].煤炭工程，2020，52(5)：194-199.

[3] LIU Y P，WU J G，YU D Y，et al.Understanding the patterns and drivers

of air pollution on multiple time scales: the case of Northern China[J]. Environmental management, 2018, 61(6): 1048-1061.

[4] WANG S J, ZHOU C S, WANG Z B, et al. The characteristics and drivers of fine particulate matter ($PM_{2.5}$) distribution in China[J]. Journal of cleaner production, 2017, 142: 1800-1809.

[5] TRIVEDIR H. Entrepreneurial-intention constraint model: a comparative analysis among post-graduate management students in India, Singapore and Malaysia[J]. International entrepreneurship and management journal, 2017, 13(4): 1239-1261.

[6] CHENG Z H, LI L S, LIU J. Identifying the spatial effects and driving factors of urban $PM_{2.5}$ pollution in China[J]. Ecological indicators, 2017, 82: 61-75.

[7] 陈阳，孙婧，逯进. 城市蔓延和产业结构对环境污染的影响[J]. 城市问题, 2018(4): 18-25.

[8] 刘亚清，马艺翔，吴振信. 京津冀地区产业结构升级对大气污染的影响[J]. 城市问题, 2017(12): 65-71.

[9] 刘晨跃，尚远红. 雾霾污染程度的经济社会影响因素及其时空差异分析：基于30个大中城市面板数据的实证检验[J]. 经济与管理评论, 2017, 33(1): 75-82.

[10] 樊晓露，吴世昌. 上海市经济增长与雾霾污染的关系研究[J]. 发展研究, 2017(2): 88-93.

[11] 刘晓红，江可申. 城镇化进程中我国经济增长、贸易开放、第三产业与雾霾：基于省际面板数据的实证[J]. 金融与经济, 2017(3): 20-25.

[12] CHUAI X M, FAN C, WANG M S, et al. A study of the socioeconomic forces driving air pollution based on a DPSIR model in Henan Province, China[J]. Sustainability, 2020, 12(1): 252.

7 我国城市大气污染与其社会经济驱动力之间的脱钩效应研究

7.1 引言

近年来，我国的城市社会经济持续稳步增长，城市发展方面取得了十分可喜的成绩。然而，我国的城市社会经济发展方面同时存在城镇化推进相对过快、产业结构不合理和能源消费不合理等一系列问题，严重胁迫着我国城市的空气质量状况。2018年4月，习近平总书记在考察长江经济带时指出经济发展应"正确把握生态环境保护和经济发展的关系……关键是要处理好绿水青山和金山银山的关系"。提质增效与绿色发展是经济可持续发展的主要特征。可见，正确处理大气环境质量与社会经济增长之间的关系问题具有非常重要的理论及现实意义。

脱钩关系是大气环境质量与经济增长之间的一种关系，其定量表征对于大气污染的防治和经济的持续健康发展十分必要。脱钩概念源自物理学领域，是指具有相应关系的两个或两个以上物理量之间的相应关系由存在到不存在的过程。经济合作与发展组织(OECD)将脱钩的概念拓展到环境领域，并将其定义为经济增长与环境冲击耦合关系的破裂，人为脱钩即是打破或解除环境污染危害与经济持续增长之间的联系，或者说是打破环境压力与经济绩效之间的关联。换言之，大气污染领域的脱钩是指大气污染不会随着经济不断增长而增长。王星[1]、李靖云[2]研究了经济增长与雾霾污染之间的脱钩效应，于冠一等人[3]、王书斌等人[4]研究了工业发展与雾霾污染之间的脱钩效应。然而，单一的经济增长指标很难从复杂的城市发展系统中剥离出来，整个城市的社会经济是耦合发展的。前期研究成果表明，我国城市的大气污染与社会经济耦合作用之间的关联十分密切，故本著作以我国74个重点监控城市为研究对象，深入研究DPSIR质量结构模型的作用下大气污染与社会经济驱动力之间的脱钩关系，以期有效评价我国大气污染与城市社会经济发展之间的关系，为大气污染治理与城市社会经济的持续发展提供重要的理论参考。

7.2 数据来源与研究方法

7.2.1 数据来源

本章中 74 个重点监控城市的 AQI 值以及 SO_2、NO_2、PM_{10}、$PM_{2.5}$、CO 和 O_3 6 种污染物的浓度值的数据来源见表 6-1；我国 74 个重点监控城市社会经济综合驱动力（DFI）的多年变化值利用主成分综合评价模型获得（详见第 6 章）。

7.2.2 脱钩关系模型

本著作所指的大气污染与社会经济驱动力之间的脱钩关系是指大气污染质量指标（AQI 值、SO_2、NO_2、PM_{10}、$PM_{2.5}$、CO 和 O_3 共 7 项）不会随着社会经济不断增长而增长，即大气污染物的排放量或浓度的增长速度小于城市社会经济的增长速度，或不随社会经济增长而增长，甚至是随着经济增长而降低。本著作选取我国 74 个重点监控城市为研究对象，借鉴 Tapio 脱钩弹性模型[1-4]，构建我国城市社会经济驱动力与大气污染的脱钩关系模型，其表达式见式(7-1)，其脱钩状态判断标准见表 7-1。

$$DI=\frac{\Delta PI}{\Delta DFI}=\frac{(E_t-E_{t-1})/E_{t-1}}{(DFI_t-DFI_{t-1})/DFI_{t-1}} \tag{7-1}$$

式中：DI 为脱钩指数值；ΔPI 为大气污染变化率；ΔDFI 为 DFI 变化率；E_t 和 E_{t-1} 分别代表 t 和 $(t-1)$ 时刻空气质量指标（包括 AQI 值、SO_2、NO_2、PM_{10}、$PM_{2.5}$、CO 和 O_3 7 项大气污染指标）数值；DFI_t 和 DFI_{t-1} 为 t 和 $(t-1)$ 时刻 DFI 的数值。

表 7-1 Tapio 脱钩状态分类结果

类别	环境压力变化	DFI 指标变化	弹性系数	状态判断
负脱钩	>0	>0	DI>1.2	扩张负脱钩
	>0	<0	DI<0	强负脱钩
	<0	<0	0<DI<0.8	弱负脱钩
脱钩	>0	>0	0<DI<0.8	弱脱钩
	<0	>0	DI<0	强脱钩
	<0	<0	DI>1.2	衰退脱钩
连接	>0	>0	0.8<DI<1.2	增长连接
	<0	<0	0.8<DI<1.2	衰退连接

7.2.3 统计分析方法

本著作研究的AQI值、SO_2、NO_2、PM_{10}、$PM_{2.5}$、CO和O_3 7项大气污染指标及其与城市人口数量等社会经济单一指标、UDPG、EGCIS、ECGSC和DFI之间的相关关系利用SPSS 25.0软件的Pearson相关分析获得。

7.3 结果分析与讨论

7.3.1 全国74个重点监控城市大气污染与DFI之间的脱钩关系分析

从统计结果分析，我国74个重点监控城市大气污染与DFI之间的脱钩关系呈现出如下规律：① 2015年，全国重点监控城市的大气污染与DFI之间的脱钩关系以强脱钩为主，强脱钩占比为87.60%，这主要得益于2013年全国大范围雾霾污染后的严格控制（表7-2～表7-7）；② 2015—2019年间，我国74个重点监控城市大气污染与DFI之间的强脱钩效应呈现显著下降的趋势（$P<0.05$），城镇化进程过快、产业结构扭曲和能源消费结构不合理导致的NO_2和O_3浓度的严重超标是强脱钩效应比例下降的主要原因，如我国74个重点监控城市的NO_2浓度和经济能源消费增长与结构变化（ECGSC）、经济增长与产业结构变化（EGCIS）、社会经济综合驱动力（DFI）之间呈现显著正相关关系（$P<0.05$），O_3浓度与城市发展与人口增长（UDPG）、ECGSC和DFI之间呈现极其显著的正相关关系（$P<0.01$），与EGCIS之间显著正相关（$P<0.05$）（表7-8）；③ 2015—2019年间，我国74个重点监控城市的大气污染与DFI之间的负脱钩效应（包括扩张负脱钩、强负脱钩和弱负脱钩）的比例呈现出上升的趋势（图7-1），NO_2和O_3浓度超标是主要原因。

7.3.2 华中地区代表城市大气污染与DFI之间的脱钩关系分析

除2015年和2018年以外，华中地区代表城市的大气污染与DFI值呈现出脱钩特征（表7-9），这主要与郑州、武汉等地区的严格管控有关。与2016年、2017年相比，2019年华中地区代表城市的脱钩效应由强脱钩向强负脱钩、弱脱钩转变，其中，郑州市的转变相对更加明显，城镇化率过快、汽车保有量线性增长、生活能耗的快速增长、产业结构不合理和以化石能源（煤炭）为主导的能源消费方式是其脱钩关系转变的重要诱因。此外，相关分析表明，O_3浓度与UDPG、EGCIS和DFI值之间呈现显著的正相关关系（$P<0.05$）（表7-10），说明因城镇化率过快增长、产业结构不合理和以煤炭为主导的能源消费方式诱发的O_3浓度严重超标是华中地区大气污染的重要原因。

表 7-2　2015 年全国 74 个重点监控城市大气污染物与 DFI 之间的脱钩关系分析

区域	城市	AQI	$PM_{2.5}$	PM_{10}	SO_2	NO_2	CO	O_3
华中地区	郑州	扩张负脱钩	扩张负脱钩	扩张负脱钩	强脱钩	扩张负脱钩	强脱钩	扩张负脱钩
	武汉	强脱钩	强脱钩	强脱钩	强脱钩	强脱钩	强脱钩	强脱钩
西南地区	成都	强脱钩	强脱钩	强脱钩	强脱钩	强脱钩	强脱钩	强脱钩
	贵阳	强脱钩	强脱钩	强脱钩	强脱钩	强脱钩	强脱钩	弱脱钩
西北地区	西安	强脱钩	强脱钩	强脱钩	强脱钩	强脱钩	强脱钩	强脱钩
	乌鲁木齐	强脱钩	扩张负脱钩	强脱钩	强脱钩	强脱钩	强脱钩	强脱钩
华北地区	天津	强脱钩	强脱钩	强脱钩	强脱钩	强脱钩	强脱钩	强脱钩
	太原	强脱钩	强脱钩	强脱钩	强脱钩	增长连接	强脱钩	强脱钩
	石家庄	强脱钩	强脱钩	强脱钩	强脱钩	强脱钩	强脱钩	强脱钩
	唐山	衰退脱钩	衰退脱钩	衰退脱钩	衰退脱钩	强负脱钩	衰退脱钩	衰退脱钩
	邯郸	强脱钩	强脱钩	强脱钩	强脱钩	强脱钩	强脱钩	强脱钩
	秦皇岛	强脱钩	强脱钩	强脱钩	强脱钩	强脱钩	强脱钩	强脱钩
	保定	强脱钩	强脱钩	强脱钩	强脱钩	强脱钩	强脱钩	强脱钩
	承德	强脱钩	—	—	—	—	—	—
	沧州	衰退脱钩	—	—	—	—	—	—
	张家口	扩张负脱钩	—	—	—	—	—	—
	呼和浩特	强脱钩	强脱钩	强脱钩	强脱钩	强脱钩	强脱钩	强脱钩
东北地区	哈尔滨	强脱钩	强脱钩	强脱钩	强脱钩	强脱钩	强脱钩	强脱钩
	长春	扩张负脱钩	强脱钩	强脱钩	强脱钩	强脱钩	强脱钩	强脱钩
	沈阳	强脱钩	强脱钩	强脱钩	强脱钩	强脱钩	强脱钩	强脱钩
	大连	扩张负脱钩	强脱钩	强脱钩	强脱钩	强脱钩	强脱钩	扩张负脱钩

表 7-2(续)

区域	城市	AQI	$PM_{2.5}$	PM_{10}	SO_2	NO_2	CO	O_3
华东地区	济南	强脱钩	增长连接	强脱钩	强脱钩	强脱钩	强脱钩	强脱钩
	青岛	强脱钩	强脱钩	强脱钩	强脱钩	强脱钩	强脱钩	强脱钩
	合肥	强脱钩	强脱钩	强脱钩	强脱钩	弱脱钩	强脱钩	扩张负脱钩
	南昌	强脱钩	—	—	—	—	—	—
	台州	强脱钩	—	—	—	—	—	—
	南京	强脱钩	强脱钩	强脱钩	强脱钩	强脱钩	强脱钩	强脱钩
	无锡	强脱钩	强脱钩	强脱钩	强脱钩	强脱钩	强脱钩	强脱钩
	徐州	强脱钩	强脱钩	弱脱钩	强脱钩	弱脱钩	强脱钩	强脱钩
	常州	强脱钩	强脱钩	强脱钩	强脱钩	扩张负脱钩	强脱钩	强脱钩
	苏州	强脱钩	强脱钩	强脱钩	强脱钩	弱脱钩	强脱钩	强脱钩
	南通	强脱钩	强脱钩	强脱钩	扩张负脱钩	强脱钩	弱脱钩	强脱钩
	淮安	强脱钩	—	—	—	—	—	—
	盐城	弱脱钩	—	—	—	—	—	—
	扬州	强脱钩	强脱钩	强脱钩	强脱钩	强脱钩	强脱钩	扩张负脱钩
	镇江	强脱钩	强脱钩	强脱钩	弱脱钩	强脱钩	强脱钩	强脱钩
	泰州	强脱钩	—	—	—	—	—	—
	宿迁	强脱钩	—	—	—	—	—	—
	连云港	强脱钩	强脱钩	强脱钩	强脱钩	强脱钩	强脱钩	强脱钩

表 7-2(续)

区域	城市	AQI	$PM_{2.5}$	PM_{10}	SO_2	NO_2	CO	O_3
华南地区	东莞	强脱钩	—	—	—	—	—	—
	厦门	强脱钩	强脱钩	强脱钩	强脱钩	强脱钩	强脱钩	强脱钩
	广州	强脱钩	强脱钩	强脱钩	强脱钩	强脱钩	强脱钩	强脱钩
	珠海	强脱钩	强脱钩	强脱钩	强脱钩	强脱钩	强脱钩	强脱钩
	佛山	强脱钩	—	—	—	—	—	—
	肇庆	强脱钩	—	—	—	—	—	—
	惠州	强脱钩	—	—	—	—	—	—
	福州	强脱钩	强脱钩	强脱钩	强脱钩	强脱钩	强脱钩	强脱钩
	南宁	强脱钩	强脱钩	强脱钩	强脱钩	强脱钩	强脱钩	强脱钩

注:—代表数据不全,无法计算。

表 7-3 2016 年全国 74 个重点监控城市大气污染物与 DFI 之间的脱钩关系分析

区域	城市	AQI	$PM_{2.5}$	PM_{10}	SO_2	NO_2	CO	O_3
华中地区	郑州	强脱钩	强脱钩	强脱钩	强脱钩	强脱钩	弱脱钩	增长连接
	武汉	强脱钩	强脱钩	强脱钩	强脱钩	强脱钩	强脱钩	强脱钩
西南地区	成都	弱脱钩	强脱钩	强脱钩	强脱钩	弱脱钩	强脱钩	弱脱钩
	贵阳	弱脱钩	强脱钩	弱脱钩	强脱钩	弱脱钩	弱脱钩	弱脱钩
西北地区	西安	扩张负脱钩	扩张负脱钩	扩张负脱钩	强脱钩	扩张负脱钩	强脱钩	扩张负脱钩
	乌鲁木齐	强负脱钩	强负脱钩	衰退脱钩	衰退脱钩	强负脱钩	强负脱钩	衰退连接
华北地区	天津	弱脱钩	弱脱钩	强脱钩	强脱钩	扩张负脱钩	弱脱钩	弱脱钩
	太原	扩张负脱钩	强脱钩	扩张负脱钩	强脱钩	扩张负脱钩	弱脱钩	扩张负脱钩
	石家庄	扩张负脱钩	扩张负脱钩	扩张负脱钩	强脱钩	扩张负脱钩	扩张负脱钩	扩张负脱钩
	唐山	强脱钩	强脱钩	强脱钩	强脱钩	强脱钩	扩张负脱钩	强脱钩
	邯郸	强脱钩	强脱钩	强脱钩	强脱钩	扩张负脱钩	扩张负脱钩	扩张负脱钩
	秦皇岛	弱脱钩	强脱钩	强脱钩	强脱钩	弱脱钩	强脱钩	扩张负脱钩
	保定	衰退脱钩	衰退脱钩	衰退脱钩	衰退脱钩	强负脱钩	衰退脱钩	衰退脱钩
	承德	强脱钩	强脱钩	强脱钩	强脱钩	弱脱钩	强脱钩	强脱钩
	沧州	弱脱钩	强脱钩	强脱钩	强脱钩	扩张负脱钩	增长连接	弱脱钩
	张家口	弱脱钩	强脱钩	扩张负脱钩	强脱钩	弱脱钩	弱脱钩	强脱钩
	呼和浩特	强脱钩	强脱钩	强脱钩	强脱钩	扩张负脱钩	强脱钩	扩张负脱钩
东北地区	哈尔滨	强脱钩	强脱钩	强脱钩	强脱钩	强脱钩	强脱钩	强脱钩
	长春	强脱钩	强脱钩	强脱钩	强脱钩	强脱钩	强脱钩	强脱钩
	沈阳	弱负脱钩	衰退连接	弱负脱钩	衰退连接	弱负脱钩	弱负脱钩	弱负脱钩
	大连	增长连接	扩张负脱钩	扩张负脱钩	扩张负脱钩	弱脱钩	强负脱钩	强负脱钩

表 7-3(续)

区域	城市	AQI	$PM_{2.5}$	PM_{10}	SO_2	NO_2	CO	O_3
华东地区	济南	强脱钩	强脱钩	强脱钩	强脱钩	强脱钩	强脱钩	弱脱钩
	青岛	强脱钩	强脱钩	强脱钩	强脱钩	强脱钩	强脱钩	弱脱钩
	合肥	强脱钩	强脱钩	强脱钩	强脱钩	扩张负脱钩	强脱钩	扩张负脱钩
	南昌	增长连接	弱脱钩	弱脱钩	弱脱钩	扩张负脱钩	弱脱钩	扩张负脱钩
	台州	强脱钩	强脱钩	强脱钩	弱脱钩	强脱钩	强脱钩	弱脱钩
	南京	强脱钩	强脱钩	强脱钩	强脱钩	强脱钩	增长连接	弱脱钩
	无锡	强脱钩	强脱钩	强脱钩	强脱钩	强脱钩	增长连接	弱脱钩
	徐州	强脱钩	强脱钩	强脱钩	强脱钩	弱脱钩	强脱钩	强脱钩
	常州	强脱钩	强脱钩	强脱钩	强脱钩	强脱钩	强脱钩	弱脱钩
	苏州	强脱钩	强脱钩	强脱钩	强脱钩	强脱钩	强脱钩	强脱钩
	南通	强脱钩	强脱钩	强脱钩	强脱钩	强脱钩	强脱钩	弱脱钩
	淮安	强脱钩	强脱钩	强脱钩	强脱钩	增长连接	强脱钩	强脱钩
	盐城	强脱钩	强脱钩	强脱钩	强脱钩	扩张负脱钩	强脱钩	强脱钩
	扬州	强脱钩	强脱钩	强脱钩	强脱钩	弱脱钩	弱脱钩	强脱钩
	镇江	强脱钩	强脱钩	强脱钩	强脱钩	强脱钩	强脱钩	强脱钩
	泰州	强脱钩	强脱钩	强脱钩	强脱钩	弱脱钩	弱脱钩	弱脱钩
	宿迁	强脱钩	强脱钩	强脱钩	强脱钩	强脱钩	强脱钩	弱脱钩
	连云港	强脱钩	强脱钩	强脱钩	强脱钩	弱脱钩	强脱钩	弱脱钩

表 7-3(续)

区域	城市	AQI	$PM_{2.5}$	PM_{10}	SO_2	NO_2	CO	O_3
华南地区	东莞	强脱钩	强脱钩	强脱钩	强脱钩	弱脱钩	强脱钩	强脱钩
	厦门	弱脱钩	强脱钩	强脱钩	扩张负脱钩	弱脱钩	弱脱钩	弱脱钩
	广州	弱脱钩	强脱钩	强脱钩	强脱钩	强脱钩	强脱钩	扩张负脱钩
	珠海	弱脱钩	强脱钩	强脱钩	弱脱钩	增长连接	强脱钩	弱脱钩
	佛山	扩张负脱钩	强脱钩	强脱钩	强脱钩	弱脱钩	强脱钩	弱脱钩
	肇庆	强脱钩	强脱钩	强脱钩	强脱钩	扩张负脱钩	强脱钩	扩张负脱钩
	惠州	强脱钩	强脱钩	强脱钩	强脱钩	强脱钩	强脱钩	强脱钩
	福州	强脱钩	强脱钩	强脱钩	强脱钩	强脱钩	弱脱钩	强脱钩
	南宁	强脱钩	强脱钩	强脱钩	强脱钩	强脱钩	强脱钩	强脱钩

表 7-4 2017 年全国 74 个重点监控城市大气污染物与 DFI 之间的脱钩关系分析

区域	城市	AQI	$PM_{2.5}$	PM_{10}	SO_2	NO_2	CO	O_3
华中地区	郑州	强脱钩	强脱钩	强脱钩	强脱钩	强脱钩	弱脱钩	增长连接
	武汉	强脱钩	强脱钩	强脱钩	强脱钩	强脱钩	强脱钩	强脱钩
西南地区	成都	强脱钩	强脱钩	强脱钩	强脱钩	强脱钩	强脱钩	强脱钩
	贵阳	强脱钩	强脱钩	强脱钩	强脱钩	强脱钩	强脱钩	强脱钩
西北地区	西安	弱脱钩	弱脱钩	强脱钩	强脱钩	弱脱钩	强脱钩	弱脱钩
	乌鲁木齐	强脱钩	强脱钩	强脱钩	强脱钩	强脱钩	强脱钩	扩张负脱钩
华北地区	天津	增长连接	强脱钩	强脱钩	强脱钩	扩张负脱钩	强脱钩	扩张负脱钩
	太原	增长连接	增长连接	增长连接	强脱钩	扩张负脱钩	强脱钩	扩张负脱钩
	石家庄	强脱钩	强脱钩	强脱钩	强脱钩	强脱钩	强脱钩	扩张负脱钩
	唐山	弱脱钩	强脱钩	强脱钩	强脱钩	弱脱钩	强脱钩	增长连接
	邯郸	扩张负脱钩	扩张负脱钩	扩张负脱钩	强脱钩	强脱钩	强脱钩	扩张负脱钩
	秦皇岛	弱脱钩	强脱钩	强脱钩	强脱钩	弱脱钩	强脱钩	扩张负脱钩
	保定	弱脱钩	强脱钩	强脱钩	强脱钩	强脱钩	强脱钩	扩张负脱钩
	承德	衰退脱钩	衰退脱钩	强负脱钩	衰退脱钩	衰退脱钩	强负脱钩	衰退脱钩
	沧州	强负脱钩	弱负脱钩	强负脱钩	弱负脱钩	强负脱钩	弱负脱钩	强负脱钩
	张家口	弱脱钩	弱脱钩	强脱钩	强脱钩	强脱钩	扩张负脱钩	弱脱钩
	呼和浩特	强负脱钩	强负脱钩	强负脱钩	弱负脱钩	强负脱钩	弱负脱钩	强负脱钩
东北地区	哈尔滨	扩张负脱钩	扩张负脱钩	扩张负脱钩	强脱钩	强脱钩	弱脱钩	扩张负脱钩
	长春	强负脱钩	强负脱钩	强负脱钩	弱负脱钩	弱负脱钩	强负脱钩	强负脱钩
	沈阳	强脱钩	强脱钩	强脱钩	强脱钩	强脱钩	扩张负脱钩	扩张负脱钩
	大连	强脱钩	强脱钩	强脱钩	强脱钩	强脱钩	强脱钩	弱脱钩

表 7-4(续)

区域	城市	AQI	$PM_{2.5}$	PM_{10}	SO_2	NO_2	CO	O_3
华东地区	济南	强脱钩	强脱钩	强脱钩	强脱钩	强脱钩	强脱钩	增长连接
	青岛	弱脱钩	强脱钩	强脱钩	强脱钩	弱脱钩	强脱钩	扩张负脱钩
	合肥	弱脱钩	强脱钩	强脱钩	强脱钩	增长连接	强脱钩	增长连接
	南昌	弱脱钩	强脱钩	强脱钩	增长连接	扩张负脱钩	扩张负脱钩	增长连接
	台州	强脱钩	强脱钩	强脱钩	强脱钩	弱脱钩	强脱钩	强脱钩
	南京	强脱钩	强脱钩	强脱钩	强脱钩	弱脱钩	强脱钩	弱脱钩
	无锡	强脱钩	强脱钩	强脱钩	强脱钩	弱脱钩	强脱钩	弱脱钩
	徐州	增长连接	增长连接	弱脱钩	强脱钩	弱脱钩	强脱钩	扩张负脱钩
	常州	强脱钩	强脱钩	强脱钩	强脱钩	弱脱钩	强脱钩	弱脱钩
	苏州	弱负脱钩	弱负脱钩	弱负脱钩	弱负脱钩	弱负脱钩	弱负脱钩	强负脱钩
	南通	弱脱钩	强脱钩	强脱钩	强脱钩	弱脱钩	弱脱钩	弱脱钩
	淮安	强脱钩	强脱钩	强脱钩	强脱钩	弱脱钩	强脱钩	弱脱钩
	盐城	弱脱钩	弱脱钩	弱脱钩	强脱钩	增长连接	弱脱钩	弱脱钩
	扬州	强负脱钩	强负脱钩	强负脱钩	衰退脱钩	强负脱钩	衰退脱钩	强负脱钩
	镇江	扩张负脱钩	扩张负脱钩	扩张负脱钩	强脱钩	扩张负脱钩	强脱钩	扩张负脱钩
	泰州	弱脱钩	强脱钩	强脱钩	强脱钩	弱脱钩	强脱钩	弱脱钩
	宿迁	弱脱钩	弱脱钩	强脱钩	强脱钩	弱脱钩	强脱钩	弱脱钩
	连云港	强脱钩	强脱钩	强脱钩	强脱钩	扩张负脱钩	强脱钩	强脱钩

表 7-4(续)

区域	城市	AQI	$PM_{2.5}$	PM_{10}	SO_2	NO_2	CO	O_3
华南地区	东莞	增长连接	弱脱钩	弱脱钩	弱脱钩	扩张负脱钩	弱脱钩	增长连接
	厦门	弱脱钩	强脱钩	强脱钩	强脱钩	弱脱钩	强脱钩	扩张负脱钩
	广州	扩张负脱钩	强脱钩	弱脱钩	增长连接	扩张负脱钩	强脱钩	扩张负脱钩
	珠海	弱脱钩	弱脱钩	弱脱钩	强脱钩	强脱钩	强脱钩	弱脱钩
	佛山	扩张负脱钩	弱脱钩	扩张负脱钩	强脱钩	增长连接	强脱钩	扩张负脱钩
	肇庆	强负脱钩	强负脱钩	强负脱钩	衰退脱钩	强负脱钩	衰退脱钩	强负脱钩
	惠州	弱脱钩	增长连接	增长连接	弱脱钩	弱脱钩	强脱钩	增长连接
	福州	弱脱钩	弱脱钩	弱脱钩	弱脱钩	强脱钩	强脱钩	扩张负脱钩
	南宁	强脱钩	强脱钩	强脱钩	强脱钩	扩张负脱钩	扩张负脱钩	弱脱钩

表 7-5　2018 年全国 74 个重点监控城市大气污染物与 DFI 之间的脱钩关系分析

区域	城市	AQI	$PM_{2.5}$	PM_{10}	SO_2	NO_2	CO	O_3
华中地区	郑州	弱负脱钩	弱负脱钩	弱负脱钩	弱负脱钩	弱负脱钩	强负脱钩	弱负脱钩
	武汉	强脱钩	强脱钩	强脱钩	扩张负脱钩	强脱钩	强脱钩	扩张负脱钩
西南地区	成都	强脱钩	强脱钩	强脱钩	强脱钩	强脱钩	强脱钩	弱脱钩
	贵阳	—	—	—	—	—	—	—
西北地区	西安	强脱钩	强脱钩	强脱钩	强脱钩	强脱钩	强脱钩	弱脱钩
	乌鲁木齐	强脱钩	强脱钩	强脱钩	强脱钩	强脱钩	强脱钩	扩张负脱钩
华北地区	天津	衰退脱钩	衰退脱钩	衰退脱钩	衰退脱钩	衰退脱钩	衰退脱钩	强负脱钩
	太原	强脱钩	强脱钩	强脱钩	强脱钩	强脱钩	强脱钩	扩张负脱钩
	石家庄	—	—	—	—	—	—	—
	唐山	衰退脱钩	衰退脱钩	衰退脱钩	衰退脱钩	衰退脱钩	衰退脱钩	强负脱钩
	邯郸	衰退脱钩	衰退脱钩	衰退脱钩	衰退脱钩	衰退脱钩	衰退脱钩	衰退脱钩
	秦皇岛	强脱钩	强脱钩	强脱钩	强脱钩	强脱钩	强脱钩	扩张负脱钩
	保定	强脱钩	强脱钩	强脱钩	强脱钩	强脱钩	强脱钩	强脱钩
	承德	弱负脱钩	弱负脱钩	弱负脱钩	弱负脱钩	弱负脱钩	弱负脱钩	强负脱钩
	沧州	强脱钩	强脱钩	强脱钩	强脱钩	强脱钩	强脱钩	强脱钩
	张家口	弱负脱钩	强负脱钩	强负脱钩	强负脱钩	强负脱钩	强负脱钩	弱负脱钩
	呼和浩特	弱负脱钩	弱负脱钩	弱负脱钩	弱负脱钩	弱负脱钩	弱负脱钩	弱负脱钩
东北地区	哈尔滨	衰退脱钩	衰退脱钩	衰退脱钩	衰退脱钩	衰退脱钩	衰退脱钩	强负脱钩
	长春	—	—	—	—	—	—	—
	沈阳	强脱钩	强脱钩	强脱钩	强脱钩	强脱钩	强脱钩	扩张负脱钩
	大连	强脱钩	强脱钩	强脱钩	强脱钩	强脱钩	强脱钩	强脱钩

表 7-5(续)

区域	城市	AQI	$PM_{2.5}$	PM_{10}	SO_2	NO_2	CO	O_3
华东地区	济南	强脱钩	强脱钩	强脱钩	强脱钩	强脱钩	强脱钩	扩张负脱钩
	青岛	强脱钩	强脱钩	强脱钩	强脱钩	强脱钩	强脱钩	弱脱钩
	合肥	强脱钩	强脱钩	强脱钩	强脱钩	强脱钩	强脱钩	强脱钩
	南昌	强脱钩	强脱钩	强脱钩	强脱钩	强脱钩	强脱钩	扩张负脱钩
	台州	弱负脱钩	弱负脱钩	弱负脱钩	强负脱钩	弱负脱钩	弱负脱钩	强负脱钩
	南京	强脱钩	强脱钩	强脱钩	强脱钩	强脱钩	强脱钩	扩张负脱钩
	无锡	强脱钩	强脱钩	强脱钩	强脱钩	强脱钩	强脱钩	扩张负脱钩
	徐州	弱负脱钩	弱负脱钩	弱负脱钩	弱负脱钩	弱负脱钩	弱负脱钩	弱负脱钩
	常州	强脱钩	扩张负脱钩	弱脱钩	强脱钩	增长连接	弱脱钩	增长连接
	苏州	强脱钩	强脱钩	强脱钩	强脱钩	强脱钩	强脱钩	扩张负脱钩
	南通	强脱钩	强脱钩	强脱钩	强脱钩	强脱钩	强脱钩	弱脱钩
	淮安	强脱钩	强脱钩	强脱钩	强脱钩	扩张负脱钩	扩张负脱钩	强脱钩
	盐城	强脱钩	扩张负脱钩	扩张负脱钩	扩张负脱钩	扩张负脱钩	扩张负脱钩	强脱钩
	扬州	强脱钩	弱脱钩	强脱钩	强脱钩	弱脱钩	扩张负脱钩	强脱钩
	镇江	强负脱钩	衰退脱钩	弱负脱钩	衰退脱钩	衰退脱钩	强负脱钩	衰退脱钩
	泰州	强脱钩	强脱钩	强脱钩	强脱钩	强脱钩	强脱钩	增长连接
	宿迁	弱负脱钩	弱负脱钩	强负脱钩	衰退连接	强负脱钩	弱负脱钩	弱负脱钩
	连云港	强脱钩	强脱钩	强脱钩	强脱钩	强脱钩	强脱钩	扩张负脱钩

表 7-5(续)

区域	城市	AQI	$PM_{2.5}$	PM_{10}	SO_2	NO_2	CO	O_3
华南地区	东莞	强脱钩	强脱钩	强脱钩	强脱钩	强脱钩	强脱钩	强脱钩
	厦门	弱负脱钩	弱负脱钩	强负脱钩	弱负脱钩	弱负脱钩	强负脱钩	强负脱钩
	广州	强脱钩	强脱钩	强脱钩	强脱钩	强脱钩	强脱钩	强脱钩
	珠海	强脱钩	扩张负脱钩	扩张负脱钩	扩张负脱钩	扩张负脱钩	扩张负脱钩	强脱钩
	佛山	强脱钩	强脱钩	强脱钩	强脱钩	强脱钩	强脱钩	强脱钩
	肇庆	弱负脱钩	强负脱钩	强负脱钩	强负脱钩	强负脱钩	强负脱钩	弱负脱钩
	惠州	强脱钩	强脱钩	强脱钩	弱脱钩	强脱钩	强脱钩	弱脱钩
	福州	强脱钩	扩张负脱钩	扩张负脱钩	扩张负脱钩	扩张负脱钩	扩张负脱钩	弱脱钩
	南宁	衰退脱钩	衰退脱钩	强负脱钩	弱负脱钩	衰退脱钩	衰退脱钩	强负脱钩

注：一代表数据不全，无法计算。

表 7-6 2019 年全国 74 个重点监控城市大气污染物与 DFI 之间的脱钩关系分析

区域	城市	AQI	$PM_{2.5}$	PM_{10}	SO_2	NO_2	CO	O_3
华中地区	郑州	弱脱钩	强脱钩	强脱钩	强脱钩	强脱钩	强脱钩	弱脱钩
	武汉	增长连接	弱脱钩	强脱钩	强脱钩	弱脱钩	弱脱钩	强脱钩
西南地区	成都	强脱钩	强脱钩	强脱钩	强脱钩	强脱钩	强脱钩	强脱钩
	贵阳	—	—	—	—	—	—	—
西北地区	西安	扩张负脱钩	增长连接	强脱钩	强脱钩	强脱钩	强脱钩	强脱钩
	乌鲁木齐	—	—	—	—	—	—	—
华北地区	天津	强负脱钩	强负脱钩	强负脱钩	弱负脱钩	强负脱钩	强负脱钩	弱负脱钩
	太原	强负脱钩	强负脱钩	强负脱钩	强负脱钩	强负脱钩	强负脱钩	衰退脱钩
	石家庄	—	—	—	—	—	—	—
	唐山	—	—	—	—	—	—	—
	邯郸	扩张负脱钩	扩张负脱钩	扩张负脱钩	扩张负脱钩	扩张负脱钩	扩张负脱钩	扩张负脱钩
	秦皇岛	强负脱钩	强负脱钩	强负脱钩	强负脱钩	强负脱钩	强负脱钩	衰退脱钩
	保定	—	—	—	—	—	—	—
	承德	—	—	—	—	—	—	—
	沧州	弱负脱钩	强负脱钩	强负脱钩	强负脱钩	强负脱钩	强负脱钩	弱负脱钩
	张家口	—	—	—	—	—	—	—
	呼和浩特	—	—	—	—	—	—	—
东北地区	哈尔滨	—	—	—	—	—	—	—
	长春	—	—	—	—	—	—	—
	沈阳	扩张负脱钩	扩张负脱钩	扩张负脱钩	扩张负脱钩	扩张负脱钩	弱脱钩	强脱钩
	大连	强负脱钩	强负脱钩	强负脱钩	弱负脱钩	弱负脱钩	弱负脱钩	弱负脱钩

表 7-6(续)

区域	城市	AQI	$PM_{2.5}$	PM_{10}	SO_2	NO_2	CO	O_3
华东地区	济南	扩张负脱钩	弱脱钩	强脱钩	强脱钩	强脱钩	强脱钩	强脱钩
	青岛	强负脱钩	强负脱钩	强负脱钩	衰退脱钩	强负脱钩	强负脱钩	衰退脱钩
	合肥	弱脱钩	强脱钩	强脱钩	强脱钩	强脱钩	强脱钩	弱脱钩
	南昌	扩张负脱钩	扩张负脱钩	增长连接	强脱钩	扩张负脱钩	强脱钩	强脱钩
	台州	扩张负脱钩	强脱钩	强脱钩	强脱钩	强脱钩	强脱钩	强脱钩
	南京	增长连接	增长连接	增长连接	强脱钩	扩张负脱钩	强脱钩	强脱钩
	无锡	增长连接	增长连接	增长连接	强脱钩	扩张负脱钩	强脱钩	强脱钩
	徐州	强负脱钩	强负脱钩	强负脱钩	弱负脱钩	弱负脱钩	弱负脱钩	弱负脱钩
	常州	弱脱钩	强脱钩	强脱钩	强脱钩	强脱钩	强脱钩	强脱钩
	苏州	弱脱钩	弱脱钩	强脱钩	强脱钩	弱脱钩	强脱钩	强脱钩
	南通	强负脱钩	强负脱钩	弱负脱钩	弱负脱钩	强负脱钩	弱负脱钩	弱负脱钩
	淮安	强负脱钩	强负脱钩	强负脱钩	弱负脱钩	弱负脱钩	弱负脱钩	弱负脱钩
	盐城	弱脱钩	强脱钩	强脱钩	强脱钩	强脱钩	强脱钩	弱脱钩
	扬州	扩张负脱钩	强脱钩	强脱钩	强脱钩	强脱钩	强脱钩	扩张负脱钩
	镇江	强负脱钩	弱负脱钩	弱负脱钩	弱负脱钩	弱负脱钩	弱负脱钩	强负脱钩
	泰州	扩张负脱钩	扩张负脱钩	扩张负脱钩	强脱钩	强脱钩	强脱钩	强脱钩
	宿迁	弱脱钩	强脱钩	强脱钩	强脱钩	强脱钩	强脱钩	弱脱钩
	连云港	强负脱钩	强负脱钩	强负脱钩	弱负脱钩	强负脱钩	强负脱钩	弱负脱钩

表 7-6(续)

区域	城市	AQI	$PM_{2.5}$	PM_{10}	SO_2	NO_2	CO	O_3
华南地区	东莞	强负脱钩	弱负脱钩	弱负脱钩	弱负脱钩	弱负脱钩	弱负脱钩	弱负脱钩
	厦门	弱脱钩	强脱钩	强脱钩	强脱钩	强脱钩	强脱钩	强脱钩
	广州	扩张负脱钩	扩张负脱钩	扩张负脱钩	强脱钩	扩张负脱钩	扩张负脱钩	扩张负脱钩
	珠海	弱脱钩	强脱钩	强脱钩	强脱钩	强脱钩	强脱钩	扩张负脱钩
	佛山	强负脱钩	弱负脱钩	弱负脱钩	弱负脱钩	弱负脱钩	强负脱钩	弱负脱钩
	肇庆	—	—	—	—	—	—	—
	惠州	扩张负脱钩	强脱钩	强脱钩	强脱钩	弱脱钩	强脱钩	强脱钩
	福州	强脱钩	强脱钩	强脱钩	强脱钩	强脱钩	强脱钩	强脱钩
	南宁	扩张负脱钩	强脱钩	强脱钩	强脱钩	强脱钩	强脱钩	强脱钩

注：一代表数据不全，无法计算。

表 7-7 全国 74 个重点监控城市大气污染与 DFI 之间脱钩效应的统计分析

单位：%

类别	脱钩状态	2015	2016	2017	2018	2019
负脱钩	扩张负脱钩	5.43	11.31	11.90	9.84	13.13
	强负脱钩	0.39	2.08	8.04	8.25	18.92
	弱负脱钩	0	1.49	3.87	14.29	14.67
脱钩	弱脱钩	3.10	16.67	19.64	3.49	7.72
	强脱钩	87.60	62.80	47.62	52.38	40.54
	衰退脱钩	2.70	2.38	2.68	10.48	1.54
连接	增长连接	0.78	2.38	6.25	0.95	3.47
	衰退连接	0	0.89	0	0.32	0

表 7-8 74 个重点监控城市 UDPG、EGCIS、ECGSC、DFI 与大气污染指标之间的相关性分析

项目	AQI	$PM_{2.5}$	PM_{10}	SO_2	NO_2	CO	O_3
UDPG	−0.115*	−0.089	−0.211**	−0.219**	0.064	−0.186**	0.218**
EGCIS	0.054	0.080	−0.027	−0.103*	0.237**	−0.023	0.118*
ECGSC	0.121*	0.037	−0.002	−0.079	0.120*	0.096	0.358**
DFI	−0.035	−0.052	−0.107	−0.205**	0.137*	−0.142*	0.249**

注：** 在 0.01 水平显著相关；* 在 0.05 水平显著相关。

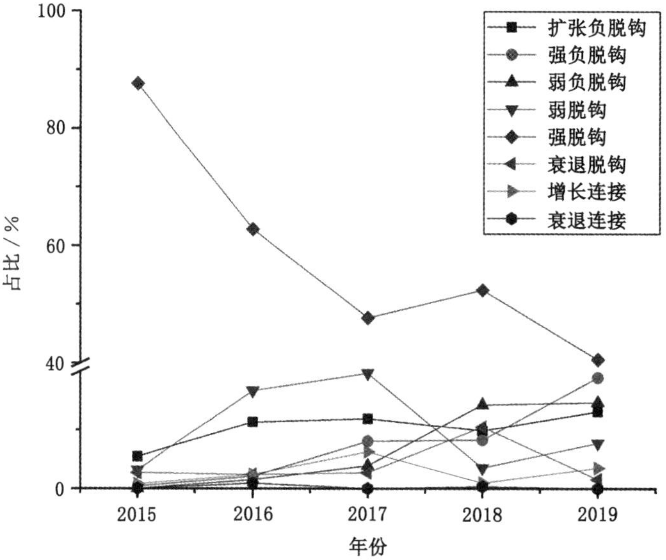

图 7-1 全国 74 个重点监控城市大气污染与 DFI 之间脱钩效应的统计分析

表 7-9 华中地区代表城市大气污染与 DFI 之间脱钩效应的统计分析

单位：%

类别	2015	2016	2017	2018	2019
负脱钩	35.71	0	0	64.29	0
脱钩	64.29	92.86	92.86	35.71	92.86
连接	0	7.14	7.14	0	7.14

表 7-10 华中地区代表城市 UDPG、EGCIS、ECGSC、DFI 与大气污染指标之间的相关性分析

项目	AQI	$PM_{2.5}$	PM_{10}	SO_2	NO_2	CO	O_3
UDPG	0.223*	0.210	−0.087	−0.340**	0.114	−0.166	0.423**
EGCIS	0	−0.098	−0.115	−0.244*	−0.009	−0.162	0.238*
ECGSC	0.103	−0.201	−0.041	−0.510**	0.135	0.017	−0.308
DFI	0.161	−0.044	−0.318*	−0.569**	−0.009	−0.314*	0.561**

注：** 在 0.01 水平显著相关；* 在 0.05 水平显著相关。

由表 7-11 可以看出，华中地区代表城市的 AQI 值与其汽车保有量、生活总能耗、生活电力消耗和规模以上工业企业原煤消耗显著正相关（$P<0.05$），说明工业源、生活源和车辆源是该地区大气污染的重要来源。华中地区大气 $PM_{2.5}$、PM_{10}、SO_2 和 CO 4 种污染物的浓度与第二产业增加值占比、规模以上工业企业原煤消耗之间呈现显著的正相关关系（$P<0.05$），说明以煤炭消耗为主要能源消耗的工业源是华中地区大气 $PM_{2.5}$、PM_{10}、SO_2 和 CO 4 种污染物的主要来源，如 2017 年郑州市煤炭消耗占能源消耗总量的 63.2%。此外，华中地区代表城市大气 O_3 浓度与人均生活能耗、生活总能耗和规模以上工业企业能源消耗之间的相关程度较高，说明生活源和工业源可能是该地区大气 O_3 污染的主要污染源。

7.3.3 西南地区代表城市大气污染与 DFI 之间的脱钩关系分析

由表 7-12 可以看出，西南地区成都、贵阳等代表城市大气污染与 DFI 值之间的脱钩关系以强脱钩为主，污染相对集中的工业源大气污染的严格控制是重要原因。统计分析表明，西南地区代表城市 AQI 值与城市人口数量、GDP、汽车保有量、第一产业增加值、第二产业增加值、第三产业增加值、工业产值、第二产业增加值占比、生活总能耗、生活电力消耗和规模以上工业企业热力消耗之间显著正相关（表 7-13，$P<0.05$），与 EGCIS、ECGSC 等综合指标极其显著正相关（表 7-14，$P<0.01$），说明城市扩张、车辆源、农业源、生活源和工业源等是西南地区大气污染的主要来源。

表 7-11 华中地区代表城市大气污染物浓度与社会经济影响因素之间的相关分析

影响因素	AQI	$PM_{2.5}$	PM_{10}	SO_2	NO_2	CO	O_3
城市人口	−0.032	−0.289	−0.213	−0.242	−0.075	−0.131	0.057
城镇化率	0.121	−0.879**	−0.792**	−0.899**	−0.414*	−0.677**	0.007
GDP	0.156	−0.808**	−0.636**	−0.911**	−0.193	−0.634**	0.126
人均 GDP	0.103	−0.685**	−0.751**	−0.835**	−0.476**	−0.562**	0.244
汽车保有量	0.462*	−0.337	0.073	−0.584**	−0.287	−0.076	−0.310
第一产业增加值	−0.040	−0.607**	−0.790**	−0.804**	−0.375*	−0.581**	0.196
第二产业增加值	0.250	−0.775**	−0.663**	−0.901**	−0.201	−0.626**	0.175
第三产业增加值	0.141	−0.785**	−0.572**	−0.887**	−0.217	−0.609**	0.118
工业产值	0.067	−0.800**	−0.719**	−0.838**	−0.236	−0.608**	0.066
建筑业产值	−0.288	−0.501*	−0.339	−0.456*	−0.315	−0.295	0.135
旅游业产值	−0.014	−0.720**	−0.603**	−0.839**	−0.191	−0.559**	0.159
第一产业增加值占比	−0.524**	−0.090	−0.491*	0.208	−0.302	−0.208	0.196
第二产业增加值占比	−0.076	0.719**	0.465*	0.731**	0.075	0.642**	−0.057
第三产业增加值占比	0.151	−0.652**	−0.352	−0.713**	−0.019	−0.562**	0.022
人均生活能耗	0.329	−0.928**	−0.932**	−0.946**	−0.305	−0.750**	0.386
生活总能耗	0.439*	−0.760**	−0.782**	−0.926**	−0.176	−0.728**	0.522
生活电力消耗	0.466*	−0.645**	−0.568*	−0.890**	−0.249	−0.605*	0.344
规模以上工业企业能源消耗	−0.209	−0.444	−0.684**	−0.486*	0.051	−0.406	0.416
规模以上工业企业原煤消耗	0.536*	0.736**	0.918**	0.456*	0.153	0.803**	−0.566*
规模以上工业企业电力消耗	−0.042	−0.302	−0.386	−0.458*	−0.276	−0.062	0.112
规模以上工业企业热力消耗	−0.316	−0.554	−0.801**	−0.434	0.062	−0.529	0.304

表 7-12　西南地区代表城市大气污染与 DFI 之间脱钩效应的统计分析

单位：%

类别	2015	2016	2017	2018	2019
负脱钩	0	0	0	0	0
脱钩	100	100	100	100	100
连接	0	0	0	0	0

表 7-13　西南地区代表城市大气污染物浓度与社会经济影响因素之间的相关分析

影响因素	AQI	$PM_{2.5}$	PM_{10}	SO_2	NO_2	CO	O_3
城市人口	0.502*	0.522*	0.444*	−0.001	0.488*	0.424	0.027
城镇化率	−0.445*	−0.480*	−0.423*	−0.326	−0.381	−0.551**	0.037
GDP	0.603**	0.544**	0.451*	−0.242	0.669**	0.373	0.191
人均 GDP	0.001	−0.165	−0.153	−0.758**	0.147	−0.382	0.352
汽车保有量	0.544**	0.438*	0.453*	−0.414	0.687**	0.345	0.256
第一产业增加值	0.423*	0.391	0.297	−0.189	0.447*	0.258	0.022
第二产业增加值	0.627**	0.564**	0.490*	−0.271	0.671**	0.380	0.215
第三产业增加值	0.546**	0.445*	0.376	−0.437*	0.612**	0.239	0.205
工业产值	0.627**	0.549*	0.493*	−0.317	0.729**	0.447	0.385
建筑业产值	−0.098	−0.185	−0.134	−0.037	0.003	0.100	−0.297
旅游业产值	0.267	0.138	0.054	−0.777**	0.357	−0.200	0.372
第一产业增加值占比	0.096	0.147	0.052	0.201	0.040	0.179	−0.253
第二产业增加值占比	0.637**	0.706**	0.706**	0.392	0.584**	0.722**	0.235
第三产业增加值占比	−0.561**	−0.633**	−0.605**	−0.386	−0.499*	−0.655**	−0.123
人均生活能耗	−0.635**	−0.603**	−0.676**	−0.265	−0.579*	−0.602*	−0.348
生活总能耗	0.650**	0.547*	0.499*	−0.249	0.728**	0.468	0.173
生活电力消耗	0.826**	0.732*	0.726*	−0.182	0.806**	0.612*	0.476

表 7-13(续)

影响因素	AQI	$PM_{2.5}$	PM_{10}	SO_2	NO_2	CO	O_3
规模以上工业企业能源消耗	0.144	0.213	0.132	0.076	0.226	0.278	−0.178
规模以上工业企业原煤消耗	0.014	0.125	0.024	0.222	0.034	0.210	−0.269
规模以上工业企业电力消耗	0.059	0.132	0.047	0.079	0.142	0.204	−0.242
规模以上工业企业热力消耗	0.847**	0.751*	0.739*	−0.400	0.916**	0.660*	0.896*

西南地区代表城市大气 $PM_{2.5}$、PM_{10} 和 NO_2 等浓度水平与城市人口数量、GDP、汽车保有量、第二产业增加值、工业产值、第二产业增加值占比、生活总能耗、生活电力消耗和规模以上工业企业热力消耗之间显著正相关(表 7-13，$P<0.05$)，与 EGCIS、ECGSC 显著正相关(表 7-14，$P<0.05$)，说明城市扩张、车辆源、农业源、生活源和工业源是该地区大气 $PM_{2.5}$、PM_{10} 和 NO_2 等污染物的主要来源。此外，西南地区 NO_2 浓度与 DFI 之间显著正相关(表 7-14，$P<0.05$)，说明社会经济的耦合增长导致了本地区大气 NO_2 污染的加剧。

高能耗的聚集性工业企业的发展是西南地区 SO_2、CO 和 O_3 3 种污染物的主要来源。如西南地区大气 SO_2 浓度与第二产业增加值占比相关程度较高(表 7-13)，大气 CO 浓度与第二产业增加值占比、生活电力消耗和规模以上工业企业热力消耗之间显著正相关(表 7-13，$P<0.05$)，大气 O_3 浓度与工业产值、生活电力消耗和规模以上工业企业热力消耗之间的相关程度较高(表 7-13)，且西南地区 O_3 浓度与 ECGSC、DFI 之间亦呈现显著的正相关关系(表 7-14，$P<0.05$)。

表 7-14 西南地区代表城市 UDPG、EGCIS、ECGSC、DFI 与大气污染指标之间的相关性分析

项目	AQI	$PM_{2.5}$	PM_{10}	SO_2	NO_2	CO	O_3
UDPG	0.323	0.208	0.208	−0.406*	0.501*	0.071	0.373
EGCIS	0.604**	0.521**	0.446*	−0.344	0.656**	0.324	0.215
ECGSC	0.873**	0.762*	0.755*	−0.419	0.944**	0.671*	0.921**
DFI	0.545	0.339	0.335	−0.775**	0.668*	0.219	0.724*

注：** 在 0.01 水平显著相关；* 在 0.05 水平显著相关。

7.3.4 西北地区代表城市大气污染与DFI之间的脱钩关系分析

统计分析表明，除2016年以外，西北地区西安、乌鲁木齐等代表城市大气污染与DFI之间的关系以强脱钩关系为主（表7-15）。与2017年、2018年相比，2019年西北地区代表城市的负脱钩和增长连接两种脱钩状态占比有所上升，这进一步说明西北地区的社会经济增长属于大气污染驱动型社会经济增长，城市的发展速率过快是导致其大气污染物排放水平上升的最重要的原因。

表7-15 西北地区代表城市大气污染与DFI之间脱钩效应的统计分析

单位：%

类别	2015	2016	2017	2018	2019
负脱钩	7.14	64.29	7.14	7.14	14.29
脱钩	92.86	28.57	92.86	92.86	71.42
连接	0	7.14	0	0	14.29

由表7-16可以看出，西北地区代表城市大气污染与具体社会经济影响因素之间的作用关系呈现出如下规律：① 西北地区代表城市AQI值与城市人口数量、GDP、汽车保有量、第一产业增加值、第二产业增加值、第三产业增加值、工业产值和生活总能耗之间显著正相关（$P<0.05$），说明城市扩张、农业源、工业源和高污染负荷旅游源是该地区大气污染的主要来源；② 西北地区代表城市大气$PM_{2.5}$浓度与城市人口数量、GDP、三大产业增加值之间显著正相关（$P<0.05$），说明城市扩张、农业源、工业源和高污染负荷旅游源是该地区大气$PM_{2.5}$污染的主要来源；③ 城市扩张是西北地区大气PM_{10}污染的主要来源，如该地区代表城市PM_{10}污染水平与城市人口数量之间显著正相关（$P<0.05$）；④ 农业源、工业源是西北地区代表城市大气SO_2污染的主要来源，城市扩张、高污染负荷旅游源是西北地区代表城市大气NO_2污染的主要来源，车辆源、工业源和生活源可能是西北地区代表城市大气O_3污染的重要来源。

表7-16 西北地区代表城市大气污染物浓度与社会经济影响因素之间的相关分析

影响因素	AQI	$PM_{2.5}$	PM_{10}	SO_2	NO_2	CO	O_3
城市人口	0.499*	0.519**	0.430*	−0.315	0.433*	0.184	0.307
城镇化率	−0.069	−0.252	−0.196	−0.199	0.195	−0.355	0.339
GDP	0.516**	0.407*	0.140	−0.443*	0.394*	−0.134	0.310
人均GDP	0.168	0.060	−0.299	−0.277	0.161	−0.497**	0.399*
汽车保有量	0.453*	0.376	0.215	−0.385	0.374	0.003	0.388
第一产业增加值	0.469*	0.439*	0.243	−0.230	0.271	−0.046	0.359

表 7-16(续)

影响因素	AQI	$PM_{2.5}$	PM_{10}	SO_2	NO_2	CO	O_3
第二产业增加值	0.489**	0.409*	0.177	−0.317	0.312	−0.090	0.356
第三产业增加值	0.525**	0.400*	0.114	−0.513**	0.438*	−0.157	0.278
工业产值	0.440*	0.383	0.154	−0.324	0.250	−0.032	0.384
建筑业产值	0.379	0.303	0.155	−0.142	0.102	0.024	0.394
旅游业产值	0.351	0.204	−0.075	−0.473*	0.308	−0.304	0.353
第一产业增加值占比	−0.107	0.067	0.151	0.540**	−0.382*	0.033	0.299
第二产业增加值占比	−0.428*	−0.253	−0.063	0.853**	−0.709**	0.101	0.061
第三产业增加值占比	0.338	0.200	−0.003	−0.874**	0.671**	−0.118	−0.047
人均生活能耗	0.455	0.389	−0.073	−0.563*	−0.039	0.029	−0.659**
生活总能耗	0.540*	0.458	−0.012	−0.374	−0.293	−0.156	0.137
生活电力消耗	0.405	0.378	0.112	−0.055	−0.178	−0.080	0.420
规模以上工业企业能源消耗	−0.291	−0.298	−0.282	−0.216	−0.108	0.036	−0.455
规模以上工业企业原煤消耗	0.173	0.078	−0.177	−0.369	−0.288	0.117	−0.536*
规模以上工业企业电力消耗	−0.605*	−0.487*	−0.293	−0.024	0.067	−0.104	−0.198
规模以上工业企业热力消耗	−0.315	−0.362	−0.440	−0.318	−0.394	−0.185	−0.256

UDPG 增长是西北地区代表城市大气污染的重要原因，如西北地区代表城市的 UDPG 值与 AQI 值以及 $PM_{2.5}$、PM_{10} 和 NO_2 几种污染物的浓度值之间均呈现出显著的正相关关系(表 7-17，$P<0.05$)。

表 7-17 西北地区代表城市 UDPG、EGCIS、ECGSC、DFI 与大气污染指标之间的相关性分析

项目	AQI	$PM_{2.5}$	PM_{10}	SO_2	NO_2	CO	O_3
UDPG	0.545**	0.487**	0.431*	0.026	0.435*	0.038	0.056
EGCIS	−0.715**	−0.636**	−0.477*	0.478*	−0.689**	−0.375	0.320
ECGSC	−0.029	−0.139	−0.369	−0.411	−0.391	−0.059	−0.459
DFI	0.302	0.117	−0.377	−0.700**	−0.319	−0.423	0.114

注：** 在 0.01 水平显著相关；* 在 0.05 水平显著相关。

7.3.5 华北地区代表城市大气污染与DFI之间的脱钩关系分析

2015—2019年间，华北地区代表城市大气污染与DFI之间的脱钩效应呈现出脱钩比例显著下降，负脱钩比例显著上升的趋势(表7-18)，其中，强负脱钩的比例占主导，分析主要原因如下：

表7-18 华北地区代表城市大气污染与DFI之间脱钩效应的统计分析

单位：%

类别	2015	2016	2017	2018	2019
负脱钩	3.39	27.27	36.36	35.71	94.29
脱钩	94.92	71.43	57.14	64.29	5.71
连接	1.69	1.30	6.49	0	0

(1) 如表7-19所示，受到京津冀大气污染协同治理的影响，华北地区的社会经济的快速增长速率有所下降。

表7-19 华北地区代表城市大气污染物浓度与社会经济影响因素之间的相关分析

影响因素	AQI	$PM_{2.5}$	PM_{10}	SO_2	NO_2	CO	O_3
城市人口	0.330**	0.484**	0.088	−0.167	0.265*	0.106	0.381**
城镇化率	−0.193	−0.045	−0.283*	−0.078	0.015	−0.170	−0.040
GDP	0.004	0.189	−0.184	−0.269*	0.102	−0.047	0.213
人均GDP	−0.295*	−0.108	−0.337*	−0.216	0.053	−0.090	0.013
汽车保有量	0.117	0.296*	−0.265	−0.475**	−0.024	−0.219	0.388**
第一产业增加值	0.385**	0.318**	0.386**	0.206	0.373**	0.440**	0.287**
第二产业增加值	0.138	0.262*	−0.013	−0.093	0.279*	0.136	0.242*
第三产业增加值	−0.048	0.145	−0.234*	−0.311**	0.029	−0.113	0.182
工业产值	0.094	0.204	−0.050	−0.121	0.255*	0.123	0.257*
建筑业产值	0.119	0.364**	−0.094	−0.284*	0.170	−0.004	0.291*
旅游业产值	−0.171	−0.190	−0.279*	−0.258*	−0.118	−0.230	0.067
第一产业增加值占比	−0.016	−0.114	0.075	0	−0.209	0.007	−0.055
第二产业增加值占比	0.524**	0.351**	0.574**	0.448**	0.381**	0.451**	0.165
第三产业增加值占比	−0.376	−0.208	−0.458**	−0.370**	0.222*	−0.375**	−0.094

表 7-19(续)

影响因素	AQI	$PM_{2.5}$	PM_{10}	SO_2	NO_2	CO	O_3
人均生活能耗	−0.390**	−0.396**	−0.404**	−0.304*	−0.154	−0.213	−0.212
生活总能耗	−0.048	−0.020	−0.124	−0.079	0.014	−0.080	0.025
生活电力消耗	0.431*	0.327	−0.003	−0.263	0.060	−0.137	0.427*
规模以上工业企业能源消耗	0.265	0.273	0.226	0.391**	0.421**	0.524**	0.247
规模以上工业企业原煤消耗	0.325*	0.407**	0.503**	0.566**	0.409**	0.583**	0.115
规模以上工业企业电力消耗	0.334*	0.339**	0.209	0.094	0.507**	0.454**	0.418**
规模以上工业企业热力消耗	0.042	0.070	−0.081	−0.049	0.174	0.090	0.302

(2) 华北地区大气污染超标的主要原因包括:① 本地区代表城市大气$PM_{2.5}$浓度与城市人口数量、汽车保有量、第一产业增加值、第二产业增加值、建筑业产值、第二产业增加值占比、规模以上工业企业原煤消耗和规模以上工业企业电力消耗呈现显著的正相关关系($P<0.05$),说明城市人口规模的扩大、汽车保有量的增长、农药化肥的不合理施用和规模以上工业企业的能源消费结构是该地区大气$PM_{2.5}$污染的主要原因,城市扩张、车辆源、农业源和工业源都是该地区大气$PM_{2.5}$污染的主要来源。② 统计分析结果表明,农药化肥的不合理施用、第二产业增加值占比过高和规模以上工业企业原煤消耗情况是华北地区代表城市PM_{10}污染的主要原因,说明农业源、工业源是该地区PM_{10}的主要来源。③ 统计分析结果表明,华北地区代表城市大气SO_2浓度与第二产业增加值占比、规模以上工业企业能源消耗和规模以上工业企业原煤消耗显著正相关($P<0.05$),说明工业源是该地区大气SO_2污染的主要来源。④ 统计分析结果表明,华北地区代表城市大气NO_2浓度与城市人口数量、第一产业增加值、第二产业增加值、工业产值、第二产业增加值占比、第三产业增加值占比、规模以上工业企业能源消耗、规模以上工业企业原煤消耗和规模以上工业企业电力消耗显著正相关($P<0.05$),说明城市扩张、农业源、工业源和高污染负荷旅游源是该地区大气NO_2污染的主要来源。⑤ 统计分析结果表明,华北地区大气CO浓度与第一产业增加值、第二产业增加值占比、规模以上工业企业能源消耗、规模以上工业企业原煤消耗和规模以上工业企业电力消耗显著正相关($P<0.05$),说明农业源与工业源是该地区大气CO

污染的主要来源。⑥ 统计分析结果表明，华北地区大气 O_3 浓度与城市人口数量、汽车保有量、第一产业增加值、第二产业增加值、工业产值、建筑业产值、生活电力消耗和规模以上工业企业电力消耗之间显著正相关($P<0.05$)，说明城市扩张、车辆源、农业源和工业源是该地区大气 O_3 污染的主要来源。⑦ 统计分析结果表明，华北地区代表城市大气 AQI 值与城市人口数量、第一产业增加值、第二产业增加值占比、生活电力消耗、规模以上工业企业原煤消耗和规模以上工业企业电力消耗之间显著正相关($P<0.05$)，说明大气 AQI 值超标主要源自城市扩张、农业源和工业源。

(3) 统计分析结果表明，华北地区大气 NO_2 浓度、O_3 浓度分别与 ECGSC、EGCIS 有关(表 7-20)。

表 7-20 华北地区代表城市 UDPG、EGCIS、ECGSC、DFI 与大气污染指标之间的相关性分析

项目	AQI	$PM_{2.5}$	PM_{10}	SO_2	NO_2	CO	O_3
UDPG	−0.125	0.029	−0.196	−0.157	0.127	0.014	0.079
EGCIS	0.014	0.193	−0.170	−0.252*	0.121	−0.024	0.225*
ECGSC	0.222	0.242	0.144	0.156	0.422**	0.372**	0.221
DFI	−0.098	−0.043	−0.081	−0.028	0.149	0.098	0.029

注：** 在 0.01 水平显著相关；* 在 0.05 水平显著相关。

7.3.6 东北地区代表城市大气污染与 DFI 之间的脱钩关系分析

2015—2019 年间，东北地区代表城市大气污染与 DFI 之间的脱钩效应呈现出脱钩比例显著下降，负脱钩和衰退脱钩比例显著上升的趋势(表 7-21)，其中，负脱钩中以扩张负脱钩为主。由表 7-22 所示，东北地区城市社会经济增长速率相对较低，城市人口规模的增长和城镇化速率过快是东北地区大气污染的主要原因，规模以上工业企业原煤消耗与大气污染之间的相关程度也较高，车辆源和工业源是东北地区大气 O_3 污染的主要来源。由表 7-23 可见，东北地区代表城市的城市发展和人口增长与 $PM_{2.5}$、PM_{10} 以及 NO_2 之间存在显著的相关关系($P<0.05$)。

表 7-21 东北地区代表城市大气污染与 DFI 之间脱钩效应的统计分析

单位：%

类别	2015	2016	2017	2018	2019
负脱钩	10.71	35.71	46.43	9.52	85.71
脱钩	89.29	53.57	53.57	90.48	14.29
连接	0	10.71	0	0	0

表7-22 东北地区代表城市大气污染物浓度与社会经济影响因素之间的相关分析

影响因素	AQI	$PM_{2.5}$	PM_{10}	SO_2	NO_2	CO	O_3
城市人口	0.207	0.391	0.250	0.128	0.657**	0.153	−0.400
城镇化率	0.424	0.074	0.293	0.488	−0.155	0.424	0.530
GDP	−0.220	−0.342	−0.327	−0.133	−0.481*	−0.080	0.253
人均GDP	−0.314	−0.379	−0.306	−0.195	−0.609**	−0.174	0.212
汽车保有量	−0.369	−0.455*	−0.385	−0.292	−0.334	0.018	0.300
第一产业增加值	−0.013	0.153	−0.068	−0.097	0.226	−0.095	−0.473*
第二产业增加值	0.066	−0.038	0.079	0.144	−0.246	0.060	0.237
第三产业增加值	−0.497*	−0.588**	−0.659**	−0.440*	−0.547*	−0.265	0.179
工业产值	0.267	0.062	0.195	0.326	−0.207	0.231	0.387
建筑业产值	−0.247	−0.095	−0.050	−0.198	0.012	−0.277	−0.160
旅游业产值	−0.390	−0.433*	−0.438*	−0.377	−0.476*	−0.349	0.094
第一产业增加值占比	0.096	0.296	0.087	0.002	0.406	−0.018	−0.526*
第二产业增加值占比	0.246	0.191	0.347	0.285	−0.001	0.147	0.186
第三产业增加值占比	−0.335	−0.347	−0.453*	−0.345	−0.159	−0.171	−0.017
人均生活能耗	−0.118	−0.258	−0.334	−0.059	−0.324	0.064	0.172
生活总能耗	0.089	0.058	0.018	0.176	0.099	0.447*	0.066
生活电力消耗	0.038	0	−0.087	0.033	0.185	0.205	−0.005
规模以上工业企业能源消耗	−0.265	−0.263	−0.313	−0.313	−0.374	−0.458*	−0.011
规模以上工业企业原煤消耗	0.251	0.090	0.242	0.196	0.105	0.326	0.270
规模以上工业企业电力消耗	0.003	−0.096	−0.048	−0.014	−0.104	0.123	0.149
规模以上工业企业热力消耗	−0.496*	−0.541*	−0.522*	−0.449*	−0.759*	−0.519*	0.172

表 7-23　东北地区代表城市 UDPG、EGCIS、ECGSC、DFI 与大气污染指标之间的相关性分析

项目	AQI	$PM_{2.5}$	PM_{10}	SO_2	NO_2	CO	O_3
UDPG	−0.314	−0.484*	−0.405*	−0.217	−0.675**	−0.257	0.371
EGCIS	0.002	−0.404*	−0.380	−0.129	−0.585**	−0.233	0.333
ECGSC	−0.241	−0.186	−0.292	−0.156	−0.208	−0.115	−0.076
DFI	−0.008	−0.478*	−0.402	−0.198	−0.673**	−0.246	0.392

7.3.7　华东地区代表城市大气污染与 DFI 之间的脱钩关系分析

2015—2019 年间，华东地区代表城市大气污染与 DFI 之间的脱钩效应呈现出如下规律：① 该地区代表城市大气污染与 DFI 之间的脱钩关系呈现下降的趋势，扩展负脱钩、强负脱钩和弱负脱钩等负脱钩关系呈现出上升的趋势（表 7-24）；② 增长连接和衰退连接等连接关系占比范围为 1.11%～6.35%，其中 2015 年的连接效应占比最低，仅为 1.11%，2017 年增长连接占比最高，为 6.35%，说明华东地区的社会经济增长在一定程度上伴随着大气污染物的排放，进而导致大气污染物的浓度上升。

表 7-24　华东地区代表城市大气污染与 DFI 之间脱钩效应的统计分析

单位：%

类别	2015	2016	2017	2018	2019
负脱钩	4.44	3.97	17.46	30.16	41.27
脱钩	94.44	92.86	76.19	66.67	53.17
连接	1.11	3.17	6.35	3.17	5.56

由表 7-25 可以看出，华东地区大气污染物的源解析情况如下：

(1) 城市扩张、农业化肥农药的不合理施用和工业源是该地区 AQI 值相对较高的主要原因，如华东地区 AQI 值与城市人口数量、第一产业增加值和第二产业增加值占比之间显著正相关（表 7-25，$P<0.05$）。

(2) 农业化肥的不合理施用、秸秆燃烧等是该地区大气 $PM_{2.5}$、PM_{10} 和 SO_2 浓度超标的重要原因，如这些污染物浓度与第一产业增加值之间显著正相关（表 7-25，$P<0.05$）。

表 7-25 华东地区代表城市大气污染物浓度与社会经济影响因素之间的相关分析

影响因素	AQI	$PM_{2.5}$	PM_{10}	SO_2	NO_2	CO	O_3
城市人口	0.189*	0.128	0.117	0.088	0.381**	0.110	0.150
城镇化率	0.014	−0.041	−0.011	−0.122	0.380**	−0.006	0.076
GDP	0.071	−0.049	−0.107	−0.106	0.337**	−0.071	0.211**
人均 GDP	0.029	−0.097	−0.087	−0.163*	0.329**	−0.096	0.290**
汽车保有量	0.086	−0.064	−0.045	−0.131	0.405**	−0.073	0.210*
第一产业增加值	0.321**	0.244**	0.383**	0.180*	−0.023	0.188*	0.095
第二产业增加值	0.080	−0.036	−0.067	−0.090	0.380**	−0.055	0.194*
第三产业增加值	0.020	−0.078	−0.108	−0.092	0.256**	−0.081	0.156
工业产值	0.121	0.112	0.038	0.028	0.372**	−0.017	0.209*
建筑业产值	−0.034	−0.092	−0.112	−0.131	0.020	−0.107	0.041
旅游业产值	−0.125	−0.208*	−0.256*	−0.247**	0.290**	−0.196*	0.118
第一产业增加值占比	0.041	0.082	0.141	0.110	−0.499**	0.124	−0.173*
第二产业增加值占比	0.154*	0.193*	0.097	0.135	0.018	0.138	−0.091
第三产业增加值占比	−0.013	−0.013	−0.005	0.025	0.004	0.001	0.008
人均生活能耗	−0.286**	−0.511**	−0.483**	−0.534**	−0.100	−0.504**	0.250**
生活总能耗	0.058	0.169	0.004	−0.118	0.114	0.010	−0.395**
生活电力消耗	−0.214*	−0.306**	−0.383**	−0.224*	0.198*	−0.268**	0.214**
规模以上工业企业能源消耗	0.120	0.002	0.059	0.066	0.469**	0.088	0.244*
规模以上工业企业原煤消耗	0.051	0.002	−0.062	0.002	0.384**	−0.019	0.187
规模以上工业企业电力消耗	−0.041	−0.053	−0.179	−0.092	0.351**	−0.060	0.193
规模以上工业企业热力消耗	−0.064	−0.219*	−0.244*	−0.196	0.160	−0.191	0.311**

(3) 统计分析表明，华东地区代表城市大气 NO_2 浓度与城市人口数量、城镇化率、GDP、人均 GDP、汽车保有量、第二产业增加值、第三产业增加值、工业产值、旅游业产值、生活电力消耗、规模以上工业企业能源消耗、规模以上工业企业原煤消耗和规模以上工业企业电力消耗之间呈现极其显著或显著正相关关系

(表 7-25,$P<0.05$),说明城市扩张、车辆源、工业源和高污染负荷旅游业是该地区代表城市 NO_2 污染的重要来源。

(4) 统计分析表明,华东地区代表城市大气 O_3 浓度与 GDP、人均 GDP、汽车保有量、第二产业增加值、工业产值、人均生活能耗、生活电力消耗、规模以上工业企业能源消耗和规模以上工业企业热力消耗之间呈现极其显著($P<0.01$)或显著正相关关系(表 7-25,$P<0.05$),说明车辆源和工业源是该地区代表城市 O_3 污染的重要来源。

(5) 华东地区多因子耦合的 UDPG、EGCIS、ECGSC、DFI 等综合指标与该地区大气 NO_2、O_3 污染之间呈现显著的正相关关系(表 7-26,$P<0.05$),说明社会经济的耦合增长加剧了本地区代表城市的大气 NO_2、O_3 污染水平。

表 7-26 华东地区代表城市 UDPG、EGCIS、ECGSC、DFI 与大气污染指标之间的相关性分析

项目	AQI	$PM_{2.5}$	PM_{10}	SO_2	NO_2	CO	O_3
UDPG	0.093	0.026	0.031	−0.024	0.359**	0.036	0.265**
EGCIS	0.038	−0.061	−0.101	−0.095	0.307**	−0.082	0.177*
ECGSC	0.069	−0.091	−0.127	−0.065	0.397**	−0.079	0.336**
DFI	−0.033	−0.110	−0.109	−0.087	0.429**	−0.068	0.231*

注:** 在 0.01 水平显著相关;* 在 0.05 水平显著相关。

7.3.8 华南地区代表城市大气污染与 DFI 之间的脱钩关系分析

2015—2019 年间,华南地区代表城市大气污染与 DFI 之间的脱钩效应与华东地区类似:① 该地区代表城市大气污染与 DFI 之间的脱钩关系呈现下降的趋势,扩展负脱钩和弱负脱钩等负脱钩关系呈现出上升的趋势(表 7-27);② 2017 年,华南地区代表城市出现了增长连接效应,其占比高达 11.11%。

表 7-27 华南地区代表城市大气污染与 DFI 之间脱钩效应的统计分析

单位:%

类别	2015	2016	2017	2018	2019
负脱钩	0	7.94	25.00	42.86	41.07
脱钩	100	90.48	62.50	57.14	58.93
连接	0	1.59	12.50	0	0

统计分析表明,华南地区代表城市的 AQI 值与城市人口数量、旅游业产

值、第二产业增加值占比、人均生活能耗、生活总能耗、生活电力消耗、规模以上工业企业原煤消耗和规模以上工业企业电力消耗之间显著正相关(表7-28,$P<0.05$),说明城市扩张、高能耗旅游和工业源是该地区空气质量超标的重要原因。同样的,统计学的显著正相关证实了工业源和农业源分别是$PM_{2.5}$和PM_{10}污染的主要污染源。

表7-28 华南地区代表城市大气污染物浓度与社会经济影响因素之间的相关分析

影响因素	AQI	$PM_{2.5}$	PM_{10}	SO_2	NO_2	CO	O_3
城市人口	0.298*	0.045	0.041	−0.008	0.343**	0.059	0.296*
城镇化率	0.014	−0.104	−0.211	−0.123	0.206	−0.182	0.153
GDP	0.204	−0.080	−0.096	−0.122	0.332**	−0.049	0.272*
人均GDP	0.067	−0.044	−0.123	−0.118	0.297*	−0.020	0.196
汽车保有量	0.176	−0.038	−0.084	−0.107	0.330**	−0.083	0.346**
第一产业增加值	0.196	0.206	0.373**	0.112	0.179	0.222	0.006
第二产业增加值	0.189	−0.044	−0.069	−0.076	0.332**	−0.037	0.282*
第三产业增加值	0.152	−0.062	−0.071	−0.131	0.317**	−0.047	0.205
工业产值	0.129	−0.033	−0.046	−0.005	0.136	0.026	0.196
建筑业产值	−0.183	−0.267*	−0.128	−0.313*	−0.081	−0.265*	0.040
旅游业产值	0.240*	0.006	0.046	−0.047	0.413**	−0.033	0.137
第一产业增加值占比	0.127	0.233	0.306**	0.252*	−0.058	0.248*	−0.063
第二产业增加值占比	0.394**	0.171	0.088	0.316*	0.283*	0.226	0.251*
第三产业增加值占比	−0.428**	−0.247*	−0.190	−0.405**	−0.258*	−0.315**	−0.219
人均生活能耗	0.426**	0.089	−0.063	0.020	0.402**	0.024	0.562**
生活总能耗	0.310*	0.140	0.110	0.102	0.445**	0.148	0.190
生活电力消耗	0.506**	0.156	0.107	0.158	0.583**	0.107	0.370**
规模以上工业企业能源消耗	−0.180	−0.263	−0.245	−0.224	−0.294*	−0.183	−0.118
规模以上工业企业原煤消耗	0.707**	0.316*	0.194	0.298*	0.668**	0.187	0.633**
规模以上工业企业电力消耗	0.660**	0.167	0.063	0.166	0.642**	0.099	0.603**
规模以上工业企业热力消耗	0.250	−0.095	−0.209	−0.106	0.079	−0.163	0.437**

相关分析结果显示，华南地区代表城市大气 NO_2 浓度与城市人口数量、GDP、人均 GDP、汽车保有量、第二产业增加值、第三产业增加值、旅游业产值、第二产业增加值占比、人均生活能耗、生活总能耗、生活电力消耗、规模以上工业企业原煤消耗和规模以上工业企业电力消耗之间呈现显著的正相关关系（表 7-28，$P<0.05$），说明城市扩张、车辆源、工业源和高能耗旅游源是该地区大气 NO_2 污染的重要来源。同理，城市扩张、车辆源和工业源是华南地区代表城市大气 O_3 污染的重要来源，因为该地区代表城市大气 O_3 浓度与城市人口数量、GDP、汽车保有量、第二产业增加值、第二产业增加值占比、人均生活能耗、生活电力消耗、规模以上工业企业原煤消耗、规模以上工业企业电力消耗和规模以上工业企业热力消耗之间显著正相关（表 7-28，$P<0.05$）。

华南地区大气 NO_2 浓度水平与 UDPG、EGCIS 和 DFI 之间显著正相关（表 7-29，$P<0.05$），大气 O_3 浓度与 EGCIS、ECGSC 之间显著正相关（表 7-29，$P<0.05$），说明多因子耦合的社会经济综合指标的增长加剧了该地区的大气 NO_2、O_3 污染。

表 7-29 华南地区代表城市 UDPG、EGCIS、ECGSC、DFI 与大气污染指标之间的相关性分析

项目	AQI	$PM_{2.5}$	PM_{10}	SO_2	NO_2	CO	O_3
UDPG	0.052	−0.033	−0.126	−0.107	0.277*	−0.021	0.190
EGCIS	0.191	−0.013	−0.022	−0.078	0.368**	−0.012	0.245*
ECGSC	0.282*	−0.064	−0.182	−0.078	0.127	−0.114	0.495**
DFI	0.079	0.047	−0.026	−0.077	0.349*	−0.009	0.126

注：** 在 0.01 水平显著相关；* 在 0.05 水平显著相关。

7.4 城市大气污染与其社会经济驱动力之间脱钩效应的区域差异特征

我国华中、西南、西北、华北、东北、华东和华南七大地区城市大气污染与其社会经济驱动力之间的脱钩关系特征见表 7-30，其主要特征如下：① 华中地区两者的脱钩关系以强脱钩为主，弱脱钩为辅，本地区的主要污染物为 $PM_{2.5}$、PM_{10}、NO_2 和 O_3，其主要来源为城市扩张、工业源、生活源和车辆源；② 西南地区两者之间的关系以强脱钩为主，主要污染物是 $PM_{2.5}$，其主要来源为城市扩张、农业源、工业源、生活源和车辆源；③ 西北地区两者之间的关系以强脱钩为

表 7-30 我国七大地区的脱钩效应及其成因分析

地区	AQI	$PM_{2.5}$ /(μg/m³)	PM_{10} /(μg/m³)	SO_2 /(μg/m³)	NO_2 /(μg/m³)	CO /(mg/m³)	O_3 /(μg/m³)	脱钩类型	主导污染物	污染来源
华中地区	99.04	64.48[b]	100.09[b]	18.31	46.18[b]	1.64	133.38 (185.33)[c,b]	强脱钩为主，弱脱钩为辅	$PM_{2.5}$、PM_{10}、NO_2、O_3	城市扩张、工业源、生活源、车辆源
西南地区	68.46	39.74[b]	69.69	12.96	35.46	1.19	120.25 (144.97)[c]	强脱钩为主	$PM_{2.5}$	城市扩张、农业源、工业源、生活源、车辆源
西北地区	92.05	54.39[b]	110.31[b]	25.78	46.22[b]	2.00	115.36 (161.40)[c,b]	强脱钩为主，扩张负脱钩为辅	$PM_{2.5}$、PM_{10}、NO_2、O_3	城市扩张、工业源、农业源、生活源、车辆源
华北地区	107.12[a]	67.43[b]	116.44[b]	31.08	44.89[b]	2.39	139.83 (205.72)[c,b]	脱钩比例下降，负脱钩比例上升，其中强负脱钩占比最高	$PM_{2.5}$、PM_{10}、NO_2、O_3	城市扩张、工业源、农业源、生活源、车辆源
东北地区	81.13	50.03[b]	83.26[b]	30.63	38.96	1.41	123.95 (159.28)[c]	负脱钩为主	$PM_{2.5}$、PM_{10}	城市扩张、工业源
华东地区	82.70	47.75[b]	78.46[b]	16.97	37.01	1.28	142.67 (180.50)[c,b]	强脱钩为主，脱钩比例下降，负脱钩比例上升，3种负脱钩均衡	$PM_{2.5}$、PM_{10}、NO_2、O_3	城市扩张、工业源、车辆源、生活源
华南地区	61.38	33.09	53.75	10.36	32.48	1.11	136.74 (148.92)[c]	强脱钩为主，脱钩比例下降，负脱钩比例上升，3种负脱钩均衡	NO_2、O_3	城市扩张、生活源、工业源、车辆源

注：a—超出标准值；b—超出 GB 3095—2012 二级标准值；c—2014—2019 年 5—9 月 O_3 浓度的平均值。

主，扩张负脱钩为辅，主要污染物为 $PM_{2.5}$、PM_{10}、NO_2 和 O_3，其主要来源为城市扩张、工业源、农业源、生活源和车辆源；④ 华北地区两者之间的脱钩比例下降，负脱钩比例上升，其中强负脱钩所占比例最高，主要污染物为 $PM_{2.5}$、PM_{10}、NO_2 和 O_3，其主要来源为城市扩张、工业源、农业源、生活源和车辆源；⑤ 东北地区两者之间的关系以负脱钩为主，主要污染物为 $PM_{2.5}$ 和 PM_{10}，其主要来源为城市扩张和工业源；⑥ 华东地区两者之间的关系以强脱钩为主，但脱钩比例下降且负脱钩比例上升，负脱钩中扩张负脱钩、强负脱钩和弱负脱钩均呈现上升的趋势，主要污染物为 $PM_{2.5}$、PM_{10}、NO_2 和 O_3，其主要来源为城市扩张、工业源、车辆源和生活源；⑦ 华南地区两者之间的关系以强脱钩为主，但脱钩比例下降且负脱钩比例上升，负脱钩中扩张负脱钩、强负脱钩和弱负脱钩均呈现上升的趋势，主要污染物为 NO_2 和 O_3，其主要来源为城市扩张、生活源、工业源和车辆源。

综上，我国七大地区 74 个重点监控城市大气污染与社会经济驱动力之间呈现出显著的区域差异特征：① 华中地区、西南地区和西北地区以强脱钩状态为主，其中，华中地区和西北地区以弱脱钩为辅；② 东北地区以负脱钩为主，其中扩张负脱钩比例最高，如 2019 年其扩张负脱钩占比为 35.71%，弱负脱钩和强负脱钩的比例也相对较高，如 2019 年两者的比例分别为 28.58% 和 21.43%；③ 华北地区两者之间的脱钩比例下降，负脱钩比例上升，其中强负脱钩的比例最高，如 2019 年该地区代表城市的强负脱钩的比例为 62.86%；④ 华东地区和华南地区两者之间的关系以强脱钩为主，但脱钩的比例下降且负脱钩的比例上升，其中，扩张负脱钩、强负脱钩和弱负脱钩的比例呈现均衡式上升的趋势。

从污染源种类分析，华中地区、西北地区、华北地区和华东地区的主要污染物都为 $PM_{2.5}$、PM_{10}、NO_2 和 O_3，西南地区的主要污染物为 $PM_{2.5}$，东北地区的主要污染物为 $PM_{2.5}$ 和 PM_{10}，华南地区的主要污染物为 NO_2 和 O_3。从主要污染物来源分析，七大地区大气污染物来源呈现如下特征：① 工业源是普遍存在的污染源，七大地区大气污染物的主要来源均包含工业源。黑色金属冶炼和压延加工业、有色金属冶炼和压延加工业、非金属矿物制品业、石油加工业、炼焦和核燃料加工业、化学原料和化学制品制造业、化学纤维制造业、橡胶和塑料制品业、造纸和纸制品业、酒/饮料和精制茶制造业、食品制造业、农副食品加工业以及纺织业等工业企业的生产、加工与运输过程等是大气污染产生的主要途径。② 城市扩张和车辆源呈现迅猛增长态势，城市化的过快推进导致城市居民的生活、生产和商业活动过程中对资源、能源的需求量亦迅猛提高，间接导致了大气污染物水平的显著提高。除了东北地区外，其他 6 个地区的大气主要污染物的主要来源均包括车辆源，这主要与近年来各城市汽车保有量的显著提高有关。

③ 生活能耗的显著增加已经成为我国74个重点监控城市大气污染不容忽视的重要来源。

7.5 本章小结

本章取得如下主要结论：

(1) 我国74个重点监控城市大气污染与DFI之间的脱钩关系呈现出如下规律：2015年，全国重点监控城市的大气污染与DFI之间的脱钩关系以强脱钩为主，2015—2019年间这种强脱钩效应呈现显著下降的趋势（$P<0.05$）；2015—2019年间我国74个重点监控城市的大气污染与DFI之间的负脱钩效应（包括扩张负脱钩、强负脱钩和弱负脱钩）的比例呈现出上升的趋势。

(2) 华中地区代表城市的大气污染与DFI值呈现出以强脱钩为主，弱脱钩为辅的特征。$PM_{2.5}$、PM_{10}、NO_2和O_3 4种污染物是主要污染物。相关分析表明，华中地区代表城市的AQI值与其汽车保有量、生活总能耗、生活电力消耗和规模以上工业企业原煤消耗显著正相关（$P<0.05$），大气$PM_{2.5}$、PM_{10}、SO_2和CO 4种污染物的浓度与第二产业增加值占比、规模以上工业企业原煤消耗之间呈现显著的正相关关系（$P<0.05$），大气O_3浓度与人均生活能耗、生活总能耗和规模以上工业企业能源消耗之间的相关程度较高，说明工业源、生活源和车辆源是该地区大气污染的主要来源。

(3) 西南地区成都、贵阳等代表城市大气污染与DFI值之间的脱钩关系以强脱钩为主，$PM_{2.5}$是本地区的主要污染物，污染相对集中的工业源大气污染的严格控制是西南地区代表城市大气污染与DFI值之间脱钩效应的重要原因。相关分析表明，西南地区AQI值与城市人口数量、GDP、汽车保有量、第一产业增加值、第二产业增加值、第三产业增加值、工业产值、第二产业增加值占比、生活总能耗、生活电力消耗和规模以上工业企业热力消耗之间显著正相关（$P<0.05$），大气$PM_{2.5}$、PM_{10}和NO_2等浓度水平与城市人口数量、GDP、汽车保有量、第二产业增加值、工业产值、第二产业增加值占比、生活总能耗、生活电力消耗和规模以上工业企业热力消耗以及综合指标EGCIS、ECGSC之间显著正相关（$P<0.05$），NO_2浓度与DFI之间显著正相关，大气CO浓度与第二产业增加值占比、生活电力消耗和规模以上工业企业热力消耗之间显著正相关（$P<0.05$），大气O_3浓度与工业产值、生活电力消耗和规模以上工业企业热力消耗之间的相关程度较高，且O_3浓度与ECGSC、DFI之间亦呈现显著的正相关关系，说明城市扩张、工业源、农业源、生活源和车辆源是该地区大气污染的主要来源。

(4) 西北地区西安、乌鲁木齐等代表城市大气污染与DFI之间的关系以强脱钩关系为主，扩张负脱钩关系为辅，主要污染物是$PM_{2.5}$、PM_{10}、NO_2和O_3 4种污染物。相关分析表明，西北地区AQI值与城市人口数量、GDP、汽车保有量、第一产业增加值、第二产业增加值、第三产业增加值、工业产值和生活总能耗之间显著正相关($P<0.05$)，大气$PM_{2.5}$浓度与城市人口数量、GDP、三大产业增加值之间显著正相关($P<0.05$)，大气PM_{10}污染水平与城市人口数量之间显著正相关($P<0.05$)，农业源、工业源是大气SO_2污染的主要来源，城市扩张、高污染负荷旅游源是大气NO_2污染的主要来源，UDPG增长是大气污染的主要原因，说明城市扩张、工业源、车辆源和生活源可能是西北地区大气污染的主要来源。

(5) 华北地区代表城市大气污染与DFI之间的脱钩效应呈现出脱钩比例显著下降，负脱钩比例显著上升的趋势，$PM_{2.5}$、PM_{10}、NO_2和O_3 4种污染物是本地区的主要污染物。相关分析表明，华北地区代表城市大气$PM_{2.5}$浓度与城市人口数量、汽车保有量、第一产业增加值、第二产业增加值、建筑业产值、第二产业增加值占比、规模以上工业企业原煤消耗和规模以上工业企业电力消耗呈现显著的正相关关系($P<0.05$)，大气PM_{10}浓度与第一产业增加值、第二产业增加值占比和规模以上工业企业原煤消耗之间极其显著正相关($P<0.01$)，大气SO_2浓度与第二产业增加值占比、规模以上工业企业能源消耗和规模以上工业企业原煤消耗显著正相关($P<0.05$)，大气NO_2浓度与城市人口数量、第一产业增加值、工业产值、第二产业增加值占比、第三产业增加值占比、规模以上工业企业能源消耗、规模以上工业企业原煤消耗和规模以上工业企业电力消耗显著正相关($P<0.05$)，大气CO浓度与第一产业增加值、第二产业增加值占比、规模以上工业企业能源消耗、规模以上工业企业原煤消耗和规模以上工业企业电力消耗显著正相关($P<0.05$)，大气O_3浓度与城市人口数量、汽车保有量、第一产业增加值、第二产业增加值、工业产值、建筑业产值、生活电力消耗和规模以上工业企业电力消耗之间显著正相关($P<0.05$)，大气AQI值与城市人口数量、第一产业增加值、第二产业增加值占比、生活电力消耗、规模以上工业企业原煤消耗和规模以上工业企业电力消耗之间显著正相关($P<0.05$)，说明城市扩张、工业源、农业源、生活源和车辆源是该地区大气污染的主要来源。

(6) 东北地区代表城市大气污染与DFI之间的脱钩效应呈现出以负脱钩为主的特征，$PM_{2.5}$和PM_{10}是该地区的主要污染物，城市扩张和工业源是该地区大气污染的主要来源。

(7) 华东地区代表城市大气污染与DFI之间的脱钩效应呈现出脱钩关系显著下降，扩展负脱钩、强负脱钩和弱负脱钩等负脱钩关系显著上升的趋势，

$PM_{2.5}$、PM_{10}、NO_2 和 O_3 4 种污染物是本地区的主要污染物。相关分析表明，华东地区 AQI 值与城市人口数量、第一产业增加值和第二产业增加值占比之间显著正相关（$P<0.05$），大气 $PM_{2.5}$、PM_{10}和 SO_2 浓度与第一产业增加值之间显著正相关（$P<0.05$），大气 NO_2 浓度与城市人口数量、城镇化率、GDP、人均 GDP、汽车保有量、第二产业增加值、第三产业增加值、工业产值、旅游业产值、生活电力消耗、规模以上工业企业能源消耗、规模以上工业企业原煤消耗和规模以上工业企业电力消耗之间呈现极其显著（$P<0.01$）或显著（$P<0.05$）正相关关系，大气 O_3 浓度与 GDP、人均 GDP、汽车保有量、第二产业增加值、工业产值、人均生活能耗、生活电力消耗、规模以上工业企业能源消耗和规模以上工业企业热力消耗之间呈现极其显著（$P<0.01$）或显著（$P<0.05$）正相关关系，多因子耦合的 UDPG、EGCIS、ECGSC、DFI 等综合指标与该地区大气 NO_2、O_3 污染之间呈现显著的正相关关系（$P<0.05$），说明城市扩张、工业源、车辆源和生活源是该地区大气污染的主要来源。

(8) 华南地区代表城市大气污染与 DFI 之间的脱钩效应呈现出脱钩关系下降，扩展负脱钩和弱负脱钩等负脱钩关系显著上升的趋势，NO_2 和 O_3 是该地区的主要污染物。相关分析表明，华南地区代表城市的 AQI 值与城市人口数量、旅游业产值、第二产业增加值占比、人均生活能耗、生活总能耗、生活电力消耗、规模以上工业企业原煤消耗和规模以上工业企业电力消耗之间显著正相关（$P<0.05$），大气 NO_2 浓度与城市人口数量、GDP、人均 GDP、汽车保有量、第二产业增加值、第三产业增加值、旅游业产值、第二产业增加值占比、人均生活能耗、生活总能耗、生活电力消耗、规模以上工业企业原煤消耗和规模以上工业企业电力消耗之间显著正相关（$P<0.05$），大气 O_3 浓度与城市人口数量、GDP、汽车保有量、第二产业增加值、第二产业增加值占比、人均生活能耗、生活电力消耗、规模以上工业企业原煤消耗、规模以上工业企业电力消耗和规模以上工业企业热力消耗之间显著正相关（$P<0.05$），大气 NO_2 浓度与 UDPG、EGCIS 和 DFI 之间显著正相关（$P<0.05$），大气 O_3 浓度与 EGCIS、ECGSC 之间显著正相关（$P<0.05$），说明城市扩张、生活源、工业源和车辆源是该地区大气污染的主要来源。

(9) 我国七大地区 74 个重点监控城市大气污染与社会经济驱动力之间呈现出显著的区域差异特征：① 华中地区、西南地区和西北地区以强脱钩状态为主，其中，华中地区和西北地区以弱脱钩为辅；② 东北地区以负脱钩为主，其中扩张负脱钩比例最高，弱负脱钩和强负脱钩的比例也相对较高；③ 华北地区大气污染与社会经济驱动力之间的脱钩比例下降，负脱钩比例上升，其中强负脱钩的比例最高；④ 华东地区和华南地区大气污染与社会经济驱动力之间的关系以强脱钩为主，但脱钩的比例下降且负脱钩的比例上升，其中，扩张负脱钩、强负脱钩和弱负脱钩的比例呈现均衡式上升的趋势。

(10) 从污染源种类分析，华中地区、西北地区、华北地区和华东地区的主要污染物都为 $PM_{2.5}$、PM_{10}、NO_2 和 O_3，西南地区的主要污染物为 $PM_{2.5}$，东北地区的主要污染物为 $PM_{2.5}$ 和 PM_{10}，华南地区的主要污染物为 NO_2 和 O_3。从主要污染物来源分析，七大地区大气污染物来源呈现如下特征：① 工业源是普遍存在的污染源，七大地区大气污染物的主要来源均包含工业源；② 城市扩张和车辆源呈现迅猛增长态势；③ 生活能耗的显著增加已经成为我国 74 个重点监控城市大气污染不容忽视的重要来源。

本章参考文献

[1] 王星.雾霾与经济发展：基于脱钩与 EKC 理论的实证分析[J].兰州学刊，2015(12)：157-164.

[2] 李靖云.雾霾、二氧化碳与经济增长脱钩关系及协同效应研究[D].徐州：中国矿业大学，2020.

[3] 于冠一，修春亮，赵昌松.辽宁省环境规制约束下的雾霾脱钩效应分析[J].东北大学学报(自然科学版)，2019，40(3)：435-440.

[4] 王书斌，檀菲非.环境规制约束下的雾霾脱钩效应：基于重污染产业转移视角的解释[J].北京理工大学学报(社会科学版)，2017，19(4)：1-7.

8 我国大气污染防控的具体对策体系研究

8.1 引言

前面几章研究表明，我国大气污染呈现出显著的时空差异特征：时间上，2014—2019年我国大气污染呈现出下降的趋势，大气污染物浓度呈现冬春季节高、夏秋季节低的季节特征，夜间（21时至次日7时）、上下班高峰（8—10时和20—22时）和午后（13—17时）是每日大气污染物出现峰值的时间变化范围。空间上，我国的华北地区、西北地区和华中地区是大气污染物浓度相对较高的几个地区。城镇化进程过快导致城市人口对资源和能源的过度消耗是我国城市空气质量恶化的重要原因。产业结构不合理，如农业化肥的过度施用、高能耗工业企业的污染排放、高污染旅游业的发展是我国城市大气污染的又一重要原因。此外，汽车保有量和城市居民生活能源消耗的线性增长是当前能源消耗的主要增长点，同时也是导致城市大气污染的重要原因。因此，众多社会经济因子的耦合作用（社会经济综合驱动力指标DFI），而不是仅仅单一的社会经济影响因子或若干个社会经济影响因子的单独作用是导致我国大气污染现状的真正原因。

我国的华中地区、西南地区、西北地区、华北地区、东北地区、华东地区和华南地区等7个地区的多年社会经济综合驱动力DFI值呈现出显著上升的趋势。2015年，我国大气污染与DFI值之间的关系以强脱钩为主，但随着社会经济的过快增长，这种强脱钩关系的比例有所下降，负脱钩，特别是强负脱钩和扩张负脱钩的比例有上升的趋势。我国城市大气污染与DFI值之间的脱钩效应呈现出显著的区域差异特征：华中地区、西南地区和西北地区以强脱钩状态为主，东北地区以负脱钩为主，华北地区的脱钩比例下降且负脱钩比例上升，华东地区和华南地区以强脱钩为主，但脱钩的比例下降且负脱钩的比例上升。从污染物的源解析情况分析，华中地区、西北地区、华北地区和华东地区的主要污染物为

$PM_{2.5}$、PM_{10}、NO_2 和 O_3，西南地区的主要污染物为 $PM_{2.5}$，东北地区的主要污染物为 $PM_{2.5}$ 和 PM_{10}，华南地区的主要污染物为 NO_2 和 O_3。大气污染问题仍然是我国"十三五"期间应该重点关注的问题，研究大气污染与社会经济综合增长因子之间的作用关系以及大气污染的防控对策体系具有十分重要的理论及现实意义。因此，本著作选取我国 74 个重点监控城市为研究对象，通过数据挖掘、梳理统计分析、模型构建、逻辑推理和归纳总结等研究方法，深度剖析我国大气污染的年度-季度(月度)-小时三维时空差异特征，探讨我国大气污染的社会经济影响因素，建立我国 DFI 评价模型以及大气污染与 DFI 值之间的脱钩关系模型，开展我国大气污染的源解析，进一步分析讨论我国大气污染与 DFI 值之间脱钩关系的区域差异性，最终提出我国大气污染防控的对策体系(图 8-1)。

8.2 数据来源与研究方法

8.2.1 数据来源

本章中 74 个重点监控城市的 AQI 值以及 SO_2、NO_2、PM_{10}、$PM_{2.5}$、CO 和 O_3 6 种污染物的浓度值的数据来源见表 6-1；本章中不同城市的城镇化率、城市人口和汽车保有量数据、城镇(农村)居民家庭人均主要食品消费量摘自中国及各对应省、市统计年鉴。

8.2.2 研究方法

本章中我国城市大气污染的防控对策体系是通过梳理统计、逻辑推理和归纳总结方法推导出来的。本章中的各种折线图利用专业绘图软件 Origin 19.0 和 Sigmplot 11.0 绘制。本章涉及主要食品消费量的城乡差异利用统计分析软件 SPSS 25.0 开展配对样本 t 检验完成。

8.3 严格控制高资源-能源消耗的城市扩张

8.3.1 减缓城镇化进程

2000—2019 年我国华中、西南、西北、华北、东北、华东和华南七大地区17 个代表城市的城镇化率情况见图 8-2。可以看出，各代表城市的城镇化率呈现出线性增长的趋势，城镇化推进速度过快。然而，绝大多数农村向城镇转化是伴随着高资源、高能源消耗的方式推进的，这无疑给我国城市大气污染带来严重的胁

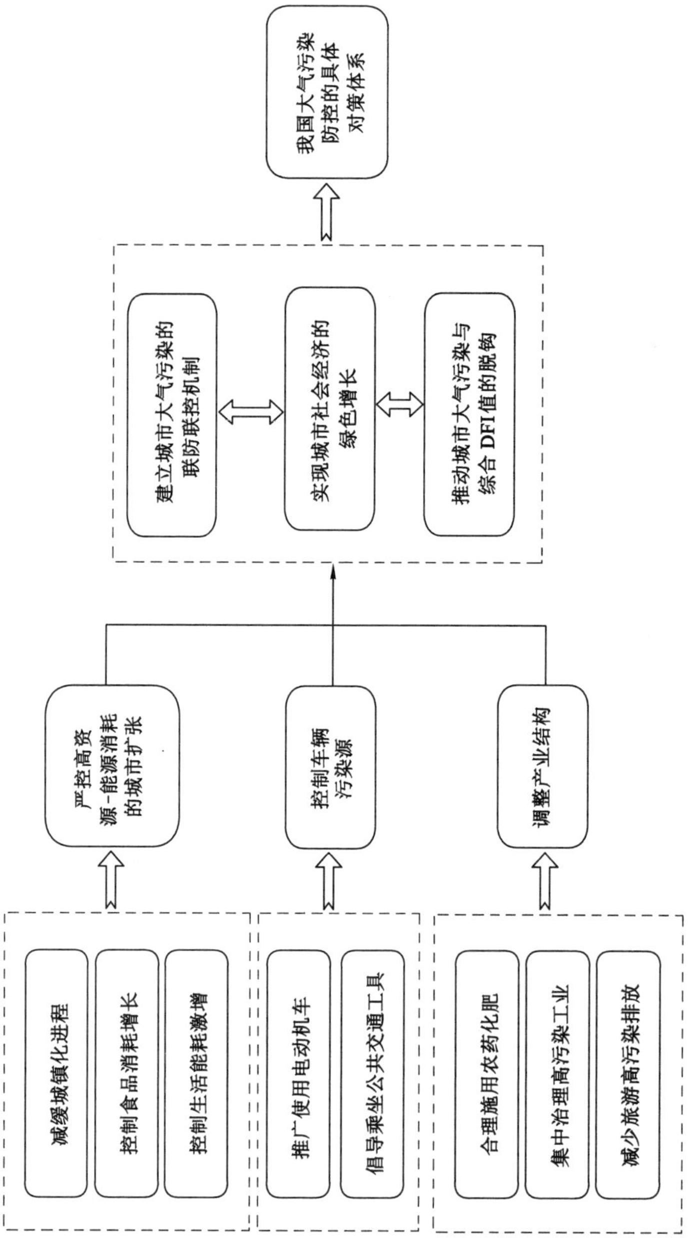

图 8-1　我国大气污染防控的对策体系

迫。分析其具体原因主要是城镇化进程的推进与“节能”式的生活观念、生活方式以及能耗方式的高度不匹配导致了当前的城镇化推进是以高污染排放和高能耗为代价的，故控制城镇化进程也是改善我国城市空气质量状况的重要途径之一，这要求我们做到：第一，抑制我国城镇化进程的过快推进；第二，改变我国城镇居民的生活方式、生活习惯以及能源消费结构，推崇“节能”生活方式，减少城镇居民的生活能源消耗；第三，重点控制新型城镇小微企业的污染排放情况，实现城镇经济的“绿色增长”。

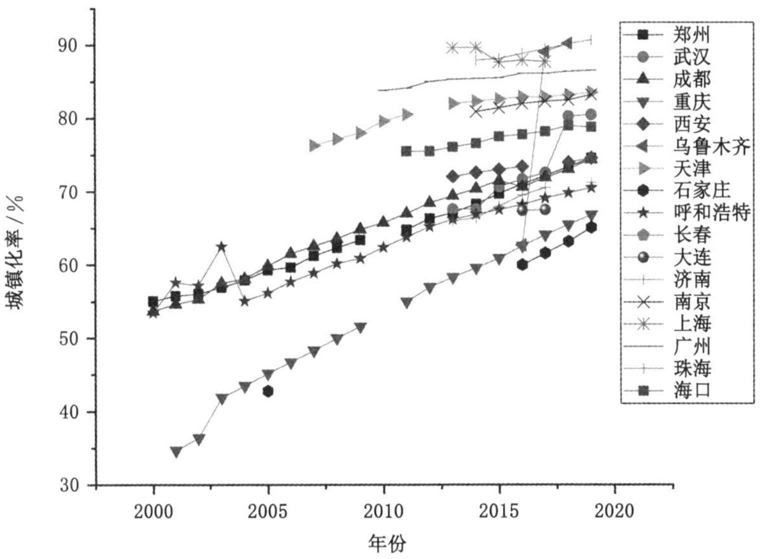

图 8-2　2000—2019 年我国七大地区各代表城市城镇化率统计情况

8.3.2　饮食结构调整

从全国范围内看，1990—2019 年间我国（包括城镇和农村）居民平均每人全年的粮食、蔬菜及食用菌、鲜蔬菜的消费量整体呈现下降的趋势，2014—2019 年这 3 种主要食品的消费量呈现出波动式的变化趋势（图 8-3）。其中，城镇居民粮食消费量显著低于农村居民消费量（$P<0.05$），如 2014—2019 年间城镇和农村居民平均每人全年粮食消费量分别为 112 kg 和 157.03 kg。相反，城镇居民蔬菜及食用菌、鲜蔬菜平均每人全年消费量显著高于农村居民消费量（$P<0.05$），如 2014—2019 年间城镇和农村居民平均每人全年蔬菜及食用菌、鲜蔬菜消费量分别为 105.25 kg 和 89.65 kg、101.08 kg 和 87.87 kg。

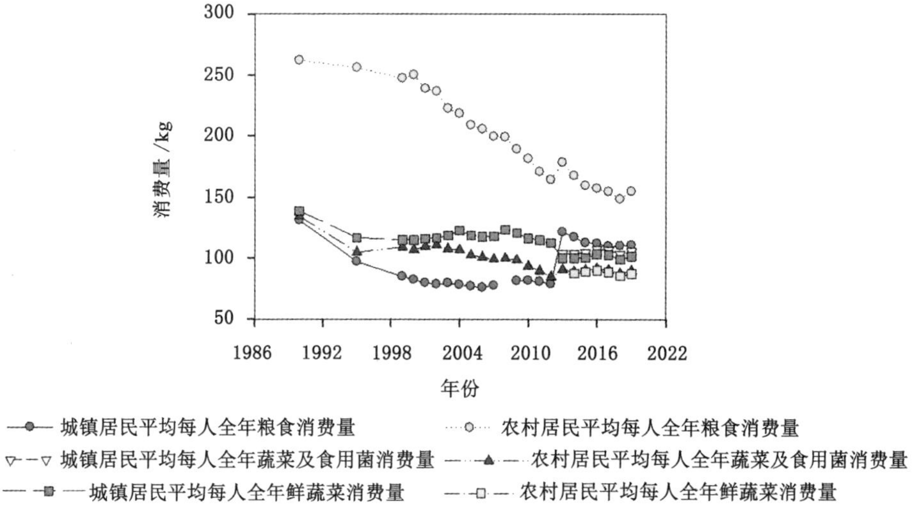

图 8-3 1990—2019 年我国粮食、蔬菜及食用菌、鲜蔬菜 3 种主要食品消费量统计情况

1990—2019 年我国肉类、禽类、水产品、蛋类、奶类和干鲜瓜果类等 6 种主要食品消费量呈现上升的趋势，且城镇这 6 种主要食品的消费量要显著高于农村的消费量（$P<0.05$），如 2014—2019 年全国城镇和农村这 6 种主要食品的消费量分别为 29.23 kg 和 24.01 kg、9.93 kg 和 7.93 kg、14.95 kg 和 7.72 kg、10.70 kg 和 8.48 kg、16.90 kg 和 6.73 kg、59.13 kg 和 36.83 kg（图 8-4）。可见，城乡主要食品消费量之间存在显著差异，除了粮食外，城镇其他几种主要食品的消费量均显著高于农村消费量，而几种食品的存储、运输、加工和食用过程中均需要消耗能源，尤其是烹饪加工食物过程伴随着高能耗和高污染排放，如 1990—2019 年间，我国对食用油和植物油的消耗量均呈现明显上升的趋势（图 8-5），且城镇消费量显著高于农村消费量（$P<0.05$）。饮食结构的改变导致能耗和污染排放量的加剧，这对我国的大气环境具有很大程度上的胁迫作用。

随着规模城市农村人口的城镇化水平的不断提高，主要食品的消费量之间的差异性水平有下降的趋势，如 2014—2019 年间，上海、重庆、广州等城市主要食品消费量之间差异化水平显著降低（图 8-6）。因此，从饮食结构调整角度看，适当控制肉类、禽类、水产品、蛋类和奶类等高能耗食品的消费量，增加新鲜蔬菜和新鲜瓜果类食品的消费量，这将有利于显著降低饮食能源消耗和餐厅大气污染物的排放水平。此外，主要食品烹饪加工方式的转变（适当减少煎、炒、烹、炸等烹饪加工方式，增加蒸、煮等烹饪加工方式）也有助于降低饮食能源消耗和餐厨大气污染物的排放量。

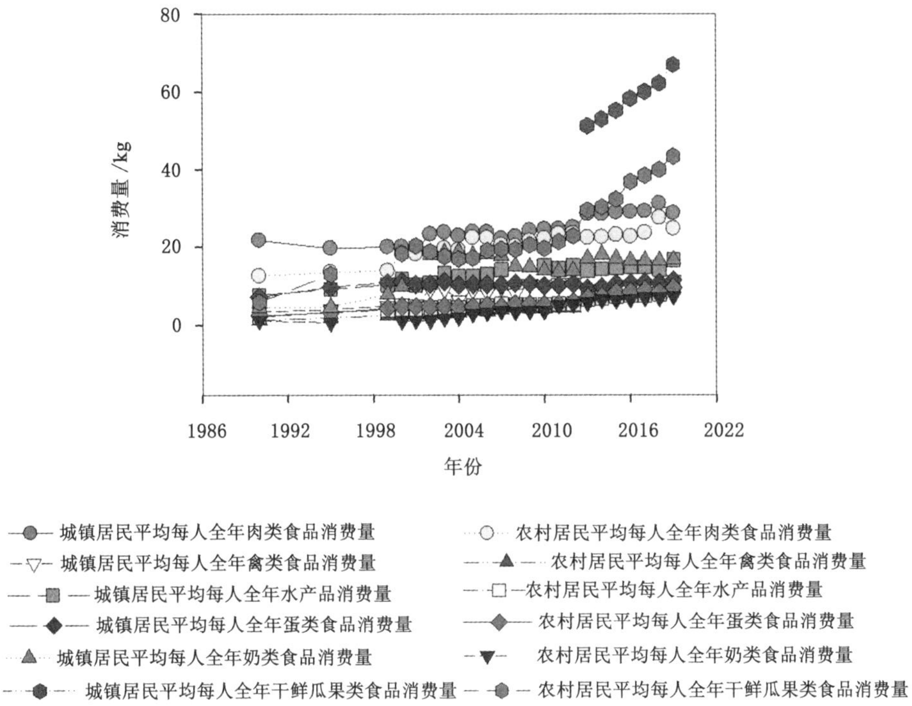

图 8-4 1990—2019 年我国肉类等其他 6 种主要食品消费量统计情况

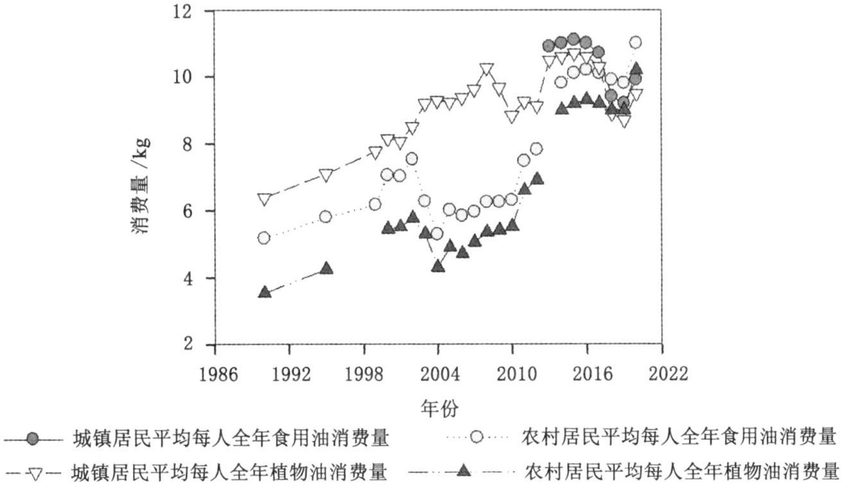

图 8-5 1990—2019 年我国食用油和植物油消费量统计情况

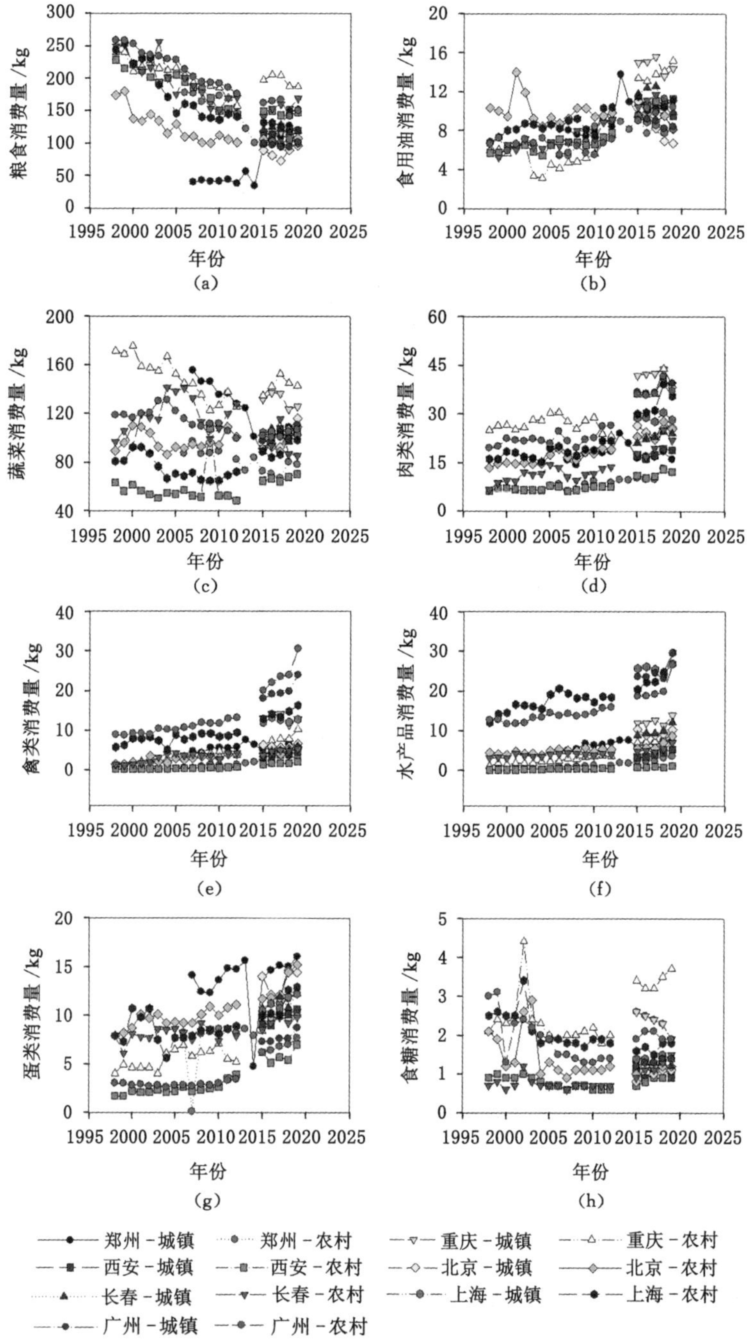

图8-6 1998—2019年我国代表城市主要食品的消费量统计情况

8.3.3 控制生活能耗激增

2000—2019年,我国华中、西南、西北、华北、东北、华东和华南七大地区的17个代表城市的人均生活能耗情况见图8-7。不难发现,除了乌鲁木齐和呼和浩特两个城市分别在2005年和2013年出现一个明显的峰值外,其他所有代表城市的人均生活能耗均呈现出显著线性增长的趋势($P<0.05$)。随着生活水平的不断提高和城镇化水平的不断推进,居民人均生活能耗的线性增长已经成为我国大气污染的重要致因之一,如华中、西南、西北、华北、东北、华东和华南七大地区的74个重点监控城市的AQI指数与生活能耗之间呈现显著的正相关关系($P<0.05$),说明居民生活源是我国大气污染的重要来源之一。因此,削减生活能耗,特别是高污染排放的激增能耗也必然是我国大气污染预防与控制的重要手段之一,我们应该提倡"节能减排"的绿色生活方式,从而从根本上减少各地区大气污染物的排放。

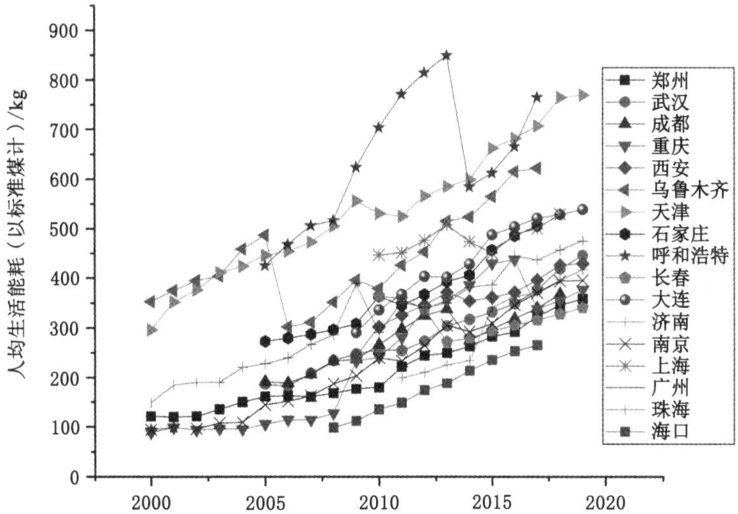

图8-7 2000—2019年我国七大地区各代表城市人均生活能耗统计情况

8.4 严格控制车辆污染源

近年来,我国各地区汽车保有量显著增长。由图8-8可以看出,除重庆2012年和2019年出现明显的峰值以外,我国华中、西南、西北、华北、东北、华东和华南七大地区的其他16个代表城市的汽车保有量均呈现明显上升的趋势，特别是近10年呈现出线性增长的趋势，故车辆污染源也成为我国七大地区74个重点监控城市大气污染的最重要来源之一。因此，严格控制大气污染的车辆源也是我国大气污染预防与控制的关键所在。

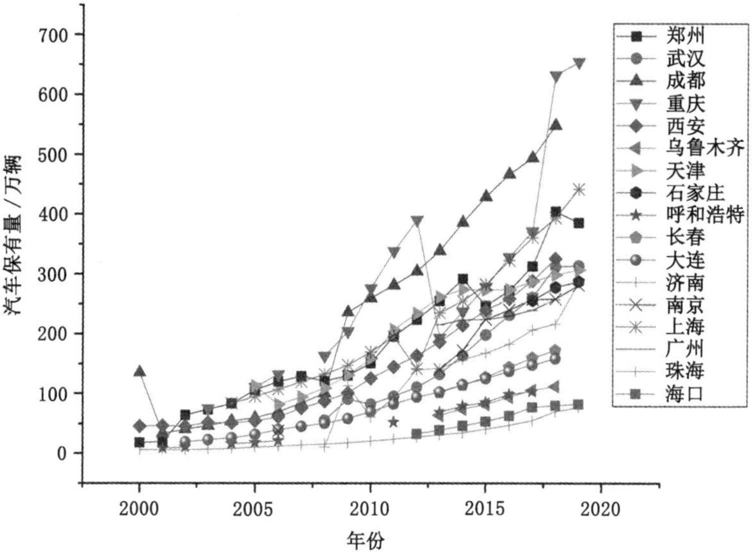

图8-8　2000—2019年我国七大地区各代表城市汽车保有量统计情况

众所周知，随着人们生活水平的提高和城镇化进程的推进，城市居民对汽车的依赖程度也越来越大，时至今日，汽车已经成为相当一部分城市居民的代步工具，这也进一步导致了城市汽车保有量呈现逐年上升的趋势。缓解这一压力的方法有很多，主要的方法如下：

(1) 提倡绿色出行，倡导乘坐公共交通工具。城市燃油汽车的高强度使用加剧了城市的大气污染问题，故减少或控制燃油汽车的无节制使用会对城市的空气质量状况的改善发挥积极的作用。笔者进行了一项关于"您愿意为雾霾天气做什么样的贡献"调查问卷，郑州和焦作的受访对象中分别有63.33%和62.20%的城市居民愿意使用电动车、自行车、乘坐公交车和减少私家车使用的方式来为城市雾霾治理做出贡献。可见，在全国各代表城市中，提倡绿色出行，减少私家车使用是一条可行之路。

(2) 电动汽车的推广应用。电动汽车是一种以车载电源为动力，用电动机驱动车轮，符合道路交通、安全法规各项要求的车辆。其工作的原理是蓄电池—电流—电力调节器—电动机—动力传动系统—驱动汽车行驶。由于其对环境质量状况的影响较传统汽车小，电动汽车被推广使用的前景非常乐观，目前，我国一些大城市，包括北京、上海和广州等地均对电动汽车有不同程度的推广使用，而我国中小城市推广使用相对较少。那么，电动汽车在中小城市的推广使用前景如何呢？针对这一问题，笔者对焦作市民开展了一项关于"焦作市纯电动汽车推广应用前景"的问卷调查，其调查结果显示，83.3％的城市居民支持政府投资推广电动公交车（图8-9）。此外，问卷调查显示，83.1％的焦作市居民能够认识到纯电动汽车对于改善环境质量有所帮助（图8-10）。

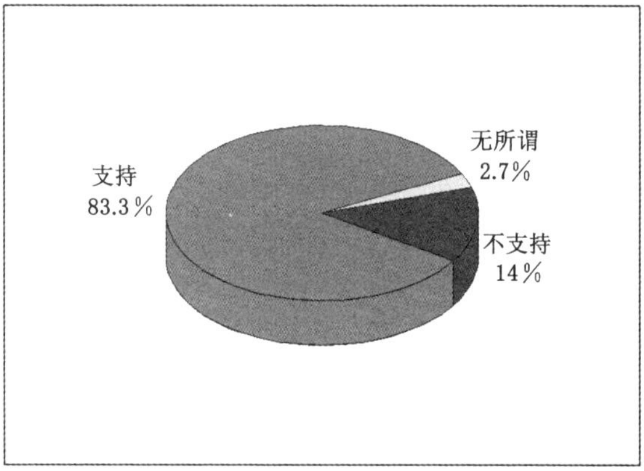

图8-9　焦作市居民对电动汽车推广应用所持的态度

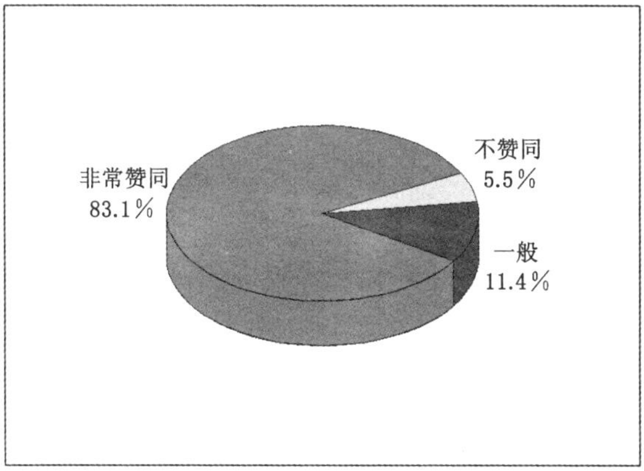

图8-10　焦作市居民对推广使用电动汽车改善环境质量状况的认知

8.5 大气污染协同治理策略研究

基于大气污染协同治理理论、区域差异理论和脱钩理论研究，本著作以问题为导向构建大气污染多元治理结构，通过分析“政府—市场—社会”多元治理策略(图 8-11)，探讨我国大气污染治理对策和建议。在多元治理结构框架下，政府主要提供政策法规和激励反馈机制，引导市场有序参与大气污染治理；市场主要参与到大气污染治理当中，起到积极的调节作用；社会在大气污染治理中主要是对政府和市场的监督，并积极参与大气污染治理，表达自身诉求，积极谋求同多方合作。

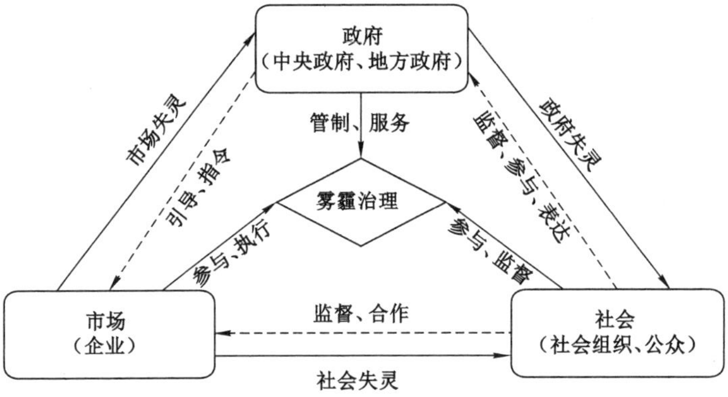

图 8-11 大气污染协同治理

8.5.1 健全政府长效治理机制

政府在大气污染治理中以宏观调控为主，主要扮演引导者和服务者的角色，充分尊重市场良性运行规律和发挥社会治理的能动性。政府在治理过程中，不仅仅是在资金、人才、技术等方面提供相当程度的支持，更应该在诸如法律、法规以及机制设计等方面提供保障。我国大气污染存在明显的空间异质性特征，跨区域治理迫在眉睫，这就需要中央政府能够为地方政府提供稳妥有效的区域联防联控治理机制、权责激励机制、法律保障机制和绩效考核机制，地方政府积极构建目标协同战略和达成“利益共同体”共识，积极推进跨区域合作治理机制。

8.5.1.1 中央政府顶层设计

我国幅员辽阔，地形、人口结构复杂，工业发展水平不均衡，各地区大气污染预警和处置各自为政，横向监督、配合缺乏，极大增加了大气污染治理成本和治理效能。中央政府在大气污染治理中应更加注重治理的顶层设计，牵头实施统一高效的网格化监测预警体系，充分考虑地区差异性，结合地区地理位置、气象条件、污染现状、产业发展结构等综合考虑，尽可能将预警分级标准一致化，避免不同区域下同一污染事件因预警级别不同而造成响应级别差异化，从而造成不必要的资源浪费和人员财产损失。同时，跨地区大气污染应急预案内容简单化，在预警信息监测、发布、接收和污染处置等方面都存在一定的不足，区域间大气污染治理协调联动性差，这就需要建立健全大气污染预警信息发布机制，构建并出台大气污染治理统一性政策，理清中央政府与地方政府间、地方政府与地方政府间的责权分配问题，出台相关责权激励措施，在财政供给、事权统筹等方面加大持续性投入。

法律具有极强的强制力和约束力，在大气污染治理中，应积极构建法律制度体系，实现依法治理。以法律形式明确大气污染治理中各利益相关方协同治理权力机构，区划各方权力范畴和责任归属，制定跨区域综合治理工作细则，完善大气保护法律法规体系，建立健全信息披露机制，明确空气质量标准和制定大气污染排放标准，为大气污染治理提供科学的法律基础和制度保障。建立健全多省份、跨区域巡查监督机制，制定跨区域联合执法法律框架，依托联合监察机构组织和领导区域内多省市、多部门共同参与、统一部署，实现资源整合、信息共享、行动统一、联合执法。加快推动微信遥感监测和大数据网络管理平台建设，构建国家、省、市、县四级联防联控监测网络。进一步优化地方政府绩效考核机制，转变长期以来地方政府持有的 GDP 增长政绩观，培育树立“绿色 GDP”绩效考核机制，并将大气污染治理纳入地方政府绩效综合考核内容，不断督促各级政府完善政府信息公开水平，增强政府信息公开透明度，建立健全信息公开规章制度，拓宽信息发布渠道。

8.5.1.2 *地方政府联防联控*

大气污染因其扩散性，某一个地区地方政府的治理并不能起到根本治理作用，往往需要多个地区政府协同治理，联防联控。此外，大气污染治理属地管理体制僵化、唯 GDP 论、地方本位主义和利益协调分配不均衡等也是造成大气污染治理效能低的重要原因。地方政府应彼此增进互信意识，努力谋求大气污染治理利益共同体和协调合作共治的共识，协调统一个人利益和公共利益之间的矛盾，促进福利分配均衡、风险共担、利益共享，寻求大范围、多层次、多领域密切合作，促进各利益共同体成员资源整合、优势互补、利益共享等。在利益共同体共识背景下，坚持价值导向，加强各成员间治理能力建设，增进良性沟通互动，逐渐形成大气污染整体治理观。

目前我国大气污染治理受到各省市地区的普遍关注，但是涉及跨区域治理时往往显得捉襟见肘，因其管辖职责和地方本位主义限制，很容易出现治理不力行为，因此地方政府必须加强区域间联防联控治理机制，建立能够统一行动的大气污染治理专门机构，研究制定区域大气污染治理预防措施和行动方案。各地区应尽快转变传统发展理念，谋求治理目标协同。地方政府在发展中要摒弃重经济发展轻环境保护的传统做法，采用科学的方法和措施实现经济发展和环境保护共生的高质量发展。各地区在发展水平、人文社会环境、大气污染程度和环境承载力上均有差异，在治理难度、治理成效和治理收益方面也多有不同，很难形成一个统一的协同治理目标，从而造成了治理行动难以统一、治理力度不尽相同、治理成效参差不齐，地方政府应根据实际情况，因地制宜采取补偿措施或强制手段，采用科学、公平、合理、有效的协同治理措施，促进区域间各地方大气污染治理形成统一的协同治理目标，制定长远一致的目标规划，促进大气污染协同长效治理。

我国城镇化发展迅速，人民生活水平日益提高，但是不能回避的是随着城镇化的不断推进，能源消耗不断增加，人均能耗也持续攀升，城镇化推进的同时加剧了对大气的污染和对资源的过度消费。为此，政府需要推行一系列切实有效的发展对策，转变传统城镇发展方式，协调化解发展中存在的种种矛盾，稳步推进向资源节约、环境友好、集约紧凑的中国特色城镇化发展。

8.5.2 完善市场有效调节机制

市场调节是大气污染治理不可或缺的一环，一方面企业排污是大气污染的重要组成，另一方面企业也是大气污染治理的重要力量，政府应在积极引导企业树立环保责任意识，规范市场运行机制的同时，采用多方面优惠激励措施，促进企业绿色发展的能动性，积极推动企业产业结构调整和能源消费结构优化。此外，完善的监督机制可以有效规范市场在运行过程中的“出格”行为，监督机制不仅局限于政府层面的监督，更应包括媒体舆论的监督和公民大众的监督等。

8.5.2.1 规范市场运行机制

市场作为“看不见的手”，能够无形中起到一定的调节作用，但是这种调节在不加约束的情况下往往是负趋向性，企业作为“理性人”有意无意地都会想着向有利于自身经济发展权趋势发展，从而忽视大气污染状况，更难以大资金投入大气污染治理中。市场在发展过程中必须要通过一系列的生态文明规章制度加以规范约束，这不仅能够有效减少企业治污成本，还能够在一定程度上促进企业梳理节能减排、保护环境的责任和义务。当然，在制定相关规章制度注重环境保护的同时，也应该注重企业的经济发展，要关注两者的有效结合和密切融合，企业在大气污染减排时其经济利益得到保护的双赢基础上，就能够更加主动地投入大气污染防治的良性循环之中。

在大气污染治理中，市场资源配置作用的充分发挥能够有效开展专项治理活动，市场在污染治理中也应该严格遵守相关法律法规及其他的规章制度，企业作为社会发展中的重要组成，转变自身被管制的角色，更加主动投入高质量经济发展大局中，责无旁贷地参与大气污染防治。政府应进一步健全排污权交易体制，积极推动企业污染治理的主动性。排污权交易制度的实行有利于规范统一污染物的处理，方便大气污染治理长效化开展。规章制度的有效实行可极大地规范企业大气污染排放，有效促进企业产品绿色生产、废品无公害处理。而企业主动遵循各类污染防治规章制度，融入大气污染治理，不仅能够有利于企业现时正常有序运行，还能有效提升企业社会形象，促进企业持续长远发展顺利。然而从目前的情况看来，排污权交易制度仍然有待完善加强，企业在大气污染防治的全过程中并未主动发挥其应有的社会责任。此外，可尝试建立健全企业环境信用评价体系，制定企业环境信用评价档案，对大气污染严重及拒不整改、逾期整改的相关企业实行有效的针对性措施。

8.5.2.2　增强企业环保责任意识

市场应积极引导企业不断完善自身体制机制及其他管理制度，逐步转变生产经营目标向着绿色、环保、可持续发展，不断强化企业的大气环保意识，并将政府政策法规指令、环保主体责任等融入企业文化之中，深植企业发展文化内涵，摒弃原有的经济增长追求目标，积极促进经济效益和生态效益共同健康发展。在政府高压环保政策不断有序推进的同时，企业应该充分意识到环保的重要性，主动适应发展新常态，持续进行科技创新和技术改造，减少大气污染物排放，改用清洁能源，严守大气污染防治红线，强化主体责任意识，在企业内部逐步形成环保氛围。其责任意识不仅在于认识到，更应该体现在行动上，企业内部应经常性开展培训，做到定期自查，开展规章制度和技术生产理论学习会，总结经验，注重反思，树立正确的环保观。

8.5.2.3　加快推进产业结构调整

目前，我国产业结构的特点是以第二产业（特别是工业）为主，第一产业和第三产业为辅。众所周知，我国的第二产业，特别是工业和建筑业属于高污染行业，故我们要想控制全国城市的空气质量必须采取如下措施：一是控制第二产业，特别是工业和建筑业的过快增长，推进工业企业的生产流程、生产工艺的清洁化，改变或减少第二产业生产的能源与资源消耗现状；二是严格控制田间随意燃烧秸秆问题，可以将秸秆做燃料或是堆肥处理，这既可以减少污染排放，又可以节约资源；三是严格控制以高能耗餐饮业为主导的第三产业的发展，长期以来，我国各代表城市第三产业的发展是以旅游餐饮业为主导，显著增加了能源消耗量，给大气环境质量状况带来严重胁迫，故控制高能耗型第三产业的发展也是改善环境质量又一重要途径。

8.5.2.4 不断优化能源消费结构

对于传统高能耗高污染行业，要提升行业准入门槛，严格管控相关产业的污染超标生产，避免产业规模进一步扩张，加快技术升级和能源消费结构更新，坚持传统能源清洁化和新能源研发创新，推广普及新型环保材料，构建绿色生产模式，大力投入科技减排创新和使用绿色清洁能源，积极开发太阳能、风能、生物能等清洁能源和可再生能源。同时，应不断缩减企业行业过剩产能，生产能力过剩、生产模式落伍的企业应及时淘汰，大力推广电力能源消费观念，促进电力能源升级改造，提升电力能源利用效率，从而进一步优化能源消费结构。

我国大气污染主要是燃煤污染，因此必须有针对性地加大行业消费结构升级，减少燃煤使用。优化能源结构最有力的推手是政府制定相关节能减排方针政策，并设立专门机构配备专门人员实施巡查监督，对各企业明确减排目标，将目标逐步细化分解推动贯彻落实。加大惩处力度，对不能按时完成既定目标或搪塞应付的企业应严惩不贷，绝不姑息，用执法权的权威加大排污成本，督促企业消费结构升级。此外，应加强政府与市场之间的合作关系，政府应积极引导企业切实履行自身环保责任和义务，对积极开展能源消费结构转型的企业给予政策补贴和信贷支持，建立完善一系列激励和惩处措施，激发企业环保内生动力，实现绿色可持续发展。

8.5.3 建立社会广泛参与机制

8.5.3.1 拓宽社会参与表达途径

在2013年5月发布的《2012年中国人权事业的进展》白皮书中，环境权利首次纳入我国公民人权保障中，公民享有清洁环境的权利进一步得到了保障。社会参与表达途径的拓宽，是我国环境治理的根本之道之一，公民的知情权、监督权得到扩大，能够进一步提高公民参与环保的积极性和主动性，在社会民众大潮流的监督之下，能够有效遏制大气污染事件的发生。目前看来，我国大气污染治理仍然过度强调政府在其中的作用，而较大忽视社会参与对其的巨大影响，社会公众参与度还远远不够，公民享有的知情权、监督权和索赔权等权利并未得到充分保障，政府对社会参与的引导力度不强，公众参与社会大气污染治理渠道相对匮乏。大气污染及其治理相关信息的透明度和清晰度是公众正常参与社会表达的关键影响因素，政府和市场应通过不断完善的信息公开制度，健全完善相关法律法规，加大信息共享和信息透明度，并从法律的层面对公众参与大气污染治理的权利和义务进行规定，拓宽并巩固公民正常社会表达途径，有效引导和鼓励公众建言献策、投诉举报和监督曝光，将社会监督纳入大气污染治理的联动网络体系之中，此举必能形成强大治理合力，打破目前大气污染治理不彻底的困局。

8.5.3.2 增强社会环保意识

充分的社会主体参与是大气污染治理的必要途径，大气污染治理的重任不可能仅由政府或市场承担并完成，但是社会参与在我国并没有得到充分调动，究其原因除了无有效信息渠道和权利保障外，一个重要的原因即为社会环保意识不强，并未形成社会广泛参与大气污染治理的内生动力，这值得全社会深刻反思并积极参与治理之中。政府及社会其他组织应加大力度对社会开展理论宣讲和专业培训，增强社会整体环保意识和基础建设，提高整体大气污染治理防范、治理能力，协助市场参与社会治理，构建政府和公众的有效沟通桥梁。在我国的社会教育中，环保意识宣教并未得到重视，公众掌握的环保知识和环保技能相对匮乏，民众专业知识接受不系统、理论教育不全面，很难形成全民环保氛围。为此，我们应该加强对公民基础环保知识体系和教育体系的建立健全，认真贯彻落实社会认知文化推广教育，借助自媒体、学校、培训专题会议等使环保理念深入人心，在广泛的宣传培育气氛下，努力形成大气污染治理全民参与理念，发挥公众自身主观能动性，使其有意识、有想法、有行动表达自身需求。

8.5.3.3 强化社会舆论监督

政府应积极建立健全公众参与大气污染治理的全流程保障机制，使公民在正常标准程序下可以进行有效建议表达和意见反馈，推动公民监督权利的实施。在大气污染治理相关政策制定前，充分征询社会各界意见和建议并充足考虑，对我国相关法律法规现状不足做出必要调整。此外，更应注意政府与社会之间的良性互动，主动接纳社会监督，打消公民监督疑虑，社会不仅要对政府工作职能进行监督，也要对政府工作实效进行监督，社会与政府充分沟通，发挥彼此主动性，扮演好自身角色，大气污染治理成效必能更上新台阶。

在现行大数据、信息化时代，对大气污染治理能够起到关键作用的社会力量不仅仅是公民本身，也应充分关注网络自媒体和社会组织的强大力量。无数实践证明，网络媒体在社会治理中可以发挥能量巨大的“爆炸”辐射作用，且具有传播速度快、社会覆盖面广和社会影响大的特点，引导得当必能成为大气污染治理中不可小觑的中坚力量之一。政府应该正确引导和鼓励网络媒体和社会组织参与到大气污染治理中，以正确的途径和手段加大对大气污染行为的曝光，引导公民在网络正确展开诉求表达和舆论监督，将大气污染行为置于无处遁形之地。

8.6 本章小结

本章提出了我国大气污染防控的具体对策体系：① 严格控制高资源-能源消耗的城市扩张，包括减缓城镇化进程、饮食结构调整和控制生活能耗激增；② 严格控制车辆污染源；③ 在多元治理结构框架下，政府主要提供政策法规和激励反馈机制，引导市场有序参与大气污染治理；市场主要参与大气污染治理当中，起到积极的调节作用；社会在大气污染治理中主要是对政府和市场的监督，并积极参与大气污染治理，表达自身诉求，积极谋求同多方合作。